무선통신망

-구축 및 시공실무-

김 동 옥 저

도서출판 상 학 당

欲爲大者 當爲人役

크고자 하거든 남을 섬기라

머리말

우리나라에서 3G 서비스 상용화 기술개발 서비스가 이루어진 지도 10년이란 세월이 지났다. 현재 4G 서비스가 시작되었고 또한 5G 서비스를 위해 분주하게 움직이고 있는 우리나라의 무선통신 기술은 정보화 사회를 주도하는 중추적인 요소로서 모든 분야에 미치는 영향은 실로 상상을 초월한다고 할 수 있다. 빠른 속도로 발전하는 정보통신 기술은 서비스의 멀티미디어화, 유·무선 네트워크의 통합, 위성을 통한 개인 네트워크 서비스 등의 개인의 생활뿐 아니라 사회 전체를 급격하게 변화시키고 있다.

이러한 시대적 상황에 맞추어 이 책은 무선통신 네트워크 분야 특히 이동통신 시스템 및 정보통신 관련 분야(ICT)에 종사하고자 학문에 매진하는 학생들과 산업체의 실무 기술자들에게 상세하고 자세하게 설명된 참고도서로서 충분히 활용될 수 있으리라 생각한다.

특히 이동체통신, 위성통신, 광통신 등의 분야에 있어서 새로운 통신 방식이 잇달아 연구, 개발되어 실용화가 활발히 진행되고 있다. 따라서 전기전자·통신 분야 및 시스템의 통신 방식에 대한 개념 및 구성을 이해하지 못하면 새로운 신기술에 대처할 수 없게 된다. 그래서 전자·정보·통신 분야에 종사자 또는 종사하기를 원하는 학생은 기본적인 디지털 통신 시스템에 대한 체계적인 이론과 실습이 필수적이다.

이 책은 저자가 25년 동안 우리나라 통신사업자의 연구소와 산업현장에서 또한 강단에서 보고 느낀 신입생, 연구원들이 주로 겪는 애로사항을 참고하여 보다 산업현장과 연계될 수 있도록 하기 위한 것과 지금부터 이동통신 분야를 공부하려고 하는 기술자를 위한 통신 네트워크 실습입문서로서 정리한 것이다.

이 책은 NCS를 기반으로 크게 세 부분으로 구성되었다. 첫째 부분에서는 이론을 접하도록 하였고, 두 번째는 이를 바탕으로 유선통신 네트워크 시스템 구축에 관련한 실습을 할 수 있도록 사용 스위치, 라우터, 무선 AP 장비를 다루는 실습으로 구성하였다.

그리고 마지막 세 번째는 실제 무선 네트워크 구축을 통한 네트워크를 측정하고, 유지보수를 위한 실제 시스템으로 이론과 실무의 방법을 기술하였다.

끝으로 이 책이 출간될 수 있도록 물심양면으로 도움을 주신 도서출판 상학당 남승우 사장님께 깊은 감사를 드린다. 또한 이 책의 자료준비 및 정리를 도와주신 지인들에게 고마움을 보낸다. 이 책으로 공부한 독자가 통신 방식의 기술을 터득하여 더욱 깊은 학문으로의 의욕을 가지게 된다면 저자로서 더 없는 기쁨이겠다.

저자 씀

차 례

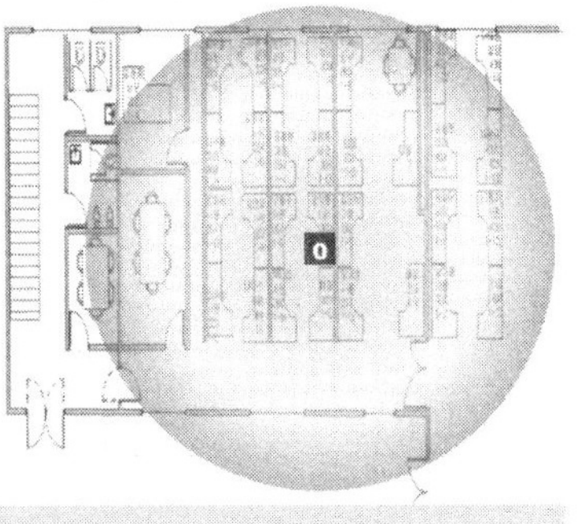

제 1 장

정보통신 네트워크

1.1 개 요

먼저 우리에게 친숙한 유선전화기와 이를 연결하는 전화교환망의 구조, 전화교환망 내부에서 수행되는 음성의 디지털화, 디지털 데이터를 아날로그 신호로 변환시키는 모뎀, 시분할 다중화 방식인 T1과 E1 시스템에 대하여 그 원리를 다룬다. 그리고 인터넷과 같이 메시지를 여러 개의 패킷으로 단편화시켜 스토어 앤드 포워드(store-and-forward) 방식으로 중계하는 패킷교환망과 이를 이용하여 저렴한 전화통화를 가능하게 하는 VoIP(Voice over IP)를 다룬다. 또한 케이블 TV 시스템, 광통신 시스템과 같은 유선정보통신 시스템의 구성을 살펴본다.

마지막으로 무선정보통신 시스템을 구성하는 안테나, 주파수의 배분, 다중화 및 다원화의 개념을 소개한 후, CDMA와 이를 이용한 셀룰러 이동무선전화 시스템과 위성통신 시스템에 대하여 알아본다.

1.2 전화망 시스템

1.2.1 전화기

1800년대 미국의 그레이엄 벨(Graham Bell)이 발명한 전화기는 100년이 넘은 지금도 사용되고 있는 장수제품이다. 전화기와 교환기 간에는 300~3400Hz의 음성 주파수 대역을 통과시키는 2가닥의 트위스트 페어(twisted pair) 케이블로 연결되며, 이 선로를 가입자 선로(subscriber loop)라고 한다. 전화국에서는 이 선로를 통하여 음성뿐만 아니라 전화기가 동작할 수 있도록 48볼트의 직류전원을 제공한다.

Arami가 수화기를 든다. 이것을 "off-hook"한다고 한다. 귀에서는 "뚜—"소리가 들린다. 무심코 들었던 이 소리는 전화국과 전화기 모두가 정상동작하고 있음을 전화국에서 알리는 신호로서 다이얼 톤(dial tone)이라고 부른다. 상대방 Borami의 전화번호를 입력하는 순간 이 다이얼 톤은 중지된다.

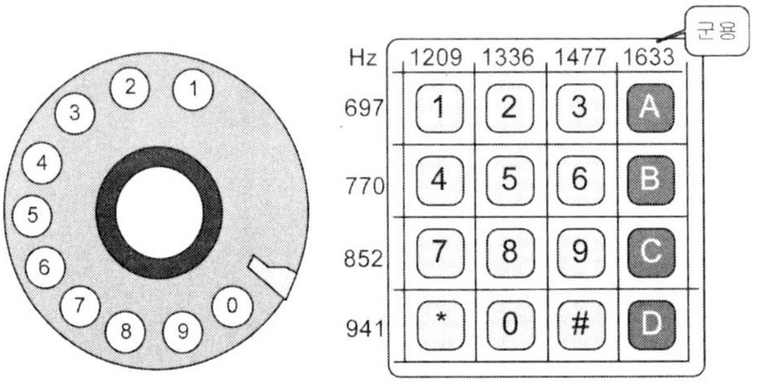

(a) 기계식 (b) 전자식(DTMF)

[그림 1.1] 기계식과 전자식 다이얼

키패드를 누를 때마다 들리는 "삐뽀" 소리는 무엇일까? 이것은 [그림 1.1]과 같이 각 숫자마다 할당된 2개의 주파수가 합성된 소리로서, Dual-tone Multi-Frequency(DTMF) 신호음이라고 한다. 전화교환기는 DTMF 신호음을 판독하여, Borami의 전화기가 연결된 교환기로 호출신호를 보내어 벨을 울리도록 한다. Arami도 이 벨소리를 들을 수 있는데, 이 소리는 수신측 교환기가 생성한 ring-back tone이라고 부른다.

Borami가 수화기를 들면 드디어 Arami와 Borami 간의 전화연결로가 설정되며, 이때부터 교환기는 접속시간에 따른 요금을 누적하게 된다.

참고로, 통화가 끝난 후 수화기를 올려놓지 않았을 때 들리는 "뚜뚜…" 하는 경고음은 off-hook tone이라고 부른다.

1.1.2 전화교환망

전화교환망은 [그림 1.2]처럼 시내교환기와 시외교환기로 크게 구분되며, 이들이 설치된 전화국을 각각 단국(end-office 또는 central office) 및 시외교환국(toll office)이라고 부른다. 또한, 이들을 각각 클래스 5 및 클래스 4 교환기라고도 부른다.

상대방의 전화번호를 걸면 시내교환기는 경로상의 다음 교환기로 연결요청 메시지를 보낸다. 이때 상대방이 동일한 교환기에 연결되어 있으면 이 교환기가 직접 상대방 단말에 대한 벨을 울리도록 한다.

하지만, 시외통화이거나 수신측이 다른 전화국에 연결되어 있는 시내통화일 경우는 경로 상에 있는 다음 교환기에게 수신측 전화번호를 전달하면서 최종 교환기까지의 경로를 설정한다. 이러한 경로는 미리 고정된 것이 아니라 상황에 따라 서로 다른 경로가 설정될 수 있다. [그림 1.2]의 시내 중계국(tandem office)은 직접 단말과 접속하는 대신에 시내의 다른 전화국 간의 연결을 제공한다.

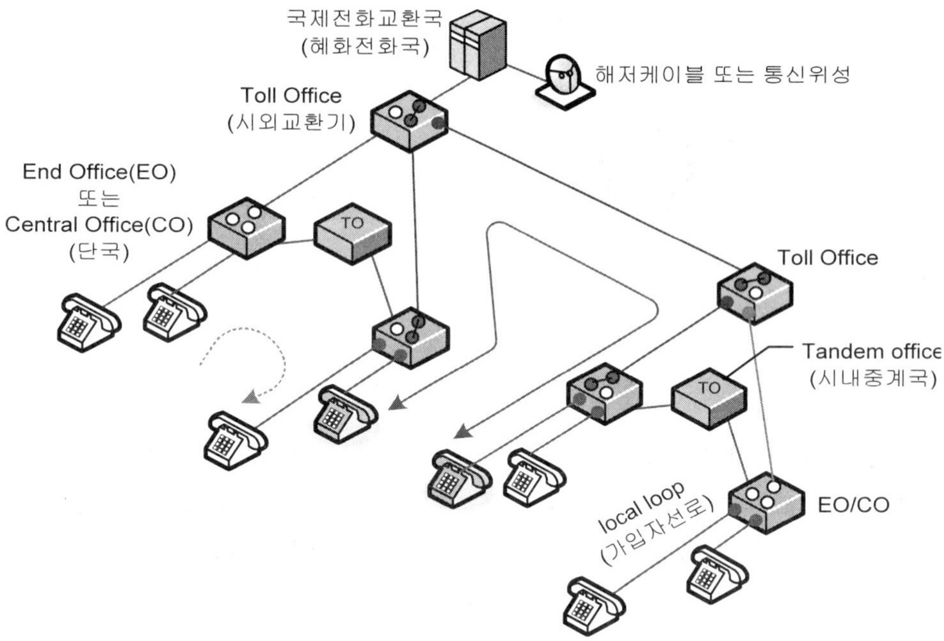

[그림 1.2] 전화교환망의 구성

1.1.3 연결설정과정

교환기 A가 B를 호출할 때의 절차는 [그림 1.3]과 같다.

- Arami가 수화기를 들면, 교환기와 연결된 2가닥의 가입자 선로에 48볼트의 전원이 공급되면서 회로가 연결된다. 이에, 교환기는 가청신호인 dial tone을 전화기에 보낸다. Arami가 Bormai의 전화번호를 누른다.
- 교환기 A는 전화번호를 분석한 후, Initial Address Message(IAM)를 Signaling Transfer Point(STP)로 보내어 교환기 B로 전달되도록 한다. 이 메시지에는 발신측 교환기 및 수신측 교환기 식별자, 선택한 링크 식별자, 송수신측 전화번호 등이 수납된다.
- 교환기 B는 이 IAM 메시지에 대하여 수신측 전화가 idle한지 검사한 후, Address Complete Message(ACM)로 IAM 메시지가 수신지까지 이상 없이 전달되었음을 알린다. 또한, 교환기 A쪽으로의 통화로를 개설하고, 이 통화로를 통하여 ring-back tone을 보내고, B전화기에도 벨을 울리도록 한다.
- Borami가 수화기를 들면, 교환기 B는 이 사실을 Answer Message(ANM)로 알린다. 이때 이미 Arami와 Borami 간 통화로는 개설되어 있어야 한다.

- 통화 후, Arami가 수화기를 내려놓으면, 교환기 A는 Release Message(REL)를 STPW를 통하여 교환기 B로 보낸다.
- 교환기 B가 REL 메시지를 받으면, 통화를 끊은 후 Release Complete Message (RLC) 메시지로 교환기 A로 보낸다.
- 이어, 교환기는 입력되는 번호정보를 해독하여 해당 목적지 교환기로 해당 정보를 전달하여, 수신측 전화기에 벨 신호를 보내어 통화가 개시된다.

이렇게, 교환기와 교환기 간의 제어신호 메시지(호출, 과금, 연결설정 등)의 전달을 위하여 실제 음성전달선로와는 분리된 56~64kbps의 신호전달 전용 링크가 사용된다. 그리고, 이러한 메시지를 해당 교환기까지 라우팅하는 기능은 일종의 패킷교환기인 STP(Signaling Transfer Point)라고 부르는 장치가 수행한다.

이러한 제어신호전달 방법을 **공통선 신호 방식**(common-channel signaling)이라 부르는데 Signaling System No.7(SS7)이 대표적이다. 여기서, common이라는 의미는 수많은 음성채널에 대한 시그널링을 하나의 링크 상에서 패킷 형태로 전달하는 것이다.

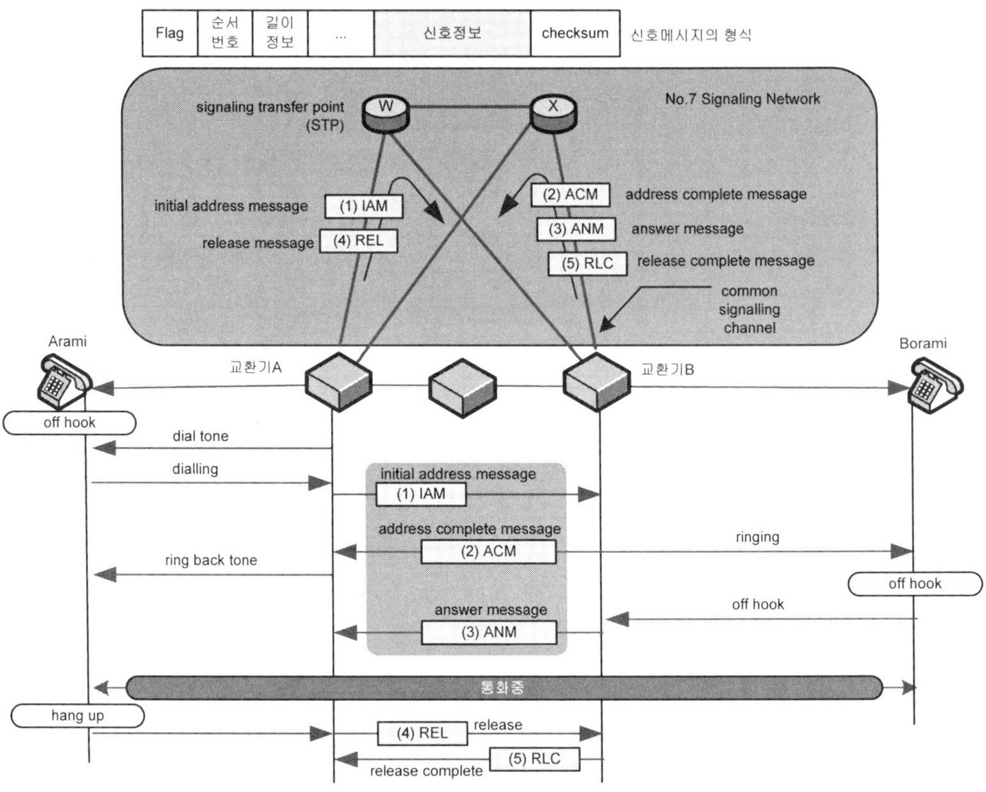

[그림 1.3] 회선교환망에서의 호설정 절차

1.1.4 아날로그/디지털 변환

아날로그 음성신호는 교환기에서 디지털로 인코딩되어, 상대방이 연결된 교환기까지 모두 디지털로 전달되며, 수신측 교환기는 아날로그로 디코딩하여 전화기로 전달한다. 이렇게 아날로그를 디지털로 변환 또는 그 반대로 복원하는 장치를 코덱이라고 부른다.

전화교환기에서 사용하는 코덱은 3100Hz의 주파수 대역을 가지는 음성신호에 대하여 초당 8000번씩(즉, 125μsec마다) 음성신호의 크기를 샘플링하고, 각 샘플의 크기를 8비트의 디지털 데이터로 표현하는 Pulse Code Modulation(PCM) 방식을 사용한다. 이러한 PCM은 CD플레이어를 즐기는 여러분들도 많이 본 용어일 것이다.

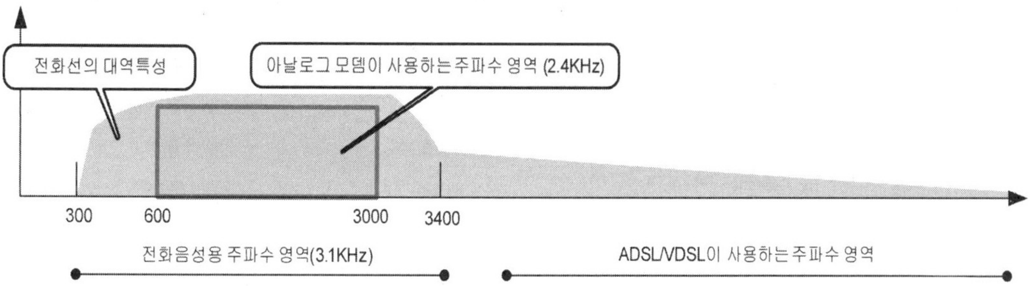

(a) 전화선의 주파수 대역 특성

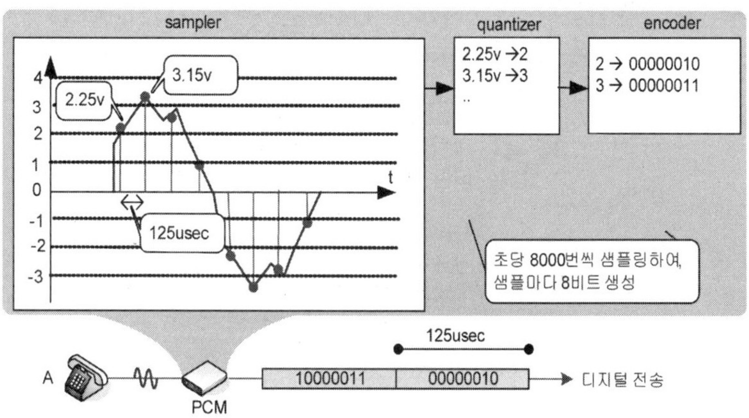

(b) PCM

[그림 1.4] 전화선의 대역폭과 PCM 샘플링

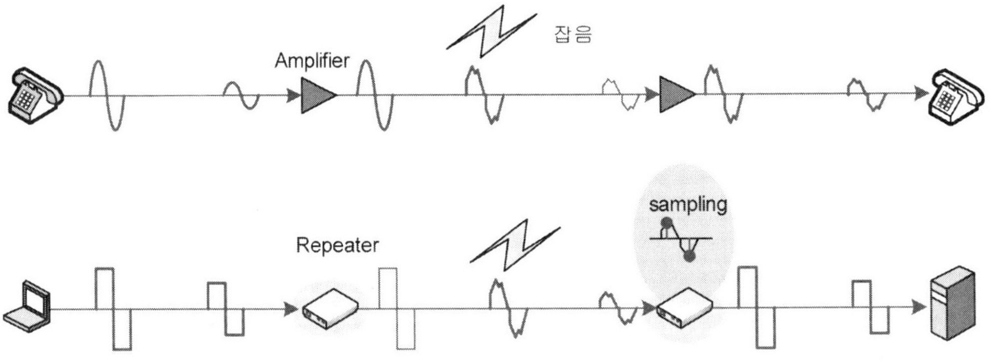

[그림 1.5] 증폭기와 리피터의 비교

그렇다면, 왜 아날로그 음성을 디지털 음성으로 변환하여 전송할까? 그것은 장거리 전송 시 아날로그 신호는 외부잡음에 취약하기 때문이다. [그림 1.5]를 보자. 신호의 세기는 전송거리에 따라 약해진다. 이를 보완하기 위하여 증폭기를 사용한 경우, 원래의 신호는 경로 상에 유입되는 잡음과 함께 증폭되므로 수신측에서는 왜곡된 신호를 받게 된다. 반면에 리피터는 왜곡된 입력신호에 대하여 샘플링 시점에서의 레벨을 기준으로 원래의 신호대로 재생하므로 디지털 전송이 아날로그 전송에 비하여 전송품질이 우수하다.

하지만, 디지털 신호의 완벽한 전송에는 주파수 대역이 많이 소요된다. 따라서, 디지털 데이터를 직접 선로 상에 전송하는 방법인 베이스밴드 전송은 전송선로의 대역폭이 아주 넓어야 장거리 전송이 가능하므로, 동축 케이블과 같은 높은 품질의 케이블이 사용된다. 물론, LAN과 같이 100m 정도의 단거리 전송 시에는 품질이 그다지 좋지 않은 UTP 케이블도 사용 가능하다.

그리고 교환기간에는 하나의 전송선로를 사용하여 여러 개의 연결로를 제공하는데, 이러한 기능을 다중화 기능이라고 한다. [그림 1.6]의 예는 24대의 전화선로를 하나의 디지털 선로 상으로 전송하는 T1 다중화 시스템이다. 이것은 125μsec의 기간 동안 총 24개의 가입자 채널에서 각각 생성되는 1바이트의 데이터를 T1 프레임이라는 형식에 수납하여 전송한다.

즉, 한 프레임은 24바이트의 데이터와 1비트의 추가 비트로 구성되는데, 각 바이트를 슬롯(slot)이라고 하며 추가되는 1비트는 프레임 간 경계를 구분할 수 있도록 한다. 따라서 T1 시스템의 초당 전송속도는 (24슬롯×8비트/슬롯+1비트)×8000=1.544Mbps 이다.

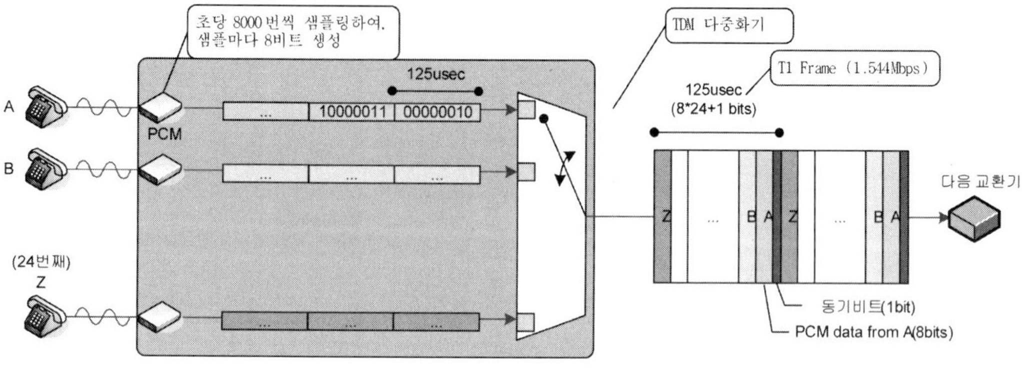

[그림 1.6] T1 다중화 시스템의 구성

1.3 패킷교환 시스템

1.3.1 패킷교환기

앞에서 소개한 전화망을 잠깐 분석해 보자. 일단 연결된 이후 말을 하지 않는 동안에도 여전히 요금은 누적된다. 또한 태풍이 오거나 사고가 났을 때 일시적으로 통화량이 늘어나면 아예 통화연결이 실패한다. 이것은 통화가 끝날 때까지 연결은 해당 사용자 간에만 독점적으로 사용되기 때문이다.

물론 이러한 특징은 일단 연결된 사람에게는 장점이 될 수 있지만, 연결하고도 말을 하지 않는 사람 때문에 긴급한 전화연결에 실패하는 사람에게는 크게 불편하다. 더욱이 전화망 사업자 입장에서는 연결실패율이 높다는 사용자 불만에 대하여 무한정 선로를 확장할 수도 없는 노릇이다.

반면에, 컴퓨터 간 통신 시 생성되는 데이터는 간헐적인 특성이 있다. 즉, 인터넷 서핑 시 클릭할 때에는 일시적으로 데이터가 전달되지만, 화면을 보고 있는 대부분의 시간에는 데이터가 생성되지 않는다. 이렇게 자신이 데이터를 보내지 않는 기간에 다른 컴퓨터가 생성한 데이터를 목적지까지 중계하는 방식을 패킷교환 방식이라고 한다.

여기서 패킷이란 송신하려는 파일과 같은 긴 정보를 적당한 길이로 분할하고, 분할된 각각에 대하여 수신측 주소 등의 제어정보를 부착한 일종의 전송단위를 말한다. 여러분이 알고 있는 TCP/IP가 바로 패킷의 단위로 전송하는 방식이다.

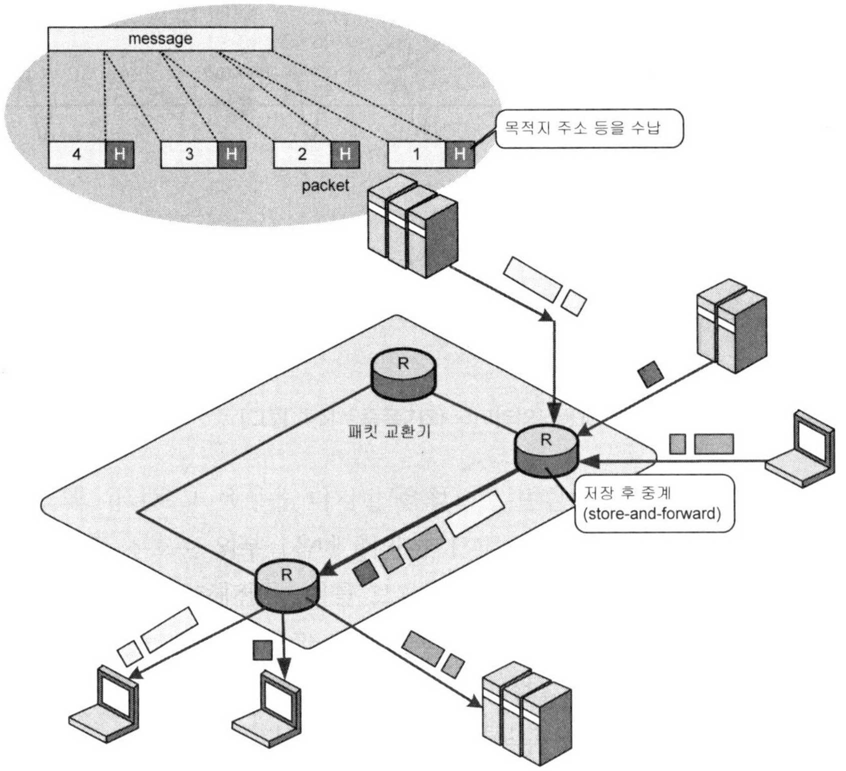

[그림 1.7] 패킷통신의 원리

그렇다면 여러 사용자로부터 패킷교환기에 전달된 패킷은 어떻게 각 수신측으로 전달될까? 전화교환 시스템에서는 전화국과 전화국 간에 미리 설정된 T1 프레임의 해당 슬롯 위치에 의해 묵시적으로 각 연결이 구분될 수 있다. 하지만, 패킷통신 방식에서는 이러한 묵시적인 방법을 사용할 수 없으므로, 각 단말은 전송하는 패킷의 헤더에 수신측 주소(예를 들어 목적지 IP 주소)를 명시하여 패킷교환기에 전송한다.

패킷교환기는 수신되는 여러 패킷들을 순서대로 저장하면서 각 패킷의 주소를 읽은 후, 목적지 단말로의 최적경로 상에 있는 다음 패킷교환기로 중계한다. TCP/IP를 사용하는 인터넷에서는 이러한 패킷교환기를 라우터 또는 게이트웨이라고 부른다.

물론 전화교환망과 달리 패킷전송 방식의 인터넷폰을 사용하는 경우, [그림 1.8]처럼, 일부 음성이 들리지 않을 수도 있다. 이것은 경로 상에 있는 패킷교환기에 일시적으로 부하가 걸리는 경우, 일부 패킷을 버리기 때문이다.

참고로, [그림 1.9]는 회선교환과 패킷교환 방식을 비교한 예이다. 물론, 패킷교환 방식이 링크의 사용률을 향상시키는 장점이 있지만, 너무 많은 트래픽을 수용할 경우에는 일부 패킷의 지연이 커지며, 심지어 손실될 수도 있는 단점도 역시 있다.

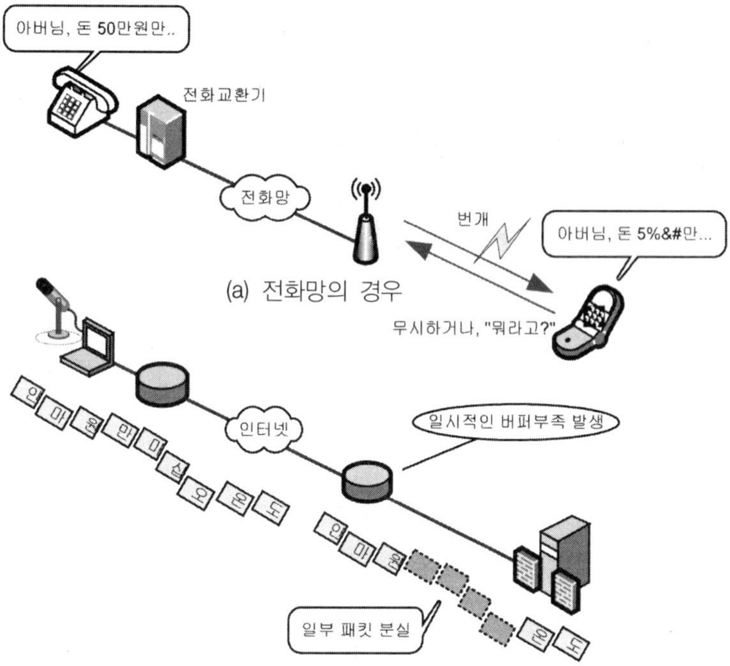

(b) 인터넷 전화 서비스의 경우

[그림 1.8] 전화망과 패킷교환망의 비교

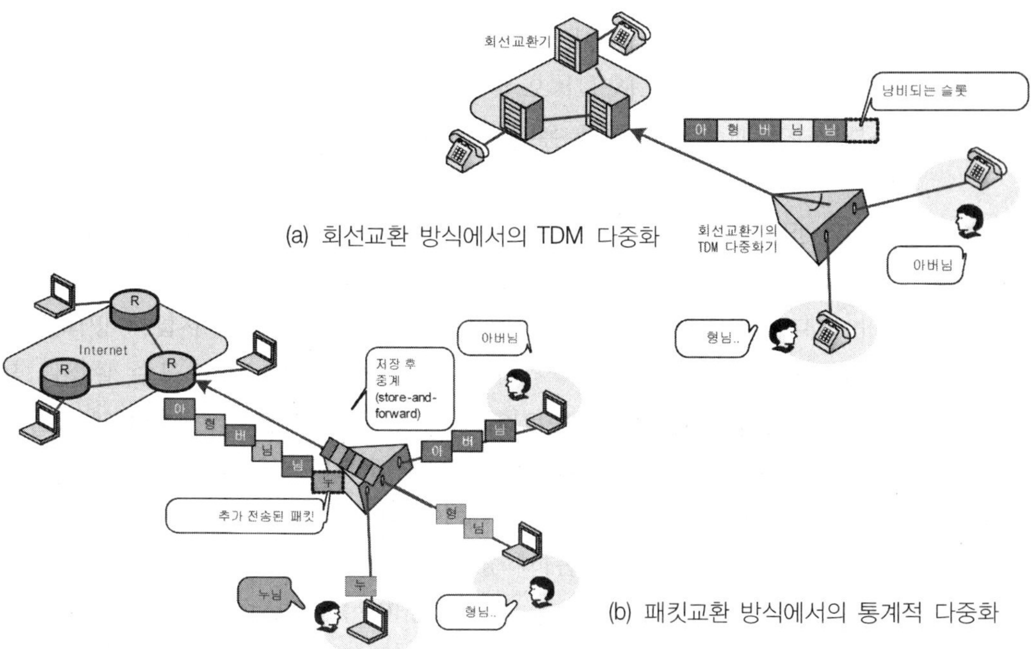

[그림 1.9] 회선교환 방식과 패킷교환 방식의 비교

1.3.2 패킷단말

컴퓨터 단말이 큰 영상 파일을 전송하고자 할 때, 패킷교환기가 교환(즉, 라우팅)할 수 있도록 다음과 같은 작업을 미리 해야 한다.

- 패킷교환기가 처리할 수 있는 최대길이의 패킷으로 파일을 분할한다.
- 패킷에는 목적지 단말의 주소를 명시한다.
- 전송 중 오류가 발생하거나, 패킷교환기의 버퍼가 넘쳐 제대로 전달되지 못할 수도 있으므로, 적절한 오류제어 및 흐름제어를 수행한다.

수신측 단말 또는 서버는 여러 개의 수신 패킷으로부터 원래의 파일로 재조립한다. 또한 각 패킷을 잘 받은 경우 이에 대한 응답을 하고 혹시 수신된 패킷에서 오류가 있음이 감지되면 해당 패킷의 재전송도 요구한다. 대부분의 경우 패킷단말의 운영체제에 포함된 TCP가 이러한 작업을 수행한다.

1.4 전화망을 통한 패킷전송

노트북에 있는 모뎀포트는 언제 사용할까? 이 모뎀포트는 전화망 접속용 RJ45 전화 커넥터이다. 이 커넥터로 인터넷 서비스 사업자가 제공하는 모뎀까지의 전화망 연결로를 설정한 후 이 연결로 상으로 패킷을 전송하면 인터넷으로 패킷이 중계된다.

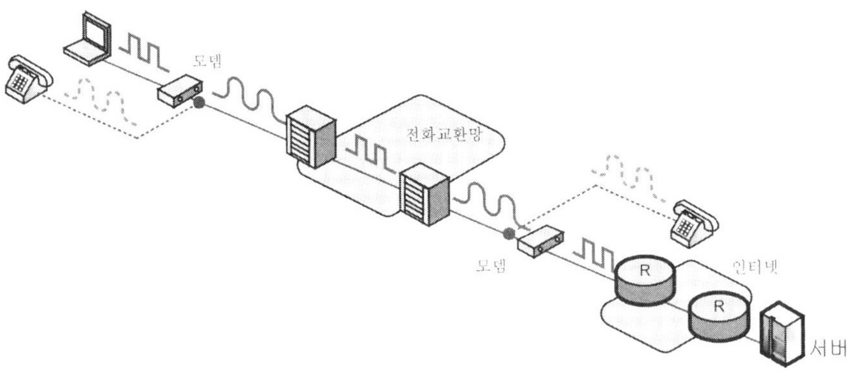

[그림 1.10] 모뎀을 이용한 디지털 데이터 전송 방식

그렇다면 모뎀의 기능은 무엇일까? 앞에서 전화가입자 선로는 아날로그 음성을 전달하기 위한 것이라고 했는데 정작 노트북에서 생성된 패킷은 디지털 신호 형태를 가진다. 예를 들어 주기 T인 디지털 신호는 [그림 1.11]과 같이 f(=1/T), 3f, 5f 등 무한개의 서로 다른 주파수를 가지는 정형(sine)파형의 아날로그 신호가 합성된 것으로 간주될 수 있다[1].

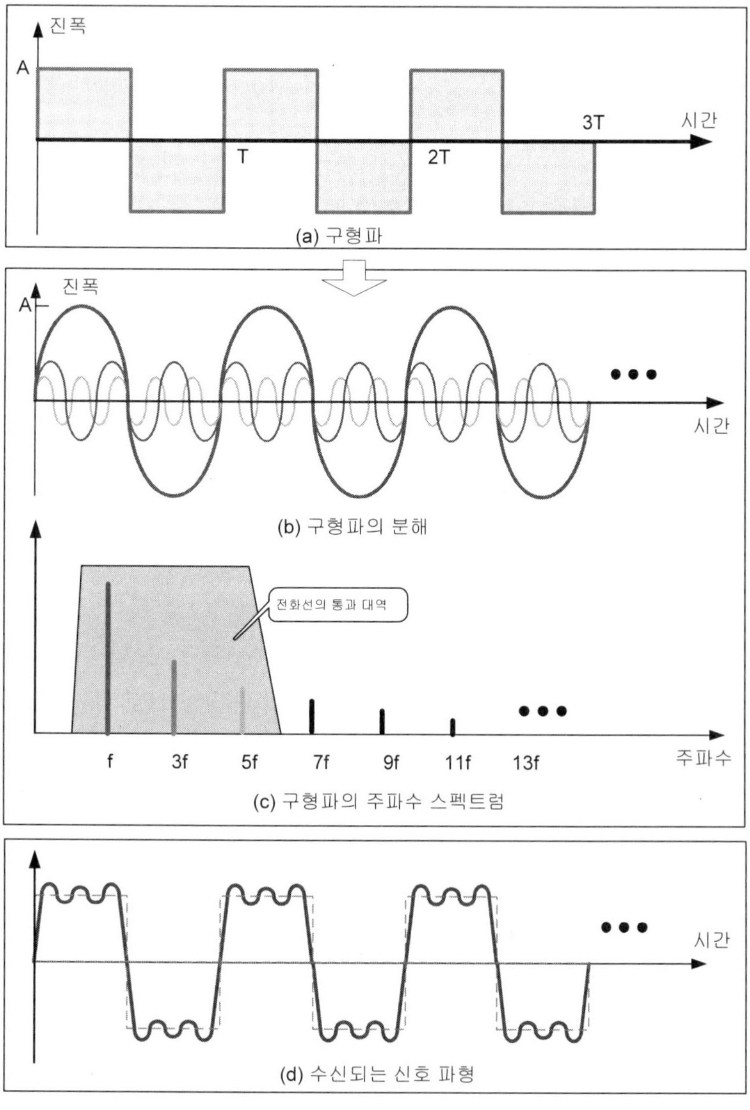

[그림 1.11] 디지털 신호의 구성

1) Fourier 변환, 급수분해

따라서 통과할 수 있는 주파수가 제한된 아날로그 전화가입자 선로를 통하여 디지털 신호를 그냥 전송하게 되면 전화교환기에 도착하는 디지털 신호는 원래의 형태에 비하여 많이 왜곡된다. 또한 주파수가 다른 아날로그 신호는 서로 다른 전달지연을 겪을 뿐만 아니라 신호의 세기도 주파수에 따라 약해지는 정도가 다르다. 결국 통과주파수에 제한이 있는 선로를 통해 전달된 디지털 신호는 원래의 모양과 달리 심각하게 왜곡된다.

예를 들어 이러한 무한개의 주파수 성분을 가지는 디지털 신호가 겨우 5f의 주파수까지만 통과시키는 싸구려 케이블을 통하여 전송될 경우, 1f, 3f, 5f의 주파수 성분만 통과될 것이고 따라서 원래의 신호 성분의 일부로 구성된 왜곡된 신호만이 수신될 것이다.

뿐만 아니라 전송매체는 특정 주파수 대역만 통과시키는 특성이 있고, 서로 다른 주파수 성분의 신호 각각에 대한 지연이나 위상까지 왜곡시킨다. 따라서, [그림 1.12]와 같이 수신된 신호는 원래의 데이터와 달리 더 많이 왜곡된다.

전화선로는 300~3400Hz 이내의 아날로그 신호를 잘 통과시킨다. 따라서 {1, 0}으로 표현되는 디지털 데이터를 이 주파수 대역 내의 아날로그 신호로 변조하여 전송하고, 수신측 모뎀에서는 이것을 다시 디지털 데이터로 복조하는 장치를 모뎀(modem)이라고 한다.

한 가지 예를 들자. '5'라는 문자는 실제로 {00110101}로 구성되는 비트열을 가진다. Arami는 이 비트열을 '솔' 정도의 주파수를 가지는 "약약강강약강약강"의 박수소리로

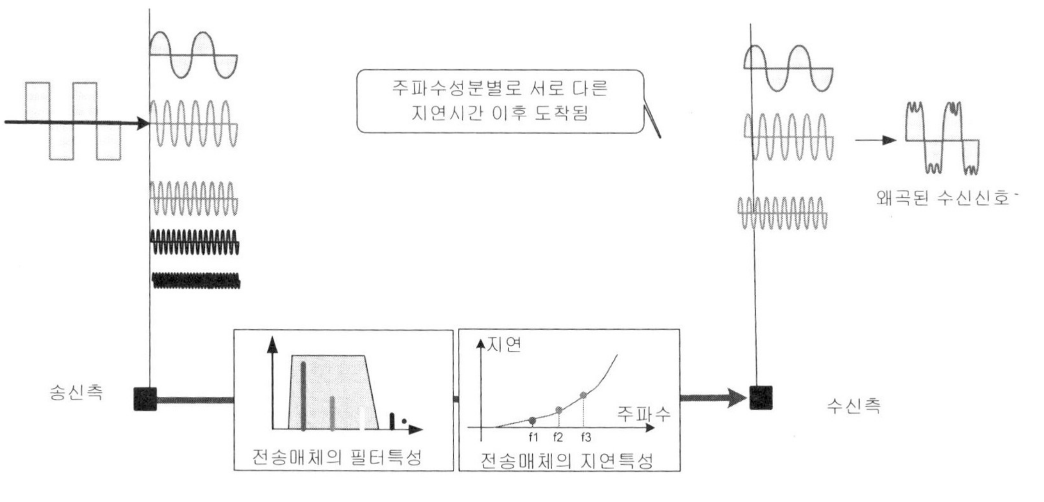

[그림 1.12] 신호 성분별 지연왜곡에 의한 신호의 왜곡

변환하여 전화기로 전송하면, 수신측 Borami는 소리의 세기를 판독하여 '5'라는 숫자로 복원할 수 있다.

이 과정에서 박수소리는 세기만 다를 뿐이지, 하나의 '솔' 주파수 성분만 가지므로 전화가입자 선로를 잘 통과할 수 있다. 이렇게 디지털 데이터를 아날로그 신호의 세기의 변화로 변환하는 방식을 진폭편위변조(Amplitude Shift Keying : ASK)라고 부른다. 여기서, Keying이라는 용어는 '.'와 '-' 등 2개의 기호만 가지는 모스 부호를 생성하는 장치인 건반 즉, key에서 유래되었다.

이러한 ASK 외에도, {1, 0}에 대하여 일정한 진폭에 {f1, f2}와 같이 주파수를 달리하는 변조 방식인 Frequency Shift Keying(FSK)과 각 비트의 값에 따라 위상을 달리하는 변조 방식인 Phase shift keying(PSK) 등이 있다. 참고로, ASK과 FSK는 AM과 FM과 유사하고, FM이 음질이 더 우수함을 여러분은 알고 있을 것이다.

[그림 1.13]에는 이러한 변조 방식의 예를 도시하였으며, 오른쪽에 있는 주파수 영역의 그림은 쌍방향 전송에 대한 것이다.

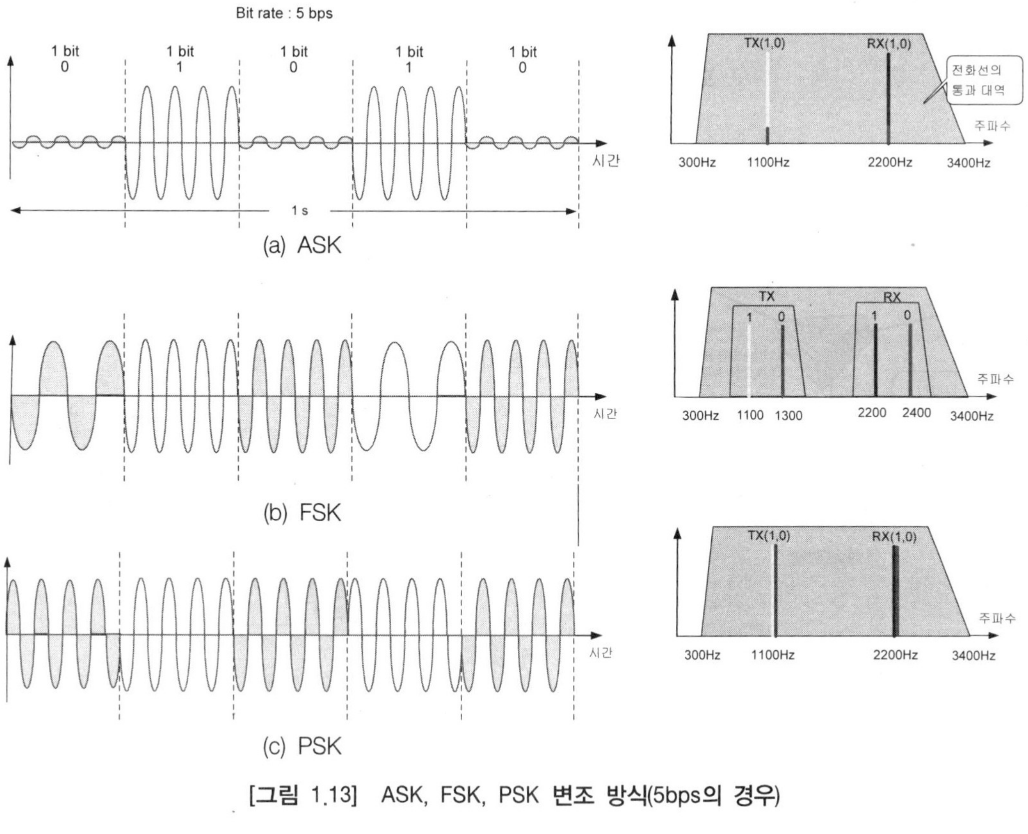

[그림 1.13] ASK, FSK, PSK 변조 방식(5bps의 경우)

그리고 신폭과 위상을 모두 달리하는 변조 방식인 QAM(Quadrature Amplitude Modulation)도 있다. 특히 8-QAM은 [그림 1.14]에서 알 수 있듯이, 어느 시점에 주어진 {진폭, 위상}으로 변조된 한 신호 성분에 3비트의 데이터를 한꺼번에 표현할 수 있기 때문에 보다 많은 정보를 고속으로 전송할 수 있다. 이 예에서는 1초에 신호파형(심벌)이 8번 변하면서 24비트의 데이터를 송신한다. 여기서, 초당 신호파형의 변화횟수를 보율(baud rate)이라고 부른다. 참고로 Quadrature PSK(QPSK)의 경우에는 한 심벌이 2비트로 구성된다.

최근의 아날로그 모뎀은 256-QAM 방식을 사용하여 최대 56kbps로 송신할 수 있다. 비록 ADSL에 비하여 아주 느리긴 하지만 아직도 이러한 모뎀이 필요한 경우가 많이 있다. 외국을 여행하다 보면, 유럽이나 미국에서조차 ADSL과 같은 고속 서비스가 제공되지 않는 곳이 많다. 보고 싶은 친구나 부모님께 안부 메일을 보내려면 객실 내 전화 포트에 노트북 모뎀을 연결하는 수밖에는 없을 것이다.

참고로, ADSL망도 전화가입자 선로를 사용하지만, 역시 아날로그로 변조하여 전송하기 때문에 가입자와 전화국 간에는 ADSL 모뎀이 설치되어 있다.

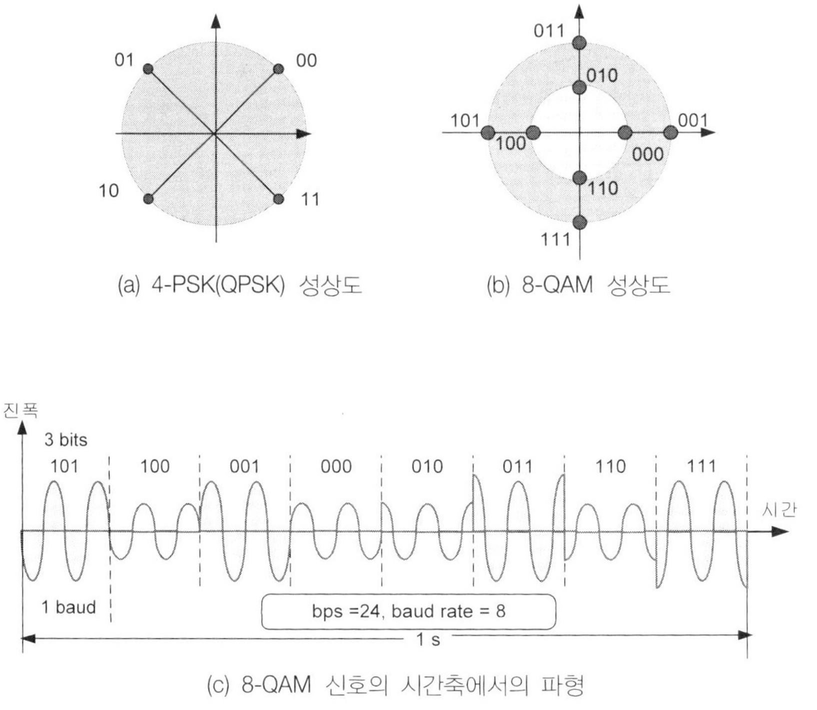

(a) 4-PSK(QPSK) 성상도 (b) 8-QAM 성상도

(c) 8-QAM 신호의 시간축에서의 파형

[그림 1.14] QAM의 성상도와 QAM 변조 방식의 예

그리고 ADSL이 기존 모뎀보다 고속인 이유는 전화선이 제공하는 주파수 대역 중 일반음성이 전송되는 주파수 대역을 제외한 나머지의 넓은 대역을 활용하기 때문이다. 주파수 대역이 넓으면 고속전송이 가능할까? 이것은 1930년대 Shannon-Hartley가 공동으로 유도한 공식인 {지원 가능한 전송속도(bps)=선로의 통과대역폭×log2(1+Signal_to_Noise_Ratio)}에 의해 설명될 수 있다. 여기서, SNR은 신호에 대한 잡음의 비로서, 품질이 좋은 케이블일수록 SNR비가 커지기 때문에, 더 고속으로 전송 가능하다[2]. 또한, 이 공식에서 알 수 있듯이 전송매체의 대역폭이 크면 당연히 큰 전송속도를 지원할 수 있다. 따라서, 많은 사람들은 '광대역'이라는 것과 '초고속'이라는 것을 동일하게 말한다.

1.5 전용선을 통한 패킷전송

1.5.1 T1 전송 시스템을 이용한 데이터 전송

게임방을 지나다 보면 '고속 T1 설치'라는 광고를 본 적이 있을 것이다. 어? T1은 전화교환기 간에 24개의 음성전화를 다중화하는 전송 방식이라고 알고 있는데 말이다.

아날로그 음성은 전화국에서 일단 PCM 인코딩 절차에 의해 디지털 비트열로 변환된다고 앞에서 소개하였다. 전화교환기는 디지털화된 음성과 컴퓨터로부터 생성된 디지털 데이터를 동일한 디지털 스트림으로 간주하여 T1 프레임에 수납하여 전송한다. 사실, T1 입장에서는 T1 프레임에 수납된 내용이 음성인지 데이터인지 구분할 필요는 없다. 그럼 디지털 데이터는 어떻게 T1에 수납되어 전송될까?

[그림 1.15]를 보자.

---

2) 신호가 전송 중에 전력의 단위 중 하나인 데시벨(dB)은 10log10(P1/P2)이다. 예를 들어, P1이 100와트이고, P2가 1와트이면, P1은 P2보다 20dB 크다. 이 예로 SNR을 구한다면, Signal 전력이 100와트이고, Noise가 1와트이므로, SNR은 100이면서, 동시에 20dB이다. 참고로, dBm은 1mW에 대하여 신호의 전력이 얼마인지를 표시하는 단위이다. 즉 dBm=10 log10 (power/1mW)이다. 예를 들어, 10μW의 신호는 10log10 (10μW/1mW)=−20dBm이다. 이러한 단위를 사용하면, 송수신 간에 손실되는 전력을 계산할 수 있다. 예를 들어, 송신전력이 33dBm이고, 수신전력이 −10dBm이면, 송신경로 상에서의 손실은 33dBm−(−10dBm)=43dBm이다.

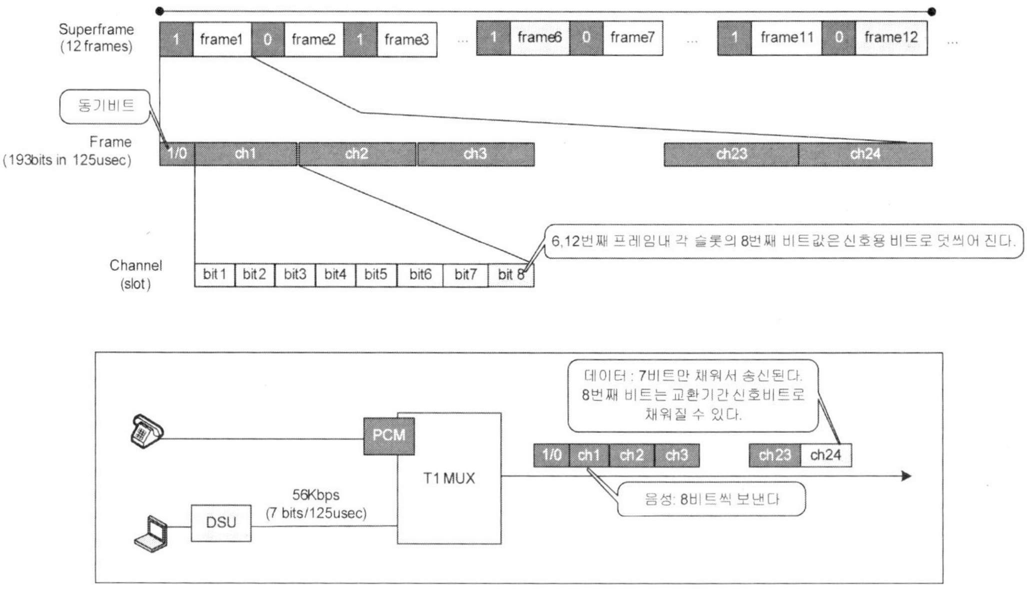

[그림 1.15] T1 프레임의 구조

여기서 T1 프레임의 한 슬롯의 기본 전송속도는 64kbps인데 데이터송신 시에는 56kbps밖에 사용할 수 없다. 왜 그럴까? 그것은 T1 프레임의 숨겨진 다음과 같은 비밀 때문에 그렇다.

교환기간에는 가입자 전화기에 대한 제어정보(다이얼 번호, 벨 울림 등)를 전달해야 한다. 이를 위하여 12개의 프레임으로 구성된 슈퍼프레임의 6번째와 12번째의 프레임에 있는 각 슬롯의 최하위 비트인 8번째 비트에 이러한 제어정보가 덧씌워지기 때문이다. 물론, 음성의 경우에는 이러한 덧씌워지는 동작에 의해 음질의 변화는 거의 인지되지 않을 정도이지만, 각 슬롯에 8비트의 데이터가 수납된 경우라면 6번째 및 12번째 프레임 내의 24개의 슬롯들에 수납된 해당 데이터는 항상 깨지게 될 것이다. 이러한 문제점을 사전에 방지하기 위하여, 모든 프레임의 각 슬롯마다 7비트 길이의 데이터만 수납하기 때문에, 각 슬롯당 7비트×8000번/초=56kbps의 전송속도를 제공하게 되는 것이다.

다행히 최근의 국내 전화망은 모두 유럽의 E1 기반의 전송 시스템으로 교체되었다. 이 E1 시스템은 T1과 마찬가지로 125μsec 기간마다 반복되는 프레임 구조를 가지는데 한 프레임당 슬롯 수는 32개로 확장되어 있다. 그리고 첫 번째 슬롯은 프레임의 시작을 표시하는 용도로 사용된다. 마치 T1의 동기 비트와 유사한 기능을 수행한다고 할 수 있다. 그리고 6번째 및 12번째 프레임마다 덧씌우는 방법으로 제어정보를 전송하는 T1 방식과 달리, 16번째 슬롯을 제어정보 전송 전용으로 사용한다. 따라서, 총 32개의 슬롯 중 30개의 슬롯은 각각 음성이나 데이터를 완전한 64kbps로 전달한다.

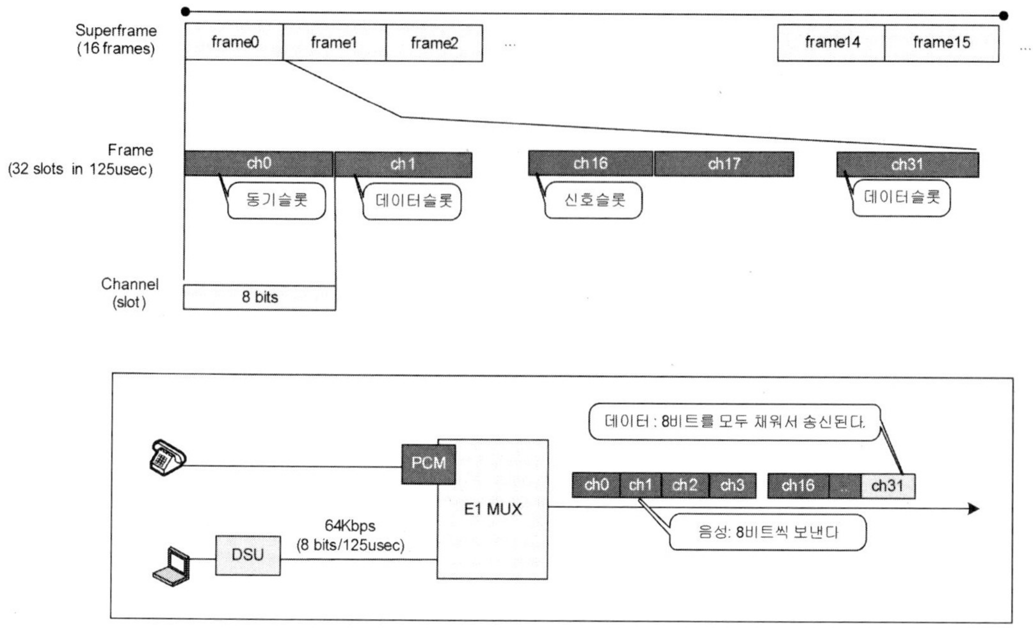

[그림 1.16] E1 프레임의 구조

1.5.2 AMI/B8ZS 코딩 기술

T1 방식의 전송 시, 비트 '1'은 서로 '+'와 '−'펄스를 교대하면서 전송되는데, 이것을 Alternate Mark Inversion(AMI) 인코딩 방식이라고 한다. 이렇게 함으로써, 1이 연속되는 경우에도 수신측에서는 송신측의 전송속도를 쉽게 알아차릴 수 있다.

하지만 AMI 인코딩 방법으로 연속된 '0'을 전송한다면 어떤 일이 발생할까? AMI 인코딩 시에는 '1'에 대해서만 펄스가 변화하므로 '0'이 연속 전송된다면 수신측에서는 펄스의 변화를 감지하지 못할 것이다. 이러한 현상이 장시간 지속된다면 수신측은 송신측과의 비트 동기를 잃어버릴 수 있다.

이러한 문제점을 방지하기 위하여, B8ZS(Bipolar 8-Zero Substitution) 방식이 추가로 사용된다. 이것은 8개의 연속된 '0'이 전송될 경우, '1'이 포함된 '000V10V1'로 변환하여 송신하는 방법이다. 여기서, V는 '1'이 전송될 경우 +와 −전압의 펄스를 교대해서 사용하는 AMI 인코딩 규칙을 위반한 '1'의 값을 가지는 것으로서, bipolar violation의 의미를 가진다. 수신측은 이렇게 규칙에 어긋난 비트열이 수신되면, "아! 8개의 0 대신에 규칙에 어긋난 '1'을 보낸 것이구나"라고 인지하고, 원래의 '0'으로 복원한다. 참고로, E1 방식에서는 B8ZS 방식이 아닌 High-Density Bipolar 3(HDB3) 인코딩 방식이 사용된다.

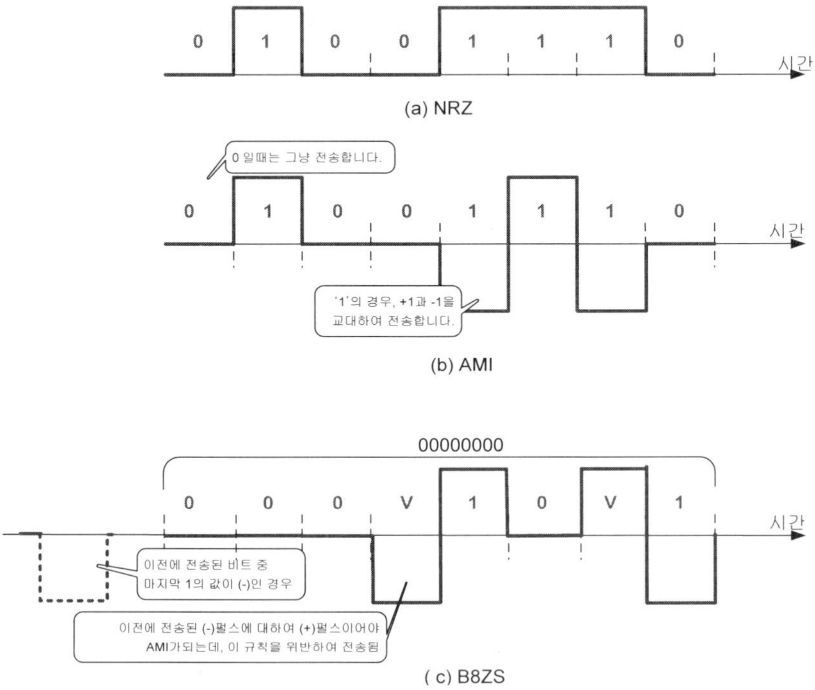

[그림 1.17] NRZ와 AMI 인코딩 방법의 비교

1.5.3 Digital Service Unit(DSU)

이 장치는 가입자 장치(컴퓨터 또는 라우터 등)에서 생성되는 디지털 데이터를 전화국에 설치된 DSU까지 4wire 케이블을 사용하여 최대 9km까지 전송하는 일종의 전용 디지털 모뎀이다. 이 DSU로부터 전송된 데이터는 전화국에서 T1 프레임의 한 슬롯에 수납되어 목적지까지 전달되므로 최대 56kbps의 디지털 데이터를 전송할 수 있다. 하지만 E1 시스템에 접속 가능한 DSU는 당연히 56kbps가 아니라 64kbps를 지원할 수 있다.

그리고 4wire를 사용하는 이유는 2wire씩 송 · 수신 선로를 구분해서 사용하는 전이중 통신이 가능하도록 하기 위함이다. 이 경우 송신기는 평형송신 기능으로 동작하고, 수신기는 차동수신 기능으로 동작한다. 이렇게 함으로써 외부의 잡음에 강한 특성을 제공할 수 있다.

그리고 디지털 모뎀이라고 부르는 이유는 아날로그 모뎀과 달리 디지털 데이터를 다른 형태의 디지털 신호, 즉, AMI/B8ZS 코드로 변환하여 전송하기 때문이다. 커넥터는 [그림 1.18]과 같은 V.35 또는 RJ48S를 사용한다.

[그림 1.18] 56/64kbps DSU와 V.35커넥터, 그리고, RJ48S 커넥터의 예

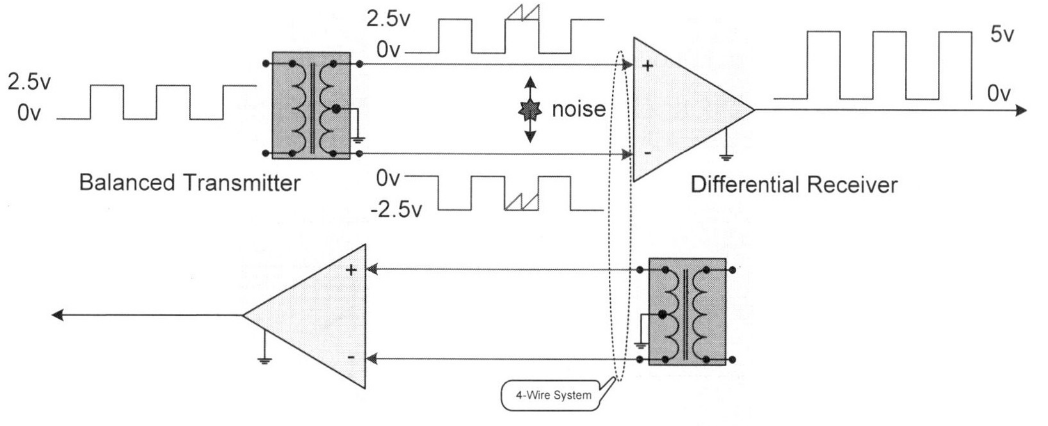

[그림 1.19] DSU의 4-wire 전송구조

1.5.4 T1 다중화기

그렇다면 게임방에 설치된 T1 다중화기는 무엇일까? 게임방의 T1 다중화기는 굳이 24개의 채널별로 구분할 필요가 없고, 각 채널별로 별도의 제어정보를 보낼 필요도 없기 때문에, 프레임 내 24바이트 전체를 모두 패킷전송용으로 사용할 수 있다. 즉, 1.544Mbps 중 8kbps의 오버헤더를 제외한 24*8*8000=1.536Mbps를 모두 사용하여 패킷을 전송할 수 있는 일종의 대용량 디지털 모뎀이라고 할 수 있다. 하지만, 이러한 T1 다중화기의 전체 속도를 지원하기 위한 전화국 간 연결은 T1이 아니라 E1 시스템이어야 한다.

최근에는 DSL 기술을 사용하여, 4wire가 아닌, 2wire의 기존 전화선을 사용하여 전화국까지의 T1급의 전송을 지원하는 SDSL(Symmetric DSL) 기술을 채용한 장치도 많이 사용되고 있다.

1.5.5 Fractional T1 기술

게임방이 영세한 경우, 비싼 T1 라인 전체를 사용하는 대신에 일부만 사용할 필요도 있을 것이다. 이를 위하여, 망 사업자는 T1을 구성하는 24개의 슬롯 중 4개 또는 8개만 사용하여 256kbps 또는 512kbps의 전송속도를 제공하는 Fractional T1(FT1) 서비스도 제공한다.

1.5.6 전화 및 데이터 겸용 다중화기

T1 라인을 구성하는 24개의 채널 중 일부를 음성전화용으로 할당하고, 나머지 부분은 데이터 전송으로 사용하는 기능을 지원하는 장치를 전화 및 데이터 겸용 다중화기라고 부른다.

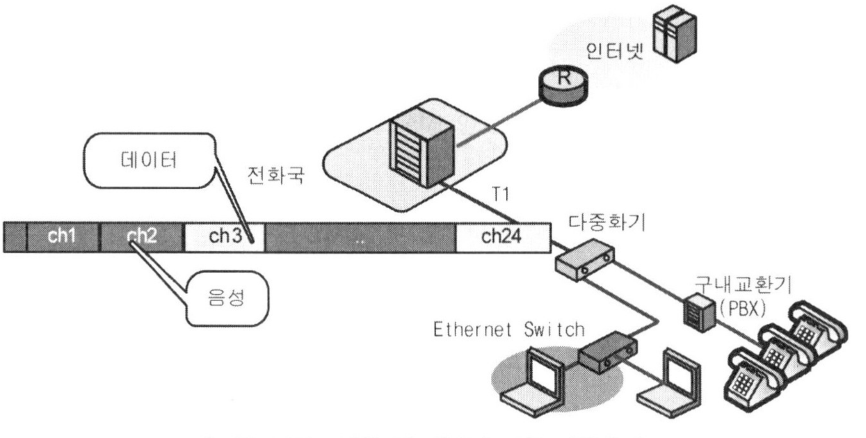

[그림 1.20] 전화 및 데이터 겸용 다중화기

1.6 패킷망을 통한 전화 시스템

앞에서 전화 시스템은 일단 연결된 이후에는 사용자가 말하지 않더라도 요금이 누적된다고 하였다. 그 이유는 해당 선로를 사용자 간에 독점적으로 사용하기 때문에 전화망 사업자가 당연히 요금을 많이 받아야 할 것이다.

반면에 패킷망은 전송선로를 여러 단말들이 공유하기 때문에 사용료가 낮다. 특히 64kbps를 사용하는 기존 전화 시스템과 달리, 음성압축 기술을 통하여 12kbps 정도의 낮은 전송률로도 음성을 전달할 수 있기 때문에 사업자 입장에서도 더 많은 연결을 제공할 수 있다. 물론 IP망에서의 음성전달과정이 순조롭지 못할 경우도 있기는 하지만, 저렴한 가격을 고려하면 참을 만하다.

이러한 요금체계에 부응하여 패킷망을 사용하여 음성을 전달하는 시스템이 최근에 활성화되고 있는 인터넷 전화 또는 VoIP(Voice over IP) 전화이다.

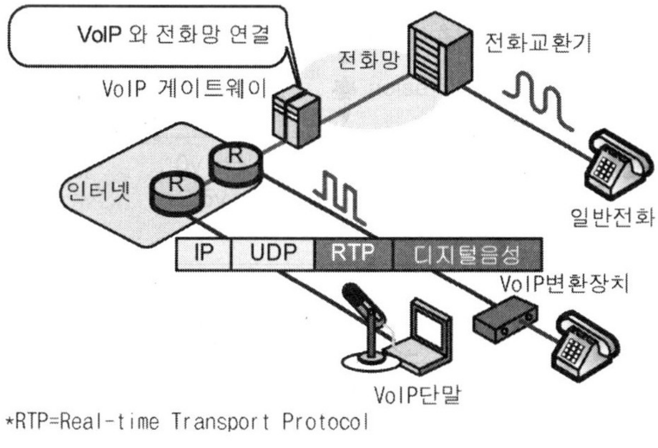

[그림 1.21] VOIP

1.7 CATV 시스템

원래 지상파 텔레비전의 난시청 문제를 해결하기 위하여 동축 케이블로 TV신호를 재분배하기 위해 개발된 CATV(cable television) 시스템은 현재, 방송뿐만 아니라, 케이블 모뎀을 통한 인터넷 접속 및 전기 · 가스 · 수도 등의 자동검침 기능도 제공하는 등 서비스 영역을 확장하고 있다.

현재 사용되고 있는 케이블 방송망은 [그림 1.22]와 같이 헤드엔드에서 여러 개의 증폭기를 거쳐 각 가정까지 100여 개의 비디오 채널을 단방향 방송하는 구조를 가진다.

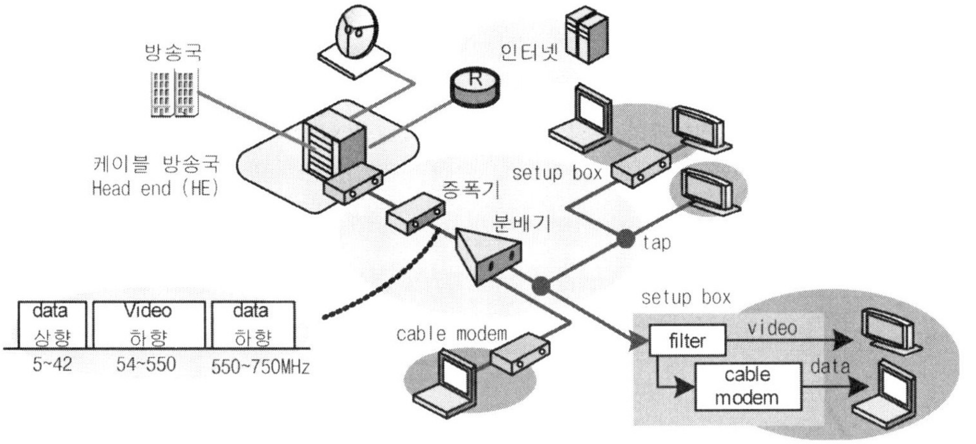

[그림 1.22] CATV 시스템의 구성

사용되는 동축 케이블은 750MHz의 광대역을 제공하는데, 5~42MHz 대역은 단말이 헤드엔드 쪽으로 데이터를 최대 30Mbps로 상향 전송하는 데 사용된다. 그리고, 54~450MHz 대역은 아날로그 케이블 방송용으로 100여 개의 비디오 채널을 주파수별로 분할하여 하향 송신하는 데 사용된다. 또한, 450~550MHz 대역은 디지털 방송이고, 550~750MHz 대역은 하향 데이터 전송용으로 활용된다.

여러분이 사용하는 케이블 모뎀은 CMTS(Cable Modem Termination System)라고 부른다. 여러 개의 CMTS와 헤드엔드 간의 전송절차는 DOCSIS라는 표준에 따라 수행된다. 이 케이블 모뎀은 셋톱박스 내에 설치되거나, 별도의 외장형 모뎀 형태를 가진다. 이 케이블 모뎀은 오직 케이블 사업자의 CMTS와 데이터를 주고받을 수 있으며, 집안의 다른 케이블 모뎀과는 연결하지 못하도록 구성되어 있다.

1.8 교환 기술

1.8.1 통신 시스템 기반 기술

통신 시스템은 단말 기술, 전송 기술, 교환 기술, 통신망 기술 등 네 가지 주요 기술을 기반으로 하여 이루어진다. 이 중의 어떤 한 가지 기술이라도 빠진다면 현대의 통신은 원활히 이루어질 수 없으며 통신의 발달과정은 결국 이 네 가지 기술의 발달과정의 총합이라 할 수 있다.

첫째, 단말기는 통신 시스템과 사람과의 인터페이스를 담당한다.

어떤 경우에나 통신의 최종 이용자는 사람이다. 따라서 사람에 의해서 생성된 정보가 통신 시스템을 통하여 원격지까지 전달되고 원격지의 사람이 전달된 정보를 받아들이기 위해서는 사람과 통신 시스템 사이에 두 번의 인터페이스가 필요하고 이 두 가지 작용, 즉 입력과 출력을 담당하는 인터페이스가 바로 단말이다. 따라서 이와 관련된 일체의 기술이 단말 기술이다.

실제의 단말기로는 우리가 매일 사용하는 전화기가 있으며, 문자정보를 전달하기 위한 텔렉스 혹은 PC, 그리고 화상정보를 전송하기 위한 팩시밀리, 영상정보를 전송하기 위한 비디오 전화 혹은 비디오 회의 시스템 등이 있다.

그리고 최근의 무선전화기, 무선호출기 등도 통신 단말기의 예가 된다. 단말기는 송신 시 원시정보를 전송에 적합한 신호로 변환하는 역할과 수신 시 전송정보를 음성, 화상, 영상 등의 원시정보로 역변환하는 역할을 동시에 수행한다. 그리고 변환된 신호의 실제 전송은 전송 시스템에 의해 이루어진다.

둘째, 전송은 한 지점으로부터 다른 하나 이상의 지점으로 신호를 운반하여 주는 기능을 말하며, 전송 시스템은 송신단국이나 수신단국, 그 사이의 매체, 그리고 중간 장치로 구성된다. 전송 기술은 이와 관련된 일체의 기술을 말한다.

송신단국은 들어온 신호가 매체를 통하여 효과적으로 전송되도록 변환 송출시키고, 수신단국은 변환되어 들어온 신호에서 원래의 신호를 추출해 내는 역할을 수행한다. 중간 장치는 신호가 전송되는 동안 매체의 특성 때문에 변형된 신호를 보상하는 역할을 수행한다. 매체로서는 동선(구리선), 동축 케이블, 무선, 광섬유 등이 있다. 주요 전송 관련 기술은 다중화 기술, PCM 전송 기술, 광전송 기술 등이 있다.

셋째, 교환은 원하는 통신 상대방을 선택하는 기술이다.

전화 발명의 초창기처럼 통신할 수 있는 사람이 특정인으로 고정되어 있거나 그 수가 한정되어 있는 경우에는 교환 기술이 큰 문제가 되지 않았으나 수십, 수백만 혹은 수천만의 통신 가입자들이 상호 원하는 통신 상대방을 결정하는 기술은 이제 통신 시스템의 중추적인 역할을 담당하게 되었다.

넷째는 통신망 기술이다.

통신망은 일반적으로 지역적으로 분산된 다수의 통신 참여자 간을 결합시켜 상호 간의 정보전달을 가능하게 하는 전달매체로서 노드(node)와 링크(link)의 집합으로 정의된다.

통신망 기술은 망 차원에서 망구조를 어떻게 하고, 어떻게 운영 관리할 것인가, 어떤 서비스를 제공할 것인가 등을 종합하는 기술로 볼 수 있다.

예를 들어 디지털 기술의 발전과 함께 등장한 IDN(Integrated Digital Network), 더욱 발전된 형태인 ISDN(Integrated Service Digital Network), 이어서 등장한 B-ISDN (Broadband ISDN), 공통선 신호 방식(common channel signaling), TMN(Telecommunications Management Network), 데이터 통신의 형태를 갖는 근거리통신망(Local Area Network), 부가가치망 (Value Added Network), 그리고 최근 관심의 대상이 되고 있는 지능망(intelligent network) 등도 모두 통신망 기술에 속한다.

어떻게 보면 통신에 컴퓨터가 도입되기 시작하면서 통신 중인 메시지의 소프트웨어적인 처리가 가능해지고 이를 어떻게 더 조직적이고 효율적으로 행할 것인가에 관한 기술이 통신망 기술이라고 볼 수 있다. 따라서 많은 부분들이 소프트웨어적인 표준안들과 일정한 연관을 갖는다.

1.8.2 교환 방식의 발전과정

지금까지 통신 시스템의 네 가지 핵심 기술이 있음을 알았는데 이제부터는 세 번째 소개된 교환 기술에 대하여 좀 더 살펴보고자 한다.

1876년 알렉산더 그레이엄 벨에 의하여 전화기가 발명되고 이 전화기는 음성신호를 전기신호로 변화시켜 먼 거리까지 전송이 가능하게 되었다. 그러나 전화를 단 두 군데뿐만 아니라 어떻게 하면 여러 곳과 통화가 가능할 것인가 하는 문제가 대두되었다. 이것이 곧 교환의 필요성의 제기이며 전화가 발명된 이듬해인 1877년에 수동식 교환기가 등장하였으니 교환기는 전화의 실용화에 있어서 필수불가결한 기능이었다는 것을 쉽게 이해할 수 있다.

교환 방식에는 일반적으로 연결 방식에 따라 수동식과 자동식이 있으며 수동식에는 자석식과 공전식이 있다.

그리고 자동식은 통화로에 사용하는 스위칭 소자에 따라 기계식과 전자식으로 구분된다.

그러나 사람이 손으로 통화를 원하는 상대방을 선택하여 연결하여 주는 수동식은 1889년 미국의 스트로저(A. B. Strowger)가 최초의 자동식 교환기를 발명하면서부터 서서히 사라져 지금은 박물관에 가야만 볼 수 있게 되었다.

스트로저가 자동식 교환기를 발명하게 된 동기는 매우 특이하다. 원래 그는 장의사를 경영하고 있었는데 어느 날 친한 친구가 죽은 사실을 이미 장례를 치른 후에 알게 되었다. 죽은 친구의 가족은 당연히 스트로저에게 장례절차를 맡기고자 하였으나 수동식 전화의 교환수가 그와 경쟁관계에 있는 다른 사람에게 전화를 연결해 주었기 때문에 장례는 그 경쟁관계에 있는 장의사에게 넘어갔고 스트로저는 그 후에야 그 사실을 알게 된 것이다. 수동식 교환수는 경우에 따라 동종 업종이라면 다른 사람에게 전화를 연결할 수도 있었기 때문에 이러한 사태가 발생한 것이다. 스트로저는 교환수의 고의적인 행동을 방지하기 위한 자동식 교환기의 필요성을 느끼게 되었고 결국 세계 최초의 자동식 교환기를 발명하게 된 것이다.

기계식 자동교환기는 스트로저식 교환기를 거쳐 크로스바(crossbar)식으로 바뀌고 국내에서는 EMD의 시대를 거치게 된다. 이어서 전자식 교환기가 등장했다.

기계식 자동교환기는 전기 기계적인 소자에 기초하여 구성되었지만 고속의 반도체 소자의 출현으로 인하여 전자식 교환 방식이 가능하게 되었다.

컴퓨터와 트랜지스터의 개발은 교환기에도 기술혁신을 가져왔다. 사람들은 기계식 교환기의 제어 부분이 컴퓨터에 의해 대체될 수 있음을 깨닫게 되었고 이러한 아이디어는 1960년대 미국의 벨연구소에서 개발한 NO.1ESS(E1-Electronic Switching System)에 의해서 현실화되었다.

아날로그 통화로계를 컴퓨터에 축적된 프로그램(SPC : Stored Program Control)으로 제어하는 이 방식은 제어 부분은 컴퓨터에 의해 전자화되었지만 통화로계는 여전히 종전의 방식을 이용하기 때문에 반전자식으로 불린다.

1970년대에 들어와서는 통화로계를 포함한 교환기의 모든 부분을 전자화한 전전자식 교환기가 등장하게 되어 오늘날의 교환기의 모습이 갖추어지게 된다. 즉 가입자 회로 기술, 마이크로프로세서 기술, 주문형 반도체 기술 등의 계속적인 발전이 오늘날과 같은 모습의 교환기의 탄생을 가져오게 된 것이다.

1.8.3 회선교환과 패킷교환

지금까지 음성의 교환을 목적으로 한 교환기가 어떻게 발전해 왔는지를 개략적으로 살펴보았다.

그러나 데이터 전송의 필요성이 급증하면서 데이터의 교환이 필요해졌다.

데이터는 모뎀에 의해 음성과 같은 아날로그 형태로 변환된 후 음성용 교환기를 통하여 교환될 수 있었고 지금도 그러한 형태의 이용이 계속되고 있다.

그러나 데이터를 음성 교환기를 통하여 전송하는 것은 아무래도 부자연스럽고 낭비적인 요소가 많다. 우선 음성 대역은 3kHz로 한정되어 있기 때문에 고속전송 데이터 요구를 수용할 수 없다.

최근의 기술로도 음성용 교환기에서 교환이 가능한 최고 데이터 속도는 14,400bps 혹은 28,800bps 정도까지이다(최근에 33.6kbps가 가능해졌다). 그리고 음성 교환기가 취하고 있는 기본적인 교환 방식은 회선교환 방식이다.

회선교환은 정보전송의 필요성이 생겼을 때 상대방을 호출하여 연결하고 이 물리적인 연결은 정보전송이 종료될 때까지 계속된다. 물론 정보전송이 끝나면 이 물리적 연결은 해제된다.

그러나 한 가지 문제점은 일단 물리적 연결이 이루어진 후 그 회선은 다른 사람과 공유하지 못하고 배타적으로 두 사람 사이에만 이용이 가능하다는 점이다.

데이터 트래픽에서는 데이터 전송이 연속적으로 이루어지는 경우도 있지만 대부분의 경우 많은 휴지(idle)기간을 포함하고 있으며 이 휴지기간 동안은 두 지점 사이에 연결된 물리적 회선은 낭비되고 있다.

이렇게 데이터 트래픽의 휴지기간 동안에 낭비되는 대역폭을 효율적으로 이용하고자 하는 아이디어가 패킷교환 방식이다. 또한 데이터 트래픽은 음성 트래픽과는 달리 네트워크에서의 전송지연(delay) 허용이 가능하다.

음성통신인 경우 지연이 발생하면 사람들이 금방 부자연스러움을 느끼게 되고 불편하게 되지만 데이터 트래픽에서는 그렇지 않기 때문에 약간의 지연이 허용됨으로써 좀 더 효율적인 대역폭의 이용이 가능하게 된다.

기본적으로 패킷교환은 전송하고자 하는 정보를 작은 단위로 나눈 다음 나누어진 정보단위, 즉 패킷마다 발신지와 수신지의 주소를 넣고 패킷교환기는 그 주소를 보고 최종 목적지까지 패킷을 전달해 주는 교환 방식이다.

실제 사용되는 패킷의 크기는 주로 128 글자가 쓰이는데 경우에 따라서는 그보다 적거나 큰 패킷도 사용된다. 그리고 이 크기는 상한선일 뿐 가변적인 것이다.

패킷교환에서는 정보전송을 시작할 때 우선 두 지점 사이에 논리적인 전송로(virtual circuit)를 설정하고 이후에는 매 패킷마다 송수신자의 주소를 넣지 않고 그 논리적 전송로의 번호만으로 전송을 행하는 방법이 더 많이 쓰인다.

이 방법을 가상회선(virtual circuit) 방식이라고 부르고 앞서처럼 매 패킷마다 주소를 넣어 패킷을 구성하는 방식을 데이터그램(datagram) 방식이라고 부른다. 가상회선 방식은 많은 양의 데이터를 연속으로 보낼 경우에, 데이터그램 방식은 짧은 메시지의 일시적인 전송에 적합하다. 어쨌든 패킷교환 방식은 데이터 전용 교환 방식으로 대역폭의 효율적인 이용이라는 요구를 충족시킬 수 있고 교환기 자체의 비용 또한 현저하게 낮출 수 있었다.

패킷교환기는 그야말로 컴퓨터 그 자체이며 교환행위는 컴퓨터 메모리의 어떤 부분에 있는 데이터를 다른 메모리 위치로 움직이는 컴퓨터 명령어에 의해 수행되므로 패킷교환 방식은 소프트웨어에 의한 교환이라고 볼 수 있다.

1.8.4 고속 회선교환과 고속 패킷교환

어쨌든 패킷교환 방식은 데이터 전용 교환 방식으로 대역폭의 효율적인 이용이라는 요구를 충족시킬 수 있고 교환기 자체의 비용 또한 현저하게 낮출 수 있었다. 패킷교환기는 그야말로 컴퓨터 그 자체이며 교환행위는 컴퓨터 메모리의 어떤 부분에 있는 데이터를 다른 메모리 위치로 움직이는 컴퓨터 명령어에 의해 수행되므로 패킷교환 방식은 소프트웨어에 의한 교환이라고 볼 수 있다.

패킷교환과 더불어 데이터 전용의 교환 방식으로 고속 회선교환 방식이 있다.

고속 회선교환은 교환 기술의 기본개념이 음성전송을 위한 회선교환과 동일하나 디지털 방식을 택하므로 상대방과의 연결시간 단축과 전송속도의 향상을 가져왔다.

종전의 음성전용 교환기는 최고 전송속도가 현재 33,600bps까지이나 데이터를 위한 고속회선교환은 64kbps까지 전송이 가능하므로 33.6kbps 이상의 데이터 전송에 효율적으로 이용할 수 있어 데이터의 발생빈도가 높지는 않으나 그 양이 대단히 많은(bulk data) 경우에 유용하다.

X.25에 근거한 패킷교환 기술 이후의 기술을 한마디로 지칭할 때 우리는 고속 패킷(fast packet)이라는 용어를 사용한다.

사실 음성전송만을 위해서는 데이터의 교환 기술의 발전은 필요 없겠으나 사람들은 음성뿐만이 아니라 모든 형태의 정보를 전송하고자 하기 때문에 새로운 교환 기술도 필요하게 된다. 즉 앞에서 얘기한 데이터 교환을 위한 패킷교환도 그 예이다. 그러나 사람들의 욕구는 끝이 없어서 음성, 텍스트, 화상, 비디오 등 모든 형태의 정보를 교환기를 포함한 통신기를 통해 전송하고자 하고 그것도 매우 빠른 속도를 요구할 뿐만 아니라 종전의 통신이 주로 일대일 간의 통신이었던 데 비해 일대다의 정보분배까지 요구하고 있기 때문에 새로운 교환 기술의 출현이 요구되었다. 이러한 새로운 교환 기술을 고속 패킷이라고 총칭하게 된 것이다.

패킷이라는 용어를 사용하는 것은 데이터 전송을 위한 패킷교환에서와 같이 모든 형태의 정보를 디지털화하여 일정 정보단위로 묶어 주소 개념을 이용하여 교환하고 전송하기 때문이다. 즉 데이터를 위하여 만들어진 패킷교환의 개념이 음성을 비롯한 모든 형태의 정보를 교환하고 전송하는 데까지 확장되었다고 볼 수 있다.

고속 패킷 기술 중에서 가장 먼저 실용화된 기술은 프레임 릴레이이다. 프레임 릴레이도 기본적으로 패킷교환과 다를 바가 없다. 다만 종전의 패킷교환 방법이 전송로 상에서의 에러 문제 때문에 많은 시간을 요구함으로 인해 네트워크 지연시간이 커지고 처리율이 떨어지는 단점을 개선한 것일 뿐이다. 기술적으로는 계층 3에서 이루어지던 교환 기능을 계층 2에서 수행한다는 점, 그리고 대역폭을 넓혀 45Mbps까지의 전송속도를 지원하는 것도 다른 점이다.

그러나 프레임 릴레이도 모든 형태의 정보를 교환하고 전송하고자 하는 욕구를 만족하지는 못한다. 최근 음성을 수용하는 경우도 있기는 하나 그 용도가 주로 고속 데이터의 전송에 있다.

1.8.5 셀 스위칭

셀 스위칭이 음성, 데이터, 화상, 영상, 방송 등 모든 형태의 정보전송을 종합적으로 고속으로 교환해 주는, 지금까지 개발된 모든 교환 기술을 종합한 미래의 교환 기술로 급격히 떠오르고 있다.

셀 스위칭의 이해를 위해 우선 셀(cell)이 무엇인지부터 살펴보자.

셀은 작은 고정 크기의 패킷이다. 따라서 패킷에서와 같이 주소 등과 같은 제어정보와 이용자 정보로 구성된다. 셀을 전송하기 위해 송신자는 메시지를 셀 크기에 맞추어 나눠 제어정보를 추가하여 전송하고 수신측에서 이들 셀을 다시 조합하여 원래의 정보를 재생한다.

셀의 크기는 네트워크마다 다를 수 있으나 BISDN의 표준으로는 5글자(byte)의 헤더(제어정보)와 48글자의 이용자 정보를 합하여 53글자의 고정 크기로 셀의 크기를 정하였다. 하지만 BISDN의 표준이 아닌 경우 셀의 크기는 4글자에서 256글자까지 다양하다.

셀의 크기에 따라 제어정보의 오버헤드가 차이가 나므로 셀의 크기는 중요한 의미를 갖는다. 작은 셀이 갖는 이점은 낭비가 없다는 점이다. 송신자가 메시지를 셀 크기로 나눌 때 보통 맨 마지막 셀은 꽉 채워지지 않게 되는데 셀의 크기가 클수록 사용되지 않는 셀의 부분이 많아지게 되어 낭비가 생긴다.

셀의 크기에 따라 영향을 받는 또 하나의 요인은 직렬화(serialize)에 따르는 지연시간이다. 대화형 음성이나 비디오 회의 등 지연시간이 큰 영향을 미치는 응용 분야에서는 큰 셀이 지연을 가져올 수 있으므로 불리하다. 그렇지만 셀의 크기가 너무 작으면 오버헤드가 과다하게 되어 실제의 정보 전송률이 떨어지게 되는 불리점도 있다. 따라서 적당한 크기의 셀을 선택해야 한다. ITU-T(CCITT)가 BISDN의 스위칭 방법으로 셀 스위칭을 채택한 데는 다음과 같은 세 가지 이유가 있다.

첫째, 셀 스위칭은 전화, CATV, 컴퓨터 데이터 등 특성이 다른 여러 가지 네트워크를 종합적으로 지원하는 데 매우 효과적이므로 또 하나의 셀 네트워크로 모든 형태의 트래픽을 지원할 수 있다.

둘째, 앞으로의 고속 네트워크의 기능으로 멀티캐스트(MultiCast)가 필수적인데 셀 구조가 이에 적합하다. 멀티캐스트는 한 사람의 송신자로부터의 정보가 여러 곳에 동시에 전달되는 기능으로 CATV 등에서는 반드시 요구된다. 종전의 회선교환 방식도 멀티캐스트가 가능하기는 하나 셀 스위칭이 더욱 적합한 방식이다.

셋째, 셀 네트워크의 또 다른 장점은 다중화(multiplexing)의 용이성이다. ISDN에서는 고정된 대역폭을 할당하는 방식을 취하고 있기 때문에 대역폭의 이용이 효율적이지 못하다. 셀 방식은 대역폭을 다이내믹하게 할당할 수 있는 이점을 제공한다. 셀이 네트워크를 통하여 목적지까지 전달되는 과정은 기본적으로 기존의 패킷 네트워크와 같다.

결국 셀 스위칭은 종전의 회선교환 방식이 갖고 있는 짧은 지연 특성과 패킷교환 방식이 갖고 있는 효율적 대역폭 이용의 장점에다 고속이라는 장점까지를 겸비하고 있어 모든 형태의 정보를 효율적으로 교환 분배할 수 있는 교환 방식인 셈이다. 더욱이 셀 교환 방식은 랜에서도 그대로 이용이 가능하여 최초로 랜과 WAN을 천하통일할 교환 방식으로도 주목을 받고 있다.

ATM(Asynchronous Transfer Mde)은 CCITT에 의해서 표준안으로 정해진 셀을 기본으로 하는 교환 방식이다. 이 경우의 53바이트 셀을 ATM 셀이라고 부른다. 잘 알려진 대로 ATM은 교환과 다중화를 담당하는 BISDN의 핵심 기술이다. 현재의 ATM 표준안은 622Mbps의 속도까지 지원 가능하나 장차 기가비트급까지 가능할 것으로 기대된다.

스트로저 교환기에서 시작된 자동교환기는 크로스바 방식 아날로그 전자교환, 디지털 회선교환, 디지털 패킷교환, ATM 회선, 패킷 복합교환 방식까지 와 있다. 앞으로 더 발전이 기대되고 있는 교환 방식으로 광교환 방식이 있다. 아직은 연구실 수준을 벗어나고 있지는 못하지만 언젠가는 광교환의 시대를 맞이하게 될 것이다.

1.9 실험 결과 및 고찰

실험제목					평 가	
소 속						
실 험 조	조		인원		실험일자	
학 번						
성 명						

1. 네트워크 구축계획에 따른 시장현황 파악하기
2. 네트워크 구축계획에 따른 타당성 분석하기
3. 네트워크 구축계획에 따른 사업계획서 작성하기

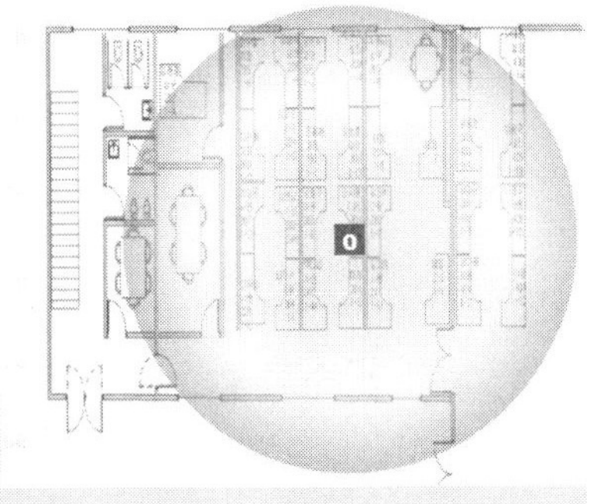

제 2 장

유선 네트워크 설계

2.1 개 요

현재 일반적인 네트워크 현황의 이해를 돕기 위해 실질적으로 네트워크 구성을 통해서 상세하게 설명하는 장으로 현재 네트워크의 현황과 설계에 대해 설명한다.

이 장에서는 LAN, WAN, 보안 영역으로 나누어 설명한다. 또한 네트워크 정책을 통해 백본 및 Edge 백본과 스위치 보안 시스템은 구현과 안정적인 시스템 구축 방안과 향후 네트워크 장애를 최소화하여 구현하는 일반적인 네트워크 구성 현황이다.

또한 보안 기능을 강화하여 방화벽, IPS 등을 구성함으로써 외부 침입 및 바이러스 공격에 대비하여 정책을 세우고 네트워크 시스템의 각각의 기능, 지원, 성능, 규격, 내용 등을 설명하고, 목표 시스템으로 선정된 장비를 활용하여 유선 네트워크 설계에 대해 설명한다.

2.2 유선 네트워크 현황

현재 네트워크 시스템의 신기술 도입과 정보통신망 관련 지식과 각 분야별 현황을 분석하고 이해한다. 이를 통해 네트워크 구축에 있어 미래 지향적인 시스템을 가장 효율적으로 적용하고, 네트워크 구현에 최적의 솔루션을 제안하고 구성하여 보다 진보한 네트워크 기획자로서 가치를 추구할 수 있다.

따라서 신기술 적용에 있어 기존 통신망 관련 지식들이 바탕이 되어야 하며, 이를 통해 각 분야별로 응용하여 보다 향상되고 최적화된 네트워크 시스템을 활용하여 제안하는 학습을 통해 단순히 지식을 습득하는 것보다는 다각도의 응용/테스트를 통해 시스템 구현의 극대화를 찾아내는 훈련이 필요하다.

2.2.1 LAN 시스템 설계 현황

현재 LAN 시스템은 진보를 거듭하고 있으므로 제안을 위해서는 변화하는 LAN 시스템 현황을 파악하기 위해 해외 및 국내 사례를 확인하고 숙지하여야 한다. 예전에는 LAN과 WAN이 명확히 구분되었지만 현재는 그 벽이 무너지고 있는 추세며, 향후에는 LAN과 WAN에 대한 개념이 통합될 것으로 판단된다.

먼저 Local area network은 IT Infra가 집결되어 있다. 백본 스위치, 워크그룹 스위치, L3 스위치, L4 스위치, 보안 장비, Qos, IP PBX, 서버 기타 여러 파트의 장비군들이 백본 장비를 중심으로 연결된다. 현재 LAN 시스템 관련 현황은 구성도를 통해 설명하고 학습하기로 한다.

① 각각의 제조사의 네트워크 장비, 보안제품 기타 관련 LAN 구성의 필요한 제품군들의 성능 및 기능, 규격들을 숙지하고 비교 분석한다.
② 현재 네트워크 시스템의 동향을 이해하고 선정기준을 설정하여야 한다.
③ 네트워크 구성의 각 부분별 연결 방안을 설정하고 제시하여야 한다.
④ 일반적인 네트워크 구성과 미래 지향적인 네트워크 구성 방안을 숙지하고 검토하여 이를 도식화한다.
⑤ 중대형 규모의 네트워크 구성으로 현재 일반적인 시스템 구성도를 적용하여 학습하기로 하자.

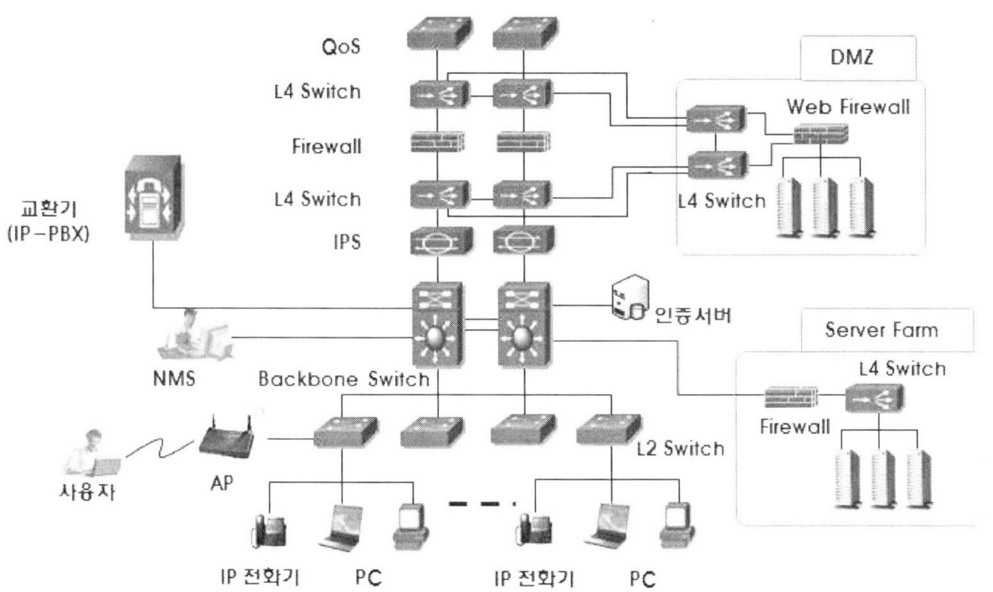

[그림 2.1] 일반적인 시스템 구성도

㉠ 현재 LAN 시스템의 구성 현황으로 백본을 중심으로 L2, L4, IPS, Firewall, Web 방화벽, Qos 등이 연결된다.

㉡ 위 네트워크는 이중화 구성으로 스탠바이, 액티브로 구성되어 네트워크의 안정적인 운영이 된다.

㉢ L4는 Server Farm, 웹서버, Firewall을 로드 밸런싱을 위해 이중화 구성으로 구현된다.

㉣ 인증 서버는 무선 랜의 보안을 위해 별도로 무선 랜 접속 사용자를 인증한다.

2.2.2 WAN 시스템 현황

WAN 시스템은 현재는 많은 변화가 있는 것이 현실이다. 먼저 ATM, F/R, X25, PSTN, 인터넷망 기타 여러 형태의 네트워크망은 축소되거나 진화하고 있다.

ATM 장비, 라우터는 수요가 적어지는 추세이며, VPN, Metro Ethernet, WDM 등은 수요가 증가하는 추세이다. 하지만 중대형 규모의 네트워크 구현에는 WAN 시스템을 반영한다. 물론 업무의 특수성과 전용회선 속도 그리고 회선 비용의 산출을 통해 결정된다는 것을 파악한다.

① 라우터를 활용한 WAN 구성 방안은 수요처의 환경에 따라 선정된다. 라우터 구입은 필수가 아닐 수 있다.

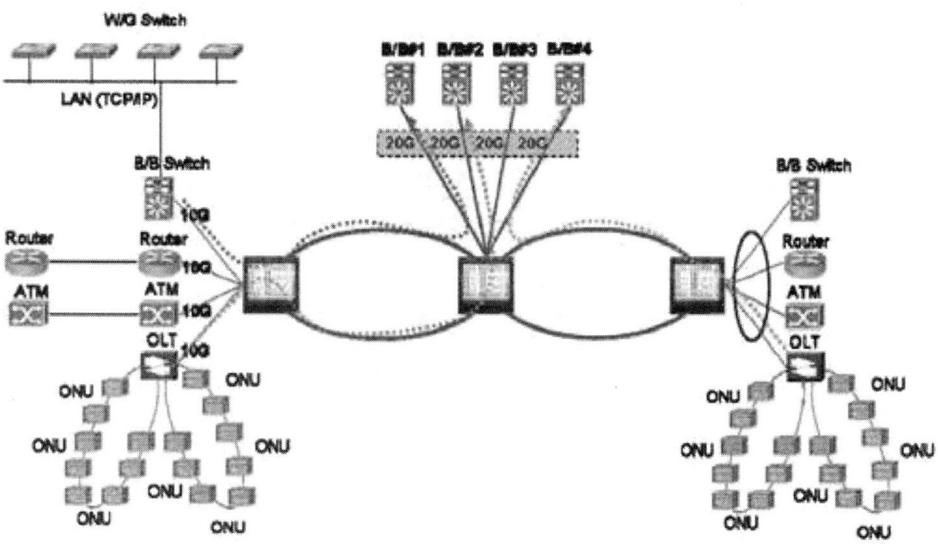

[그림 2.2] WAN 시스템

② WAN 구간의 속도 향상을 위해 다양한 응용 방안을 제시한다.
③ Metro Ethernet, VPN망, 자가망 등 WAN 구간의 다양한 연결 방안이 존재한다.
④ WAN 구성은 수요처의 요구조건에 따라 회선 속도적인 면, 회선 비용적인 면, 환경적인 면을 반영하여 WAN 구간 시스템을 제안한다.
⑤ WAN 구간 구성을 통해 시스템 현황을 학습한다.

2.2.3 보안 시스템 현황

네트워크 보안은 Firewall, IPS, Web 방화벽, DB보안, 라우터에도 보안 기능이 있으며 현재는 스위칭 허브 내에도 보안 기능을 탑재한 네트워크 보안 솔루션들이 출시되고 있다.

① Firewall
② IPS
③ Web Firewall
④ Server Farm 내의 DB 보안
⑤ NAC(Network Access Control)
  ㉠ 최첨단 IT 인프라 구현의 이중화 백본 장비 구성, 유비쿼터스 비즈니스 환경의 적합한 보안 시스템 구현
  ㉡ 내 · 외부 침입으로부터 네트워크 보호, 시스템 보호, 개인보호 시스템 구현
  ㉢ 시스템 보호는 서버 및 DB, 파일, 기타 보안체계를 이중화를 통해 보안 기능 강화
  ㉣ 최신 표준의 다양한 기능 제공으로 중복투자 해소, 향후 네트워크 증설 시 확장 가능한 구성으로 최적의 네트워크 시스템 구성

2.2.4 물리적 라인 현황

데이터 통신을 위한 물리적 케이블 현황을 파악하고 네트워크 구성을 위해 기본적인 케이블 인프라가 구성되어야 한다. 그러기 위해서는 케이블 유형별 선택을 통해 사양 및 규격을 파악하고 이해한다.

데이터 전송선로 케이블의 기능별 이해와 지식을 통해 향후 확장을 고려한 선택이 중요한 결정요인이다.

먼저 통신 케이블의 종류는 UTP 케이블, F/O 케이블, 동축 케이블을 주로 데이터 통

신 케이블로 활용하고 있다. 케이블 유형 및 종류에 따라 전송속도 및 거리의 제한이 있으며, 케이블 선택에 따라 장비의 유형도 바뀌는 상황이므로 케이블 선정에 있어 유형 및 종류를 파악하고 이해하는 학습이 필요하다.

① 간선 및 수평 케이블의 선택을 통해 케이블 유형을 선정한다.

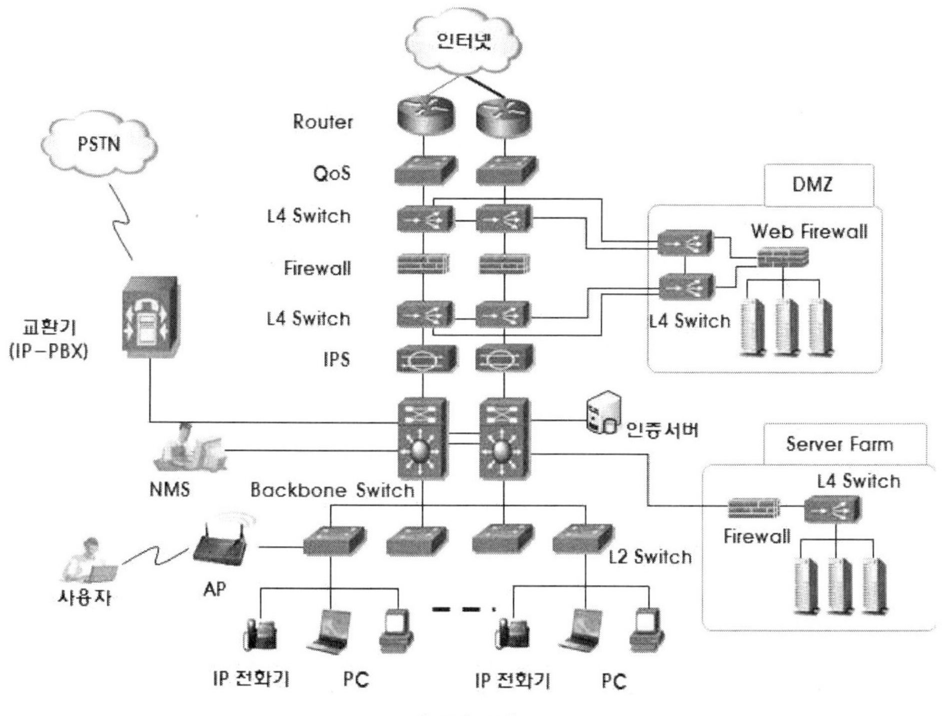

[그림 2.3]

② 확장성을 고려한 케이블 유형을 선택한다.

③ 광케이블의 종류 및 유형

㉠ 용도 : Data M.D.F의 광 분배함과 I.D.F의 광 분배함 간을 연결한다.

㉡ 물리적 특성

ⓐ Core수 : 2/4/8/12/48Core

ⓑ 광섬유 굵기 : 62.5/125μm, 50/125μm

ⓒ Wave Length : 1,300nm

ⓓ Span Loss : 1.5db/km

ⓔ B.E.R : 1/1,000,000,000

ⓕ 곡률 반경 : 설치 시 – 외경의 20배, 설치 후 – 외경의 10배

ⓖ 최소곡률 반경 : 1.91Cm

ⓗ 적정온도 : −40~75℃

ⓘ 전기적 사양 : FREQUENCY − 500MHz

ⓙ MM(Multi Mode), SM(Singel Mode)

㉢ 광케이블의 접속 방법

ⓐ SC Pigtail을 사용한 융착 접속

ⓑ 커넥터 접속

ⓒ 기타 접속 방법

㉣ 광섬유 케이블의 측정 및 시험은 OTDR을 사용하여 올바르게 시험하고 그 결과를 문서화하여 제출한다.

㉤ 광커넥터 종류

ⓐ SC, ST Type

ⓑ LC, MTRJ, VF-45 Type

④ UTP(Unshield Twist Pair) 케이블 종류 및 유형

㉠ UTP CABLE(CAT.6/CAT.5e/4P) : 데이터 케이블로 주로 많이 사용한다.

ⓐ 용도 : 지선 CABLE(DATA/VOICE용)

ⓑ 물리적 사양

- 도체규격 : 23AWG(0.65mm)
- Pair Size : 4 Pair
- 무게 : 34.5kg/km
- 외경 : 0.56cm(4P)

ⓒ 전기적 사양

- Category : High 6
- 최대 직류저항 : 28.6/1000ft
- 상호 정전용량 @kHz : 14nF/1,000ft
- 전송손실(dB/1000ft) : 6.3(1MHz), 20(10MHz), 67(100MHz)
- Impedance(Ohms) : 100Ω±15%(at 1.0−100MHz)

ⓓ 통신수구 접속기준

제품에 따라 T568A 또는 T568B를 선택하되 전 배선구조가 단일구조로 통일되어야 한다.

Pair	Wire Color (Base/Stripe)	비고
1	Blue	
	White - Blue	
2	White - Orange	
	Orange	
3	White - Green	
	Green	
4	White - Brown	
	Brown	

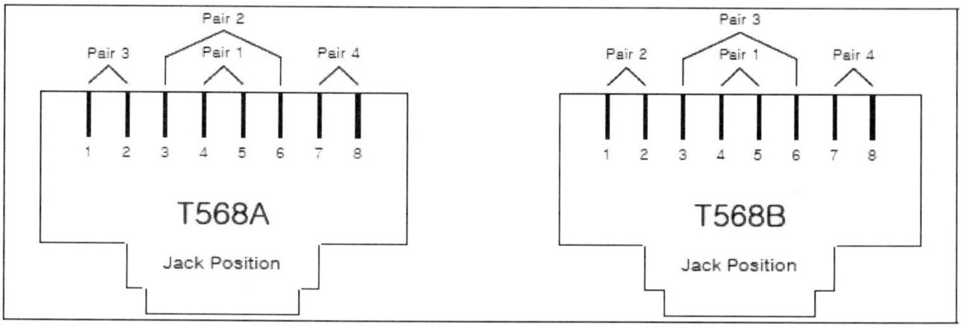

ⓔ 케이블 국제 표준 및 규약

전화배선 관련 기술표준	1) 한국통신 구내통신선로 기술기준 2) ITU ISDN BRI/PRI	
Data(LAN) Network 관련 배선 기술표준	1) Ethernet Networking(IEEE) - IEEE802.3 10Base-T @ 10Mbps, UTP - IEEE802.3 10Base-FT @ 10Mbps, Fiber - IEEE802.3u 100Base-TX @ 100Mbps, UTP - IEEE802.3u 100Base-FT @ 100Mbps, Fiber - TIA/EIA-568-B.2-1 Cat.6, UTP - IEEE802.3ae 10Gig 10Gbps, Fiber 2) ATM Networking(ATM Forum) - OC-3c/STM-1 SONET/SDH @ 155.52Mbps, Fiber - STS-3c/STM-1 SONET/SDH @ 155.52Mbps, UTP - OC-12c/STM-4c SONET/SDH @ 622.08Mbps, Fiber - STS-12c/STM-4c SONET/SDH @ 622.08Mbps, Fiber 3) FDDI Networking(ANSI) - CDDI (TM-PD) @ 100Mbps, UTP - FDDI @ 100Mbps, Fiber	
유지 보수 방안	- TIA/EIA-606 기술표준에 준함	

2.2.5 서버 및 스토리지 현황

서버 기능이 고용량 다기능으로 확대되므로 파일을 담기 위해 스토리지 시장의 규모가 커지는 추세이며 각 서버 제조사들이 출시하는 서버 사양을 숙지하고 수요처의 사용용량에 맞는 서버 제품군을 파악하여 제안한다. 서버는 크게 CPU 부분, 메모리 부분, 디스크 부분으로 나눌 수 있으며, 다양한 응용소프트웨어, DB 등 다양한 기능으로 응용하여 구현할 수 있다. 또한 용량산출 시 시스템에서의 용량산정의 핵심관건은 피크데이 및 피크타임 시의 트랜잭션을 정확히 산출하는 것으로, 예상되는 전체 사용자 및 동시 사용자 수, 동시 사용자 1인당 예상 트랜잭션 수에 대한 추정작업을 통해 서버 선정 방안을 고려한다. 응용 소프트웨어, OS 등은 제조사의 사용자 수 및 라이선스 단위로 판매하므로 소프트웨어의 현황도 숙지하여야 한다.

① 서버의 다양한 형태로 사용된다. Web 서버, DB 서버, WAS 서버, 보안 서버, 인증 서버, 파일 서버, 기타 형태로 사용된다.
② 각 서버 기능별 운영 방안을 검토하고 제시한다.
③ 서버는 CPU당 산출하므로 수요처의 정확한 규모를 산출하여 제시한다.
④ 스토리지 SAN 방식과 NAS 방식으로 구분할 수 있으며, 각각 서버 및 파일 용도에 따라 구성한다.
　㉠ SAN의 고성능 장점과 NAS의 파일 공유 기능 장점이 있다.

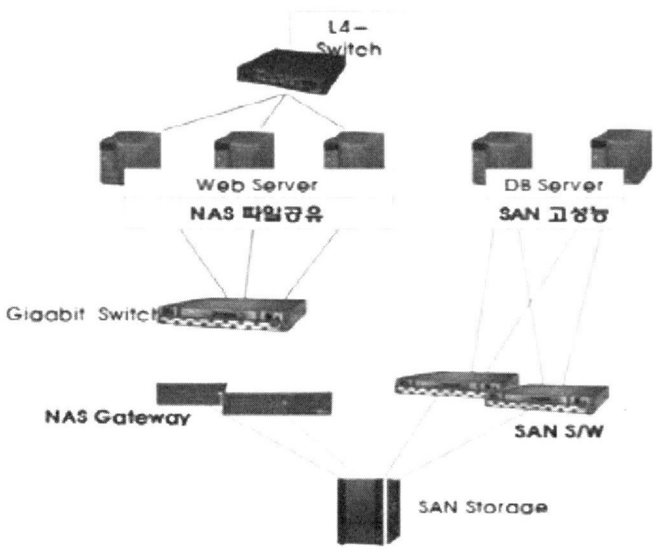

[그림 2.4] 스토리지 구성도

㉡ SAN 스토리지의 일부 영역을 NAS G/W를 통해 공유 서비스가 가능하게끔 시스템을 구성함으로써, 대용량 데이터의 고속 전송뿐만 아니라 신뢰성, 안정성 등을 제공한다.

㉢ 향후 백업 및 복구에 있어서도 통합 관리가 가능하여 업무의 편의성을 제공한다.

2.2.6 교환기 기술 현황

교환기는 전자식 축적 프로그램 제어 방식으로 PCM/TDM/IP 교환 방식의 전전자식 IP 교환기가 주종을 이루며 VOICE와 DATA를 동시에 지원 가능한 제품군들로 이루어진다. 물론 키폰과 같은 소규모 형태의 교환기 제품군도 있다. 하지만 이 장에서는 IPT, VOIP 등 현재와 미래 지향적인 교환기 시스템을 다루기로 한다. 아날로그에서 디지털로 변하는 교환기 시스템이 네트워크에 연결되어 IPT 구현이 일반화되고 있다.

① IP를 이용한 음성통신 서비스(VoIP) 제공
② 휴대폰 연동 기능, WiFi, VoWLAN, 무선 사설교환 기능 등을 지원
③ 중계 기능 지원
④ 디지털/IP 다기능 전화기 기능 지원
⑤ IP PBX 상호 연계 구성도 및 교환기 단독으로 구성한 구성도

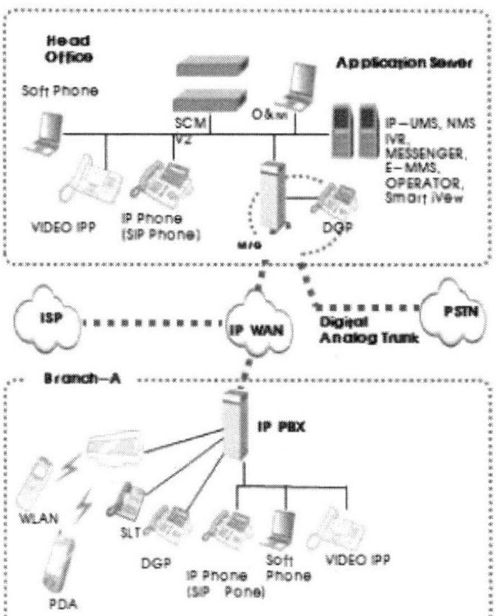

[그림 2.5] IP PBX 상호 연계 구성도

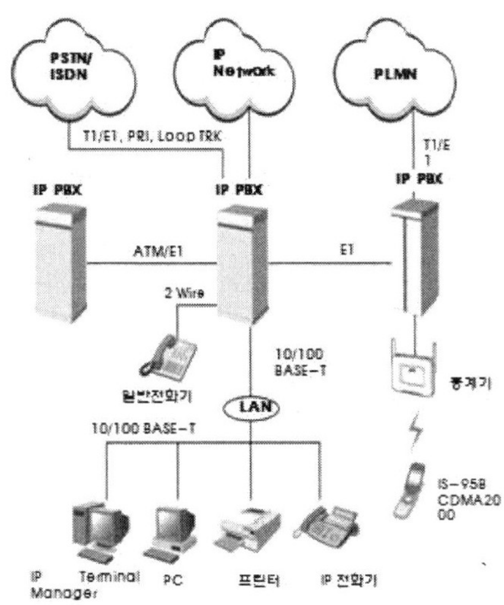

[그림 2.6] 교환기 단독 구성도

2.2.7 전송 장비 기술 현황

전송 장비의 기술 현황은 과거 TDM(Time Division Multiplexing) 방식으로 구현(SONET, SDH 등)되었으나 현재는 WDM(Wavelenght Division Multiplexing) 방식의 CWDM, DWDM의 활용을 통해 제안 및 구성이 되고 있다. 따라서 전송 장비 기술 현황은 WDM 기술을 이용한 전송 방안을 파악하고 학습한다.

① 전송 방식들을 알아보고 장단점을 비교한다. 먼저 TDM, WDM 전송 방식과 원리를 파악하고, WDM 계열의 광섬유 채널별 전송 원리를 이해한다.

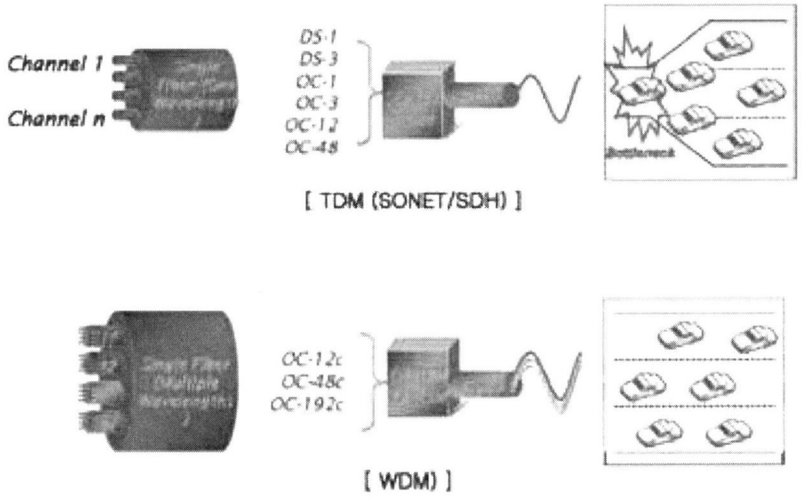

[그림 2.7] TDM, WDM 전송 방식

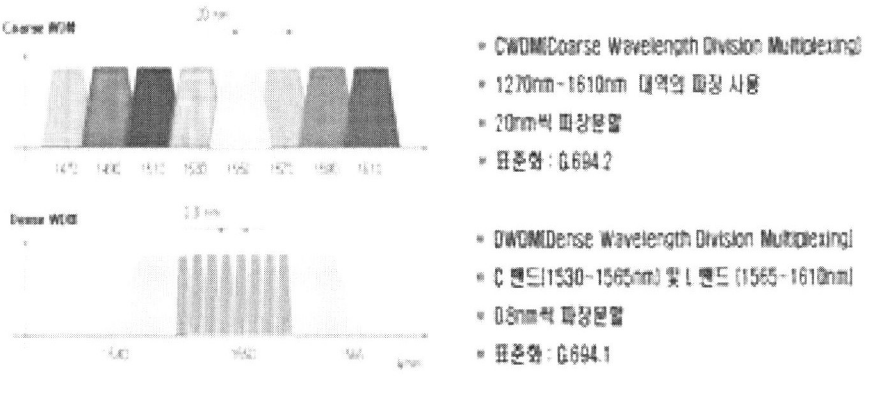

[그림 2.8] CWDM, DWDM 파장 원리

② 전송매체인 광케이블의 전송 채널에 따라 WDM 전송 방식의 구성 예를 통해 이해하기로 한다.

㉠ 현재 일반적으로 구현 및 제안하는 전송망 구성도를 예로 학습한다.

㉡ RING별 최대 10GbE 대역폭을 제공하고 CENTER Up-link 대역폭 최대 8GbE를 제공한다.

㉢ 노드 및 대역폭 확장 시 센터 측 MSPP 추가 증설 가능한 구성도(그림 2.9 참조)

㉣ RING별 40GbE 대역폭을 제공하고 CENTER Up-link 대역폭 최대 40GbE 제공을 통해 노드 및 대역폭 확장 시 센터 측 DWDM 유닛 증설이 가능한 구성도(그림 2.10 참조)

③ 현재의 IT 인프라로는 융합화, 실감화, 지능화, 개인화 등 미래 방송통신 서비스 수요 충족에 한계가 있어 지속적인 고도화가 요구되고 있는 추세에 있다. 특히, 속도, 커버리지, 상호 운용성, 품질 · 보안 등의 측면에서 미흡하며, 향후 유·무선 음성전화, 인터넷 및 방송 등 융합 서비스를 스마트폰 등 다양한 환경에서 제공하는 다중융합 서비스(MPS)가 활성화될 것으로 전망되며 이 경우 유선에서 가구당 평균 125~285Mbps Full HDTV에 비해 4~16배 이상 선명한 초고화질 · 실감형 리치 미디어 서비스가 활성화될 것으로 전망되므로 전송 장비의 고도화가 필요하다.

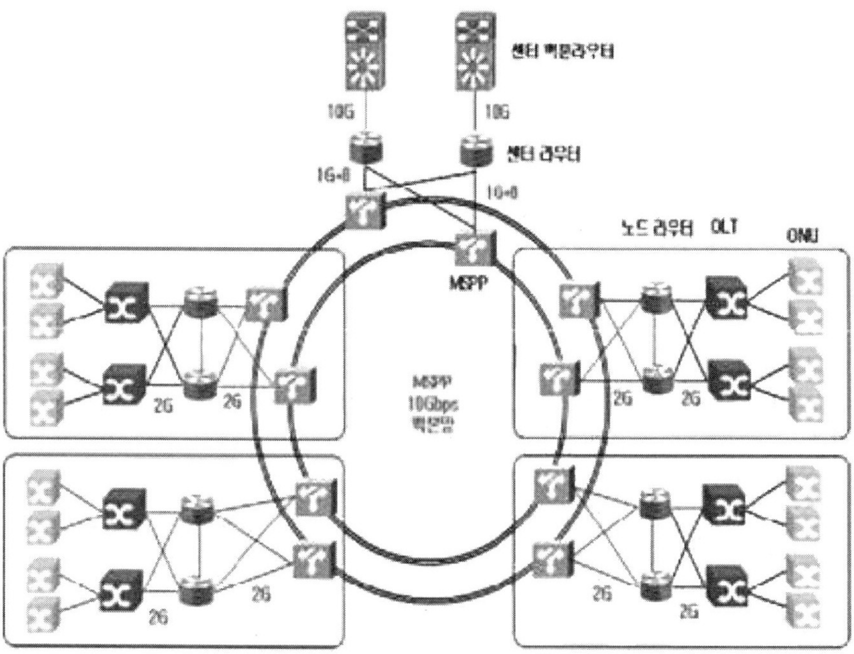

[그림 2.9]

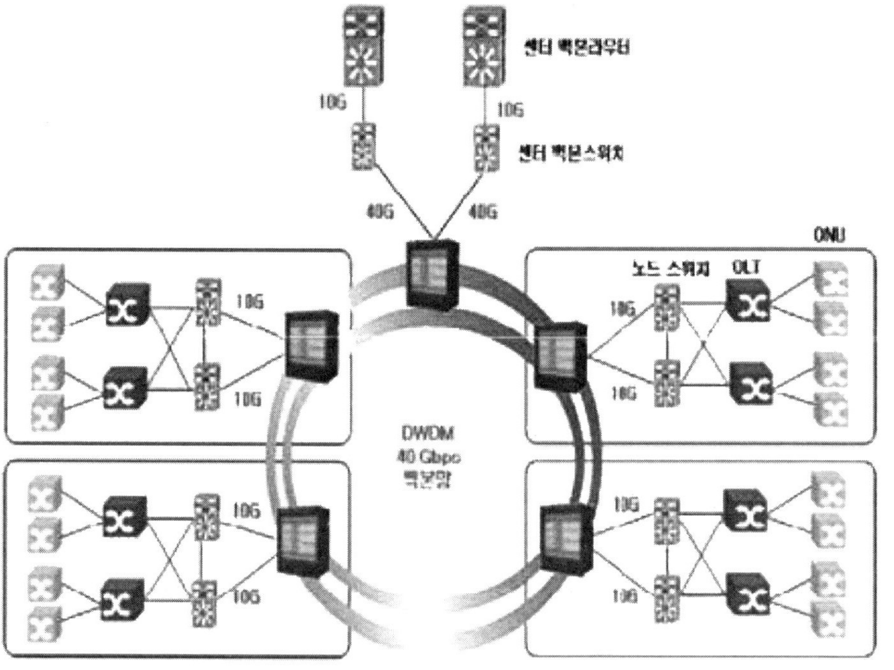

[그림 2.10]

2.3 유선 네트워크 시스템 구축

2.3.1 목표 시스템 구성도

① 위의 항목들을 숙지하고 수요처의 요구조건에 맞는 네트워크 시스템을 선정하여 각각의 시스템 항목을 조합하여 한 장으로 네트워크 구성도를 작성한다.

② 네트워크 구성도

- 네트워크 이중화 방안을 통한 연속성 제공
- 10G 연결을 통한 대역폭 확보
- 이중보안을 통한 시스템 안정화 강화
- Qos 도입을 통한 안정적인 속도유지 방안
- NMS 도입을 통한 관리적인 측면 제공

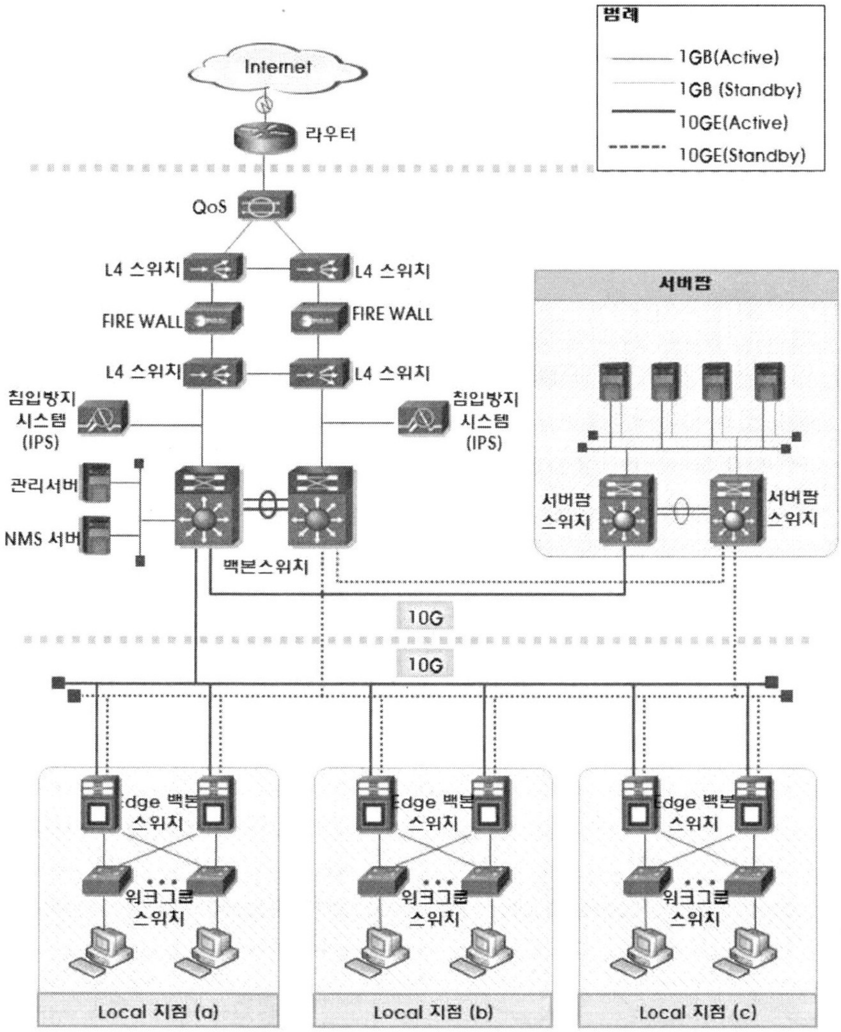

[그림 2.11]

2.3.2 서버 시스템

① 각각의 응용 서버를 구축

② DMZ 구간에 웹서버 및 메일 서버 운영을 통해 보안 기능을 강화

③ 서버 Farm 내의 DB 서버, WAS 서버, File 서버(고용량 스토리지 NAS, SAN 방식의 이중적인 적용을 통해 시스템 연결) 응용 서버 구축

④ 서버 및 웹 방화벽 간의 L4 스위치 구축

⑤ 서버 기능별 분리를 통해 각각의 보안 시스템을 분리해 구축

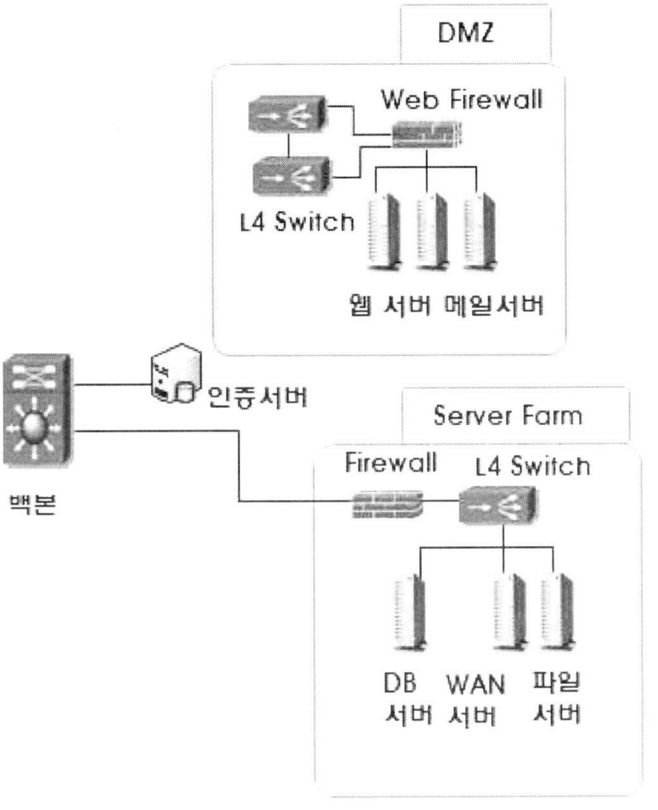

[그림 2.12]

2.3.3 백업 시스템

① 각각의 응용 서버 구축과 백업 서버 및 백업 스토리지 구축을 통해 내외부적으로 문제가 발생할 경우 시스템을 정상적으로 복구

② 네트워크 이중화를 통해 네트워크 장애 발생 시 백업 장비로의 네트워크 이동으로 시스템의 연속적인 백업 방안을 수립

③ 서버 보안의 이중화를 통해 서버 보안 강화

④ 라우터 이중화를 통해 WAN 구간 네트워크 백업 방안

⑤ Firewall 이중화 구현을 통한 외부침입 차단 강화 방안

⑥ 전체 네트워크 이중화 및 백업 시스템 구축을 통해 네트워크 시스템 안정성과 연속성을 보장하여 구현

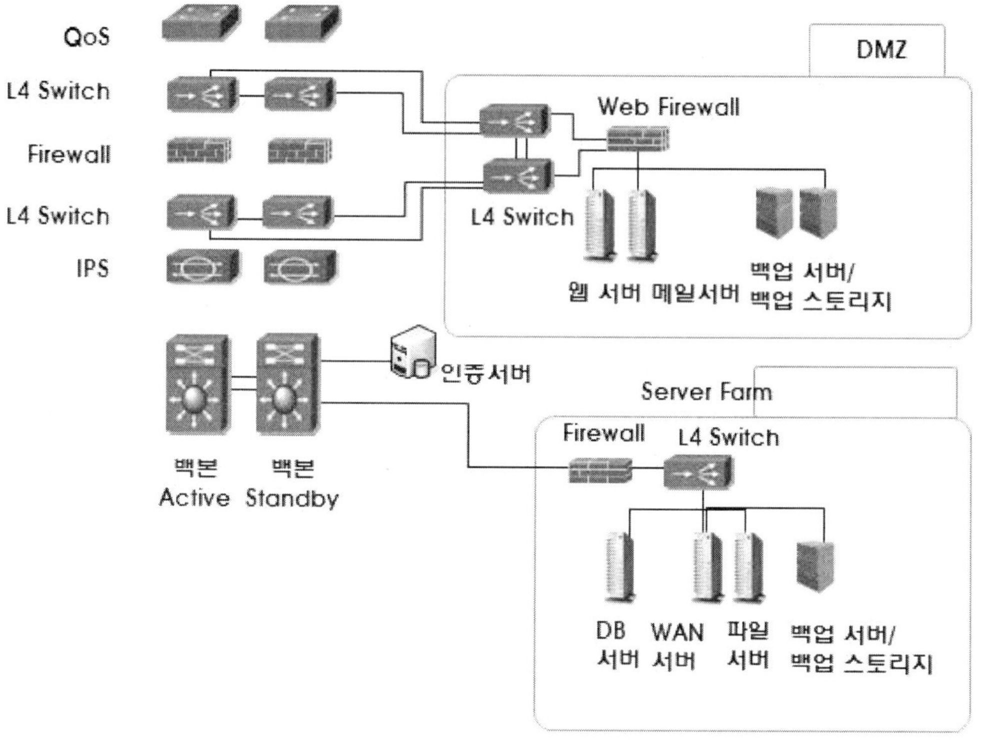

[그림 2.13]

2.3.4 보안 시스템

① IPS 이중화를 통해 외부침입 차단을 보다 효과적으로 차단할 수 있으며 L4 스위치를 통해 장비 간 로드 밸런싱 구현

② Qos 이중화 구현으로 네트워크의 안정적인 Bandwidth 흐름 보장

③ 인터넷 노출로 웹서버의 보안이 취약하므로 이를 개선하여 웹 보안 기능 강화

④ DB 서버, 개발 서버 역시 내 · 외부 침입 시 완벽한 차단을 위해 보안 시스템을 서버 Farm 내에 구축

⑤ 무선랜에 접속하는 사용자 보안을 강화하기 위해 무선 인정 서버 구축을 통해 무선랜 부분의 보안 유지

⑥ 다음 그림은 네트워크 내의 보안 구성의 한 예이다.

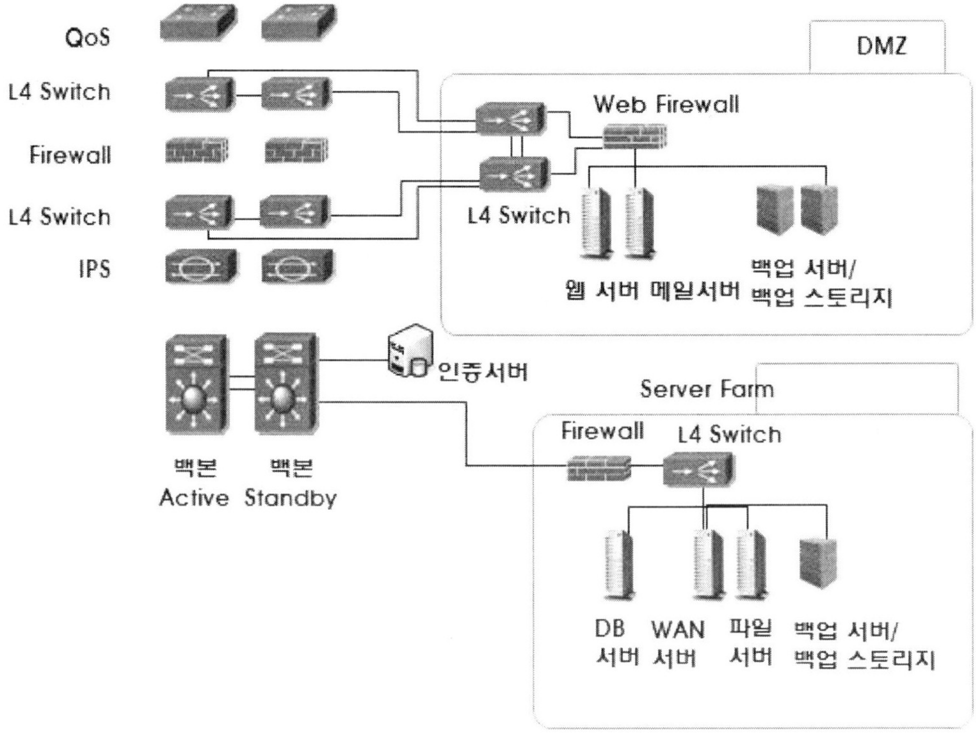

[그림 2.14]

두 지점의 경위도 좌표를 입력하면 3차원 디지털 지도에 의해 지형단면도(일반적으로 path profile이라 함)가 자동으로 작성되며, 더불어 각 위치별 수평앙각도(horizon plot)가 생성된다.

여기서 지형단면도는 두 지점 간 전파경로 상 전파 장애물 상태를 알 수 있으며, 더불어 두 지점 간 전파손실이 계산된다.

또한, 수평앙각도는 중계소 또는 기지국이 위치한 지점에서 0~360도 전 방향으로 둘러보았을 때의 주변 지형의 가시높이를 표현하고 있다. 이것은 위성지구국 신설 등의 기술 분석에 중요한 파라미터가 된다.

뿐만 아니라, 상기자료를 이용하여 두 구간의 전파품질 분석과 무선회선의 가용률을 분석하게 되며 뿐만 아니라 주파수 간섭 분석도 필수적으로 시행된다.

2.4 실험 결과 및 고찰

실험제목					평 가	
소 속						
실 험 조	조		인원		실험일자	
학 번						
성 명						

1. 네트워크 설계에 따른 기본설계하기
2. 네트워크 설계에 따른 실시설계하기
3. 네트워크 설계에 따른 제안요청서 작성하기

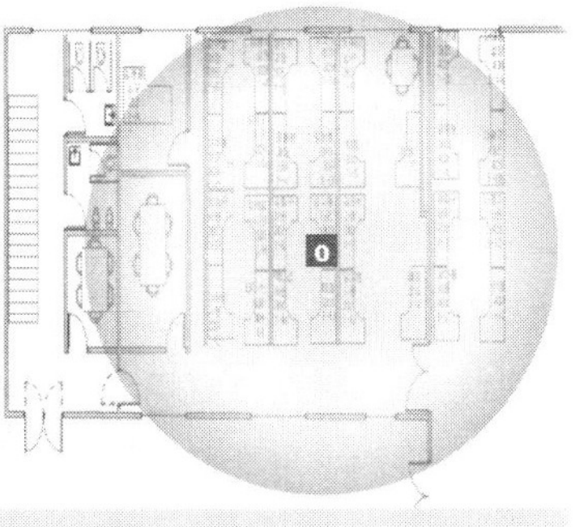

제 3 장

무선 네트워크 설계

3.1 개 요

무선 네트워크(無線－, wireless network)는 신호를 전하는 케이블 대신에 무선(전파)을 이용하는 통신 네트워크를 통틀어 이르는 말이다.

PC나 PDA 등 단말기의 인터넷 접속에 이용되는 것이 많다. 무선 인터넷 규약(wireless internet protocol)에 의해 사용하는 WAP과 넷스팟 등의 무선랜을 사용하는 방법과 이동통신 시스템의 (LTE-A) 기지국을 이용하여 무선 네트워크를 구성하여 사용한다.

3.2 무선통신망 구축 실시설계

설계란 기업 및 기관의 업무 효율성 및 생산성을 극대화하기 위한 일련의 통신망 구축/운영 과정(process)들의 집합이다. 즉, 빌딩이나 아파트 등의 건축물을 짓기 위한 부지 선정, 도면 설계, 내부 인테리어 설계 등의 일련의 건축과정에 비유할 수 있다. 넓은 의미로는 업무와 관련한 요구사항, 기 설치된 통신망의 현황, 업무에 필요한 신규 서비스 즉, 업무 응용 프로그램 등의 분석단계와 단기 · 중기 · 장기 계획 수립, 업무 응용 프로그램이 요구하는 통신망의 용량 산정 등의 기획단계와, 신기술의 수용 검토, 통신망의 물리 및 논리적 설계단계, 통신망 구축 · 운영 단계 등의 모든 단계적 과정을 포함한 것을 의미한다. 산업적으로 통용되고 있는 용어로는 통신망 컨설팅이라고도 한다. 또한 좁은 의미로는 통신망 구축 · 운영의 단계 중 물리 및 논리적 설계단계를 말하기도 한다.

무선전송 네트워크의 설계에는 크게 기본설계와 실시설계로 구분되며, 기본설계 단계에는 사업계획에 의거 설계범위, 기술규격, 회선수요 및 개략 공사비 산정 등이 이루어지며, 실시설계단계에서는 기본설계를 구체화하여 설계시공에 필요한 세부적인 사항이 기술된다.

3.2.1 설계의 필요성

오늘날의 통신망은 기업의 경제활동 기본무대로 정착함에 따라 사업의 성공을 위한 경쟁력 확보 차원에서 그 역할이 점점 더 중요해지고 있다. 그러므로 통신망의 설계는 단순히 제품군들을 모아 통신만 가능하게 하면 되는 것이 아니라 고속도로와 같은 시설물이 사회의 기반자원이듯이 보다 장기적인 정책 아래에서 기업 및 기관의 기반자원이 될 수 있도록 통신망을 설계하고 구축하여야 한다.

통신망이 기업 및 기관의 업무에 없어서는 안 될 주요한 기반자원으로 자리매김함으로써 이를 추진하기 위해서는 막대한 예산, 인력, 시간 등을 필요로 하며, 또한 새로운 통신망 구축 기술이 계속적으로 탄생하고 기존 구축 기술과의 원활한 통합을 요구하고 있다.

상기의 요구사항을 충족하면서 최소의 경비로 목적 달성을 위해 사전에 현재 구축환경의 정확한 상태 파악, 신규 통신망 구축에 대한 전체적인 투자 방향, 예산 수립, 인력 투입, 새로운 기술의 수용 및 기존 투자 보호계획 수립, 합리적이고 체계적인 관리기법 도입, 장기적인 통신망 구축계획 수립, 경쟁력 있는 통신망 구축 모델, 산출물 이용 방법 등의 전반적인 통신망 설계(넓은 의미) 작업이 이루어져야 한다.

3.2.2 설계기준

설계는 모든 조직의 정보 인프라 구축 중심에 놓여 있고, 전체의 업무 흐름을 결정짓는 중요한 요소이다. 따라서 설계는 체계적이며 논리적이어야 한다. 또한 설계에 대한 구체적인 방법을 제시함으로써 통신망의 변경 및 진화에 용이한 구조가 성립되어야 한다.

무선전송 네트워크의 회선설계 시는 2가지 측면이 우선 검토되어야 하는데, 첫 번째는 회선의 종류로서 회선의 성격파악과 요구사항 분석을 통하여 회선목표품질을 결정하며, 두 번째는 소요 회선수를 네트워크상에 배치함에 따라 구간별 전송 용량을 결정한다.

이러한 기본적인 수요 분석이 이루어진 후 무선전송 구간별 적용 시스템 종류와 다이버시티 등 구체적인 시스템 구성 방식이 결정된다.

다음 흐름도는 일반적인 무선설계 시의 작업순서를 도시한 것이다.

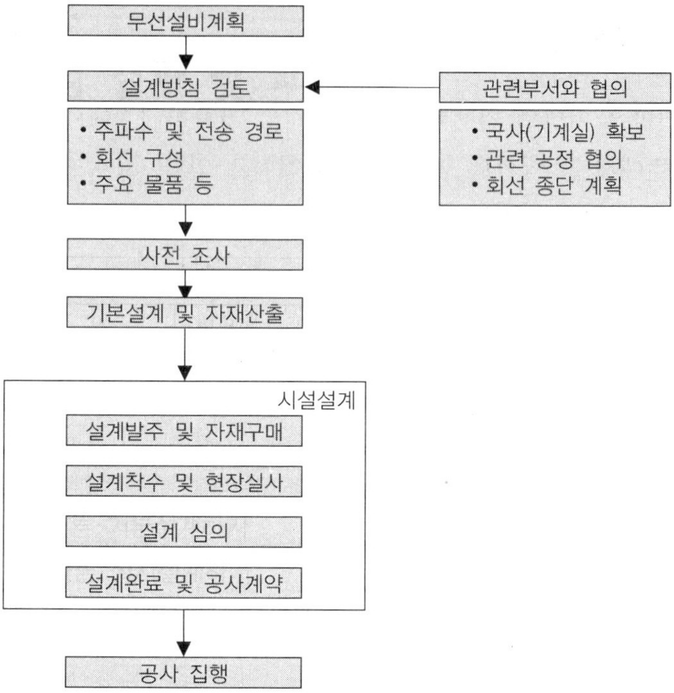

[그림 3.1] 일반적인 무선설계 작업 순서

다음은 설계의 기본기준을 제시한 것이다.

첫째, 단기 · 중기 · 장기적인 통신망 계획을 수립해야 한다.

현행 당면 문제의 해결은 물론 통신망 환경의 전반적인 변화를 적극 수용토록 해야 한다. 통신망의 최종목표를 설정하고 이의 달성을 위해 필요한 실행항목을 단계별로 추진하도록 해야 한다. 현행 자원의 보호 방안 및 추가 도입 자원의 재사용 대책을 강구해야 한다.

둘째, 설계(기본 · 상세 · 실시), 구현(설치), 관리의 체계적 수행이 되도록 해야 한다.

셋째, 신기술의 지속적인 도입 방안을 구비해야 한다.

주요 핵심 기술을 최적으로 적용할 수 있는 제도를 마련하여 비용 대 성능비가 경쟁력을 발휘하도록 해야 한다.

넷째, 통신망 운용 지침서를 구비해야 한다.

통신망 중심의 사용 환경에 적합한 지침서를 제시토록 해야 한다. 통신망 환경의 변화 방향을 제시하여 정보 시스템의 체계적 설계, 구축, 관리를 지원토록 해야 한다.

3.2.3 설계단계

설계는 분석단계의 자료를 토대로 기획단계에서 정의한 요구사항에 적합한 구현을 위하여 목표로 하는 시스템을 구체화하는 것이다. 이는 통신망 구현을 위한 설계도의 역할과 분석·기획 단계의 항목별 요구사항을 종합한다는 의미에서 통신망 구축단계 중 가장 중요한 단계라고 할 수 있다.

기본적으로 설계단계에서는 기획단계 중 항목별로 정의된 망구조를 우선적으로 구체화시키며 기능·서비스 및 기술 요구사항에서 언급된 요소항목을 솔루션으로 제공해야 한다.

설계에는 일반적으로 구내정보통신망(LAN)과 광역통신망(WAN) 설계 및 응용 프로그램 서비스를 제공하는 서버 중심 설계를 기반으로 통신망 관리체계 설계, 보안체계 설계 등이 있다.

통신망 설계는 소프트웨어, 하드웨어, 통신망의 구조, 기능, 용량 및 성능의 설계를 대상으로 한다. 호스트 및 서버의 설계 시 고려해야 할 사항으로 응용 프로그램을 지원하기에 적합한 하드웨어 구조, 기능, 용량 및 성능의 결정이 이루어져야 하고, 또한 응용 프로그램 추가 및 서비스 증가에 따르는 하드웨어 증설, 업그레이드 방안이 수립되어야 한다.

통신망의 설계 시 전산업무 지원을 위해 통신망 회선/장치의 기능, 용량 및 성능을 고려한 설계가 이루어져야 하며, 통신망 기능 수행을 위한 통신망 운영체제(network operating system), 프로토콜 소프트웨어의 기능 및 구조 설계도 고려되어야 한다.

관리체계 설계는 조직체계 및 관리절차 설계를 포함한다.

관리도구를 활용한 시스템 관리, 통신망 관리도구의 설계, 선정, 활용 방안 수립이 필요하며, 관리 방안으로서는 일정한 주기를 갖고 관리하는 방안이 있고 관리하는 대상별로 관리정책을 수립할 수도 있다.

보안 설계는 내부 통신망 보안과 인터넷 환경의 통신망 보안으로 나누어 설계 시 각각의 보안 정책을 달리할 필요가 있다.

3.2.4 통신망 설계 절차

기존 통신망의 갱신 및 신규 통신망의 효율적인 통신망 설계를 위해서는 다음과 같이 분석단계, 기획단계, 설계단계, 구축·운영 단계의 과정으로 이루어진다.

1) 분석단계

기존 및 신규 통신망 구축환경과 사용자 요구사항 등의 충분한 분석 및 검토

2) 기획단계

분석된 자료와 새로운 요구사항(음성, 멀티미디어, 보안 등)을 수용하고, 기업의 환경(인력, 투자비용, 통신망 자원 · 기술, 도구)을 고려한 단기 · 중기 · 장기 계획 수립과 신규 서비스를 위한 업무용 응용 프로그램 기획, 용량 · 성능 기획 등의 통신망 자원기획 실시

3) 설계단계

신기술 검토 내용과 통신망의 자원 기획에서 추출된 통신망 구성에 필요한 설계요건 및 지속적인 성장에 대비하는 통신망 구조와 기능의 설계

4) 구축 · 운영 단계

통신망 설계 내용을 기준으로 통신망 자원의 설치, 구현 및 시험 등의 구축과 각 구축단계별 감리 수행, 구축 후의 통신망 유지 · 운영

3.2.5 무선망 설계 업무

3차원 디지털 지도에 의해 중계국 또는 기지국의 위치를 확인하고, 전파 분석을 시행한다. 또한, 디지털 지도에 의해 확인된 사항에 대해 1/50,000 지도에 의해 검증작업을 수행한다.

무선망 설계 업무는 다음과 같은 과정을 거쳐 진행된다.

1) 전파경로 도상검토

두 지점의 경위도 좌표를 입력하면 3차원 디지털 지도에 의해 지형단면도(일반적으로 path profile이라 함)가 자동으로 작성되며, 더불어 각 위치별 수평앙각도(horizon plot)가 생성된다. 여기서 지형단면도는 두 지점 간 전파경로 상 전파 장애물 상태를 알 수 있으며, 더불어 두 지점 간 전파손실이 계산된다. 또한, 수평앙각도는 중계소 또는 기지국이 위치한 지점에서 0~360도 전 방향으로 둘러보았을 때의 주변 지형의 가시높이를 표현하고 있다. 이것은 위성지구국 신설 등의 기술 분석에 중요한 파라미터가 된다. 뿐만 아니라, 상기자료를 이용하여 두 구간의 전파품질 분석과 무선회선의 가용률을 분석하게 되며 뿐만 아니라 주파수 간섭 분석도 필수적으로 시행된다.

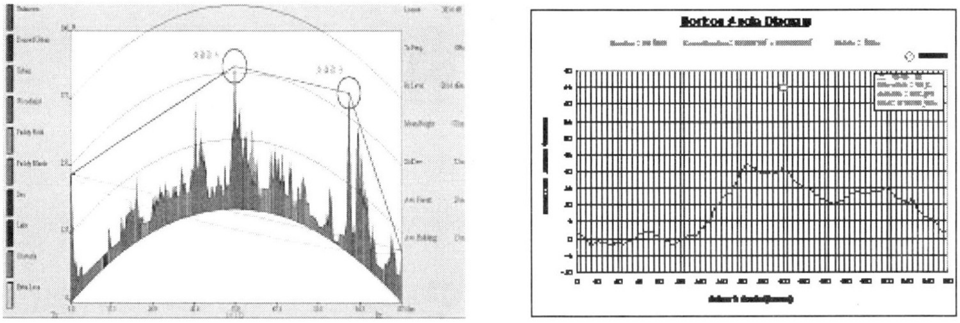

[그림 3.2] 전파경로 및 도상검토

2) 전파경로 프로파일도 작성

전파경로 분석 자료를 이용하여 현장에서 실시설계에 필요한 자료를 수집하며, 여기에는 철탑(타워)에 관한 사항, 전원, 기계실, 접지 등 전반적인 사항이 다루어지게 되며, 추가적으로 국소별 통신시설 시설공사에 요구되는 특이사항에 관한 기술문제도 다루어지게 된다.

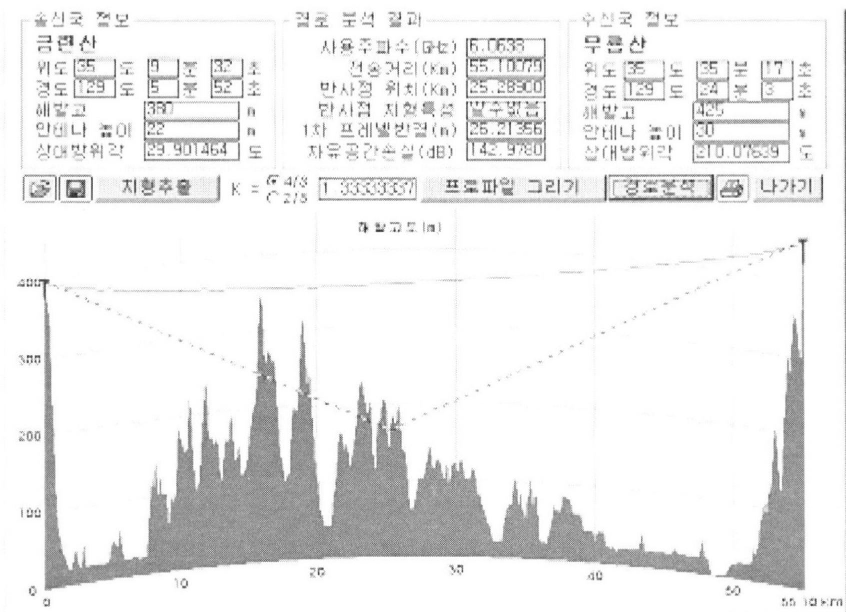

[그림 3.3] 전파경로 및 프로파일

3.3 공중전화 통신망(PSTN)

3.3.1 정 의

공중전화 통신망(PSTN : Public Switched Telephone Network)은 전화에 의한 사람의 음성정보를 소통시킬 목적으로 설치된 통신망이고 또한 공중전화 통신망에 V계열 모뎀을 통해 데이터 통신 서비스를 받을 수 있다. 현재 공중전화 통신망에서 제공하는 정보통신의 형태는 데이터 통신, 팩시밀리 통신, 비디오텍스 서비스, 텔레텍스 서비스 등이 있다.

3.3.2 공중전화 통신망의 특징

(1) 장점

- 이용에 편리하다.
- 데이터 통신을 위한 별도의 투자 없이 기존 시설을 사용하므로 경제적이다.
- 교환기가 디지털화되어 데이터 통신에 있어 각종 부가 서비스를 다양화할 수 있다.

(2) 단점

- 전송속도가 느리다(56kbps 이하 – 모뎀속도가 56kbps를 넘을 수 없는 이유)
- 아날로그 망이므로 에러율이 높아 고품질 통신이 어렵다.

3.3.3 공중전화 통신망의 분류

공중전화 통신망의 분류는 데이터를 전송하는 데 따른 설계 방식과 기술들에 의해 정해지는데, 데이터를 목적지까지 전송하는 데 있어 교환기를 통해 논리적인 경로를 미리 설정하는 교환 통신망과 모든 이용자들이 하나의 전송매체를 공통으로 사용해 데이터를 목적지까지 전달하는 방송 통신망으로 나눌 수 있다.

1) 회선교환 방식

통신 전에 발신 측 회선과 착신 측 회선을 미리 연결하여 호의 접속경로를 설정한 다음 통신이 끝날 때까지 설정된 접속경로, 즉 회선을 유지시키는 교환 방식으로, 기존의 전화 통신망 교환기가 여기에 해당한다. 회선교환 방식은 실시간(real-time)의 고속 전송에는 적합하지만 교환기 내 축적과 처리 기능을 두지 않고 있기 때문에 이것으로부터 얻을 수 있는 부가적인 기능이 없고, 일단 설정된 회선을 통신이 끝나기 전에는 다른 이용자가 사용할 수 없는 것이 특징이다.

(1) 장점

- 길이가 길고 연속적인 데이터 전송에 적합하다.
- 데이터가 중간 교환기에 적합하지 않다.
- 전송 지연이 거의 없다.
- 모든 이용자는 고정된 대역폭을 사용해 데이터를 전송한다(동기 전송모드 : STM).
- 접속 후 데이터 전송을 위한 추가 데이터(주소, 순서번호 등)가 필요 없다.

(2) 단점

- 데이터의 전송속도나 코드 변환이 불가능하다(즉 같은 속도나 코드를 가지는 단말끼리만 통신할 수 있다).
- 수신측이 준비되어 있지 않으면 데이터 전송이 불가능하다.
- 전송 중 데이터가 전달되지 않는 낭비시간이 있다(전용회선처럼 통화 중엔 계속 연결).

2) 메시지 교환 방식

축적교환(store-and-forward) 방식을 기본 메커니즘으로 갖는 교환 방식으로, 통신을 수행하고자 하는 두 스테이션 사이에는 통신 전에 경로가 미리 설정되지 않는 방식이다. 즉 발신 단말은 보내고자 하는 메시지의 헤더 부분에 목적지 주소를 부가해 교환기로 전송하면, 교환기들은 이러한 메시지들을 들어오는 순서대로 메모리에 저장한 후 순서에 따라 메시지를 꺼내 메시지의 헤더 부분에 있는 주소를 보고 다음 교환기로 전송하는 방식이다. 실시간 통신이 불가능한 반면 교환기에 축적과 처리 기능을 두어 이것으로부터 발생되는 여러 부가 기능을 데이터 통신에 적용한 교환 방식이다.

(1) 장점

- 하나의 통신 회선에 여러 메시지를 공유할 수 있으므로 선로의 이용 효율을 높일 수 있어 회선교환 방식보다 적은 비용으로 네트워크를 구성할 수 있다.
- 코드와 속도가 다른 단말 사이의 통신이 가능하다.
- 호출자와 피호출자가 동시에 운영 상태에 있지 않아도 된다.

- 축적 및 처리 기능을 이용해 메시지의 방송 전송, 동보 전송이 가능하다. 또한 우선순위 전송이 가능하다.
- 통신망 내 과잉 밀집이 생긴 지역을 우회할 수 있어 혼란 상태를 피할 수 있다.
- 경로설정단계가 없다.

(2) 단점

- 교환기에 모든 메시지가 축적된 후 전송되므로 전송 지연이 생기게 된다. 따라서 실시간 전송에 부적합하다.
- 메시지마다 순서번호, 목적지 주소 등의 추가 데이터가 항상 있어야 하기 때문에 오버헤드가 존재할 수 있다.

3) 패킷교환 방식

발신 측 회선으로부터 들어오는 정보를 일단 교환기의 메모리에 저장하여 일정한 크기의 패킷으로 만든 다음, 패킷 헤더에 들어 있는 목적지 주소를 보고 착신 측 단말에 전송하는 방식으로, 축적교환 방식의 한 형태이다. 이 방식은 회선교환 방식과 메시지 교환 방식의 장점을 결합시킨 교환 방식이다. 즉 패킷 단위의 고속 처리로 실시간 통신에 가깝게 하고 교환기에 축적과 처리 기능을 두어 이것으로부터 발생되는 여러 부가 기능을 데이터 통신에 적용한 교환 방식이라고 할 수 있다.

(1) 장점

- 패킷교환 방식은 중계 회선을 서로 다른 이용자가 공동으로 사용할 수 있어서 회선의 이용 효율이 높다.
- 정보의 축적 기능으로 이용자가 지정된 시간에 정보를 전송하거나 동시에 여러 곳으로 보낼 수 있다.
- 정보의 처리 기능으로 발신 측과 착신 측 단말기 간에 속도나 프로토콜이 다르더라도 통신이 가능하다.
- 디지털 전송을 기본으로 하므로 전송 품질과 신뢰도가 좋다
- 패킷 단위로 축적 전송하므로 메시지 교환 방식보다 빠른 응답시간이 요구되는 통신에 사용된다.

(2) 단점

- 패킷마다 순서 번호, 목적지 주소 등의 추가 데이터가 항상 있어야 하기 때문에 오버헤드가 존재할 수 있다.

3.4 토폴로지 설계

3.4.1 설계 시 고려사항

통신망 토폴로지의 변경 및 장애로 인하여 통신망이 안정화되기 위해서는 라우팅 안정화(convergence)를 수행하여야 하는데 대부분의 라우팅 프로토콜은 라우팅 안정화 수행 시에 라우팅 루프를 만들 수 있다. 통신망의 변경이 발생한 후 가능한 한 신속히 라우팅 안정화를 수행하는 것이 매우 중요하다. 라우팅 프로토콜이 라우팅 안정화를 수행하는 데에 걸리는 시간은 두 가지의 요소에 달려 있다.

- 라우팅 안정화에 참가하는 라우터 수
- 라우터가 처리해야 하는 정보의 양

라우팅 안정화에 참가하는 라우터의 수는 토폴로지 변경이 전파되어야 할 범위에 따라 달라진다. 전파되는 변경의 범위를 줄이기 위해서는 토폴로지를 잘 설계하여야 하며, 또한 라우팅 정보의 수를 줄일 수 있는 축약(summarization) 기법을 사용한다.

라우터로부터 전파해야 할 세부 라우팅 정보를 숨기게 하는 축약 기능을 사용함으로써 목적지의 경로가 변경되거나 혹은 더 이상 도달 불가능하게 되더라도 다른 라우터에 변경된 세부 라우팅 정보를 전파하지 않으므로 다른 라우터는 자신의 라우팅 테이블을 재계산할 필요가 없다. 그러므로 라우팅 안정화에 참여하는 라우터의 수를 줄일 수 있다.

어떤 목적지에 관한 최상의 경로를 찾기 위해 라우터가 처리해야 할 정보의 양은 주어진 목적지로 도달 가능한 경로의 수에 달려 있다. 또한 축약 기능을 이용하면 통신망 토폴로지의 변경 시에 라우터가 처리해야 하는 정보의 양을 줄여준다.

그래서 축약은 라우팅 안정화에 참가하는 라우터 수와 라우터가 처리해야 할 데이터의 양을 줄이는 중요한 요소가 된다. 또한 축약은 잘 정의된 주소체계가 필요하며 주소체계 또한 잘 설계된 토폴로지가 필요하다.

통신망 토폴로지 설계에 있어서 고려해야 할 사항은 신뢰성(reliability), 확장성(scalability) 및 성능(performance)이다. 통신망의 구축 및 설계에 있어서 이런 요소들을 사전 고려해야 한다.

1) 신뢰성 부문

신뢰성이 보장된 통신망을 구축하기 위해서는 설계대상이 되는 통신망 장애에 대처할 수 있고 장애확산을 제어할 수 있는 구조이어야 하며, 장애발생 시에도 최소한의 서비스를 제공할 수 있는 구조로 설계되어야 한다.

2) 확장성 부문

통신망이 확대되고, 신기술의 등장으로 통신망의 지속적인 변경이 필요하다. 지속적으로 트래픽 양이 증가될 것을 고려하여 대역폭의 증설이 용이한 구조로 설계하는 것이 바람직하다. 특히, 간헐적 트래픽, 폭주성 트래픽, 지속적인 트래픽 등의 트래픽 특성에 따라 적합한 처리 방식을 지원할 수 있는 구조이어야 한다.

또한, 최소의 변경으로도 중소형 통신망에서 대형 통신망으로 업그레이드가 가능하며, 단위 통신망별 물리 및 논리적인 분할 기능과 타 통신망과의 접속이 원활하고 통합수용이 용이한 구조가 바람직하다. 기존 보유 전산 환경을 고려하여 과투자되지 않으면서 투자 대 성능비가 높으며 차후 폐기성 장비와 새로 도입할 장비 및 소프트웨어의 용도에 적합한 구조로 설계되어야 한다.

3) 성능 부문

통신망은 단계별 및 단위 통신망별로 성능향상 방안을 제공하는 구조여야 하며, 지역구간 및 원격지구 간에 서로 다른 성능향상 방법론을 사용하여 구간별로 성능향상을 고려해야 한다. 그리고 고속의 속도를 제공하는 기술을 사용하며, 기존 장비를 향후에도 지속적으로 사용할 수 있는 구조를 지향하도록 설계해야 한다. 그러면, 이러한 요소에 대한 기본적인 요구사항을 만족하기 위해서는 통신망 토폴로지 설계는 계층적인 (hierarchical) 통신망 설계가 필요하다.

잘 설계된 토폴로지는 모든 안정된 통신망의 기반이 된다.

3.4.2 계층적인 토폴로지 기반의 통신망

계층적 통신망 설계의 첫 번째 단계는 물리적인 장비 및 구현 기술의 선택에 앞서 논리적이고 계층적인 토폴로지 설계가 필요하다. 계층적인 토폴로지 설계 시 성능, 확장성, 신뢰성 등의 요구사항을 구조적으로 적용하여 안정된 통신망을 구성하도록 하여야 한다.

계층적인 토폴로지 기반의 통신망 설계는 분류된 각 계층에 대한 기능의 분산이 물리적 · 논리적으로 보장이 되어야 한다.

다음 단계로 각 계층별 통신망의 크기와 범위, 상호 연동지점 등을 선정한다.
위 단계를 고려한 각 계층의 기초적인 설계원리는 다음과 같다.

- 통신망 내에서 토폴로지 변경에 의해 영향을 받는 범위(area)는 가능한 한 작게 해야 한다.
- 라우터는 가능한 최소의 정보를 전송하도록 해야 한다.
- 이런 사항들이 계층적인 토폴로지 설계 시 각 계층에 모두 적용되어야 한다.

계층적인 토폴로지는 트래픽의 교환/라우팅을 주요 역할로서 담당하는 코어(core) 통신망과 다양한 접속 환경을 수용해 주는 접속(access) 통신망은 필수적으로 요구된다. 그리고 코어 통신망과 접속 통신망 간의 라우팅 테이블 정보 축소 및 각 토폴로지의 변화 시 상호 영향요소를 최소화시키고자 할 경우는 중계할 수 있는 계층을 삽입하면 된다.

1) 코어 통신망

코어(core) 통신망의 모든 장비들의 최우선 임무는 고속으로 트래픽을 교환/라우팅하는 것이다. 그리고 통신망의 정책 구현이 최소로 요구되도록 구조화되어야 한다. 또한 코어 통신망 내의 모든 장비들은 모든 목적지 정보들을 보유하기 위해, 장비 간 모두 도달 가능하도록 링크 연결 구성이 필요하다.

- Full Mesh 구조
- Partial Mesh 구조
- Flat Loop 구조

Flat Loop 구조는 통신망 내에 계층이 없는 구조로 작은 코어 통신망에서 사용할 수 있다. 이것은 설계 및 구현, 관리가 쉬운 장점이 있으나 규모가 큰 코어 통신망에 대한 적용 시는 많은 Hop을 거친 경로를 제공하므로 중요한 지연(delay) 및 오류를 범할 소지가 많다.

2) 가입자 접속 통신망

가입자 접속(access) 환경은 LAN, xDSL, Cable Modem, 전용선 등 다양하다. 이러한 환경을 효과적으로 다중화할 수 있는 구조가 필요하다.
접속 통신망은 다음과 같은 세 가지의 목적을 가지도록 구성해야 한다.

- 트래픽을 통신망으로 전송
- 접속 제어

• 기타 에지(edge) 기능 수행

3) 상호 연결 지점

상호 연결 지점(interconnection point)은 코어 통신망과 접속 통신망 간의 경계지점으로서 코이 통신망으로 입출되는 트래픽에 대한 성능 보장을 위한 제어 기능이 필요하다. 이런 기능에 대한 요구가 중요하게 작용할 경우는 코어 통신망과 접속 통신망 간에 좀 더 효율적인 라우팅 정보 및 접속 통신망의 관리 기능을 제공하게 할 수 있다.

이런 조건을 만족시키는 것 외에 통신망의 토폴로지는 장애에 대해 대처 방안을 다양하게 제공해야 하는데, 특히 'Single Point Failure'를 해결해야 한다. 이 문제에 대해 코어 통신망 내는 교환 장비의 이중화 및 토폴로지를 'Full Mesh' 또는 'Partial Mesh'로 연결함으로써 기본적으로 해결이 가능하다. 접속 통신망에서는 이중화로 해결이 가능하다.

이중화로 'Single Point Failure'를 해결함에 있어서 또 한 가지 고려사항은 부하분산에 대한 것이다. 이것은 통신망의 성능향상 및 전반적인 효율성을 증가시키는 중요한 요소가 되기 때문이다.

3.5 광역통신망 설계

3.5.1 광역통신망 설계 및 고려사항

멀티미디어 등의 실시간 트래픽과 인터넷의 발전으로 고속의 데이터 처리를 위한 시스템이 필요하다. 장기적으로 광역통신망이 갖추어야 할 요건으로는 데이터와 인터랙티브(interactive) 멀티미디어 서비스를 동시에 수용할 수 있어야 한다. 비동기 전송 방식(ATM)과 프레임 릴레이 및 고속 기술을 수용하여 보다 계층적인 구조로 기존의 문제점을 해결하고, 단계적으로 개선하는 방안을 설계 시 고려해야 한다. 또한 버스트(burst)형 트래픽을 유발하는 사용자를 수용하는 적합한 통신 방식을 제공해야 하고, 향후에는 최적의 프로토콜을 개발 및 구현하고 향상된 백본 구조를 통해 융통성이 풍부한 망의 설계를 가능하게 한다.

일반적으로 광역통신망은 통신 사업자들이 제공하는 전송 및 교환 설비를 이용하며,

공중통신망(public data network)에서 이용하는 프로토콜 및 신호 방식에는 TCP/IP, SNA, OSI 및 DTMF(Dual Tone Multi Frequency) 등이 있다. 사용되는 장비로는 신호 변환 장비, 다중화 장비, 리피터(repeater) 등의 전송 장비와 교환 장비 등이 있다.

광역통신망의 서비스를 분류하면 중 · 저속 · 고속 · 초고속으로 속도에 따라 분류할 수 있으며, 1Mbps까지의 중 · 저속, 1~100Mbps 고속, 100Mbps 이상의 초고속으로 나눌 수 있다. 광역통신망의 기술변화를 살펴보면 X.25에서 프레임 릴레이, 프레임 릴레이에서 비동기 전송 방식으로 발달하고 있다.

교환 장비로는 중 · 저속일 때 회선교환기, 패킷교환기, PBX 등이 사용되었고, 고속 장비로는 라우터, 스위치, 브리지 등이 사용되고 있다. 초고속 장비로는 ATM 교환기, 광 교환기 등이 이용되고 있다.

전송 장비로는 신호변환장치 및 다중화 장비 등이 중 · 저속에서 사용되었고, 고속에서는 허브 및 리피터 등이 사용되며, 광 신호 증폭 및 재생이 가능한 광전송 장비는 초고속 장비에 사용되고 있다.

광역통신망 서비스를 선택할 경우 사용자의 환경을 고려하여 속도증설이 용이한 프레임 릴레이, 비동기 전송 방식, VPN(Virtual Private Network) 중에서 사용자의 요구환경과 비용을 고려하여 투자대비 효과가 좋은 기술을 사용하는 것이 바람직하다.

사용하고 있는 응용 프로그램의 요구사항을 감안하여 적절한 접속 기술을 고려한다. 응용 프로그램의 요구사항에 따라 IP, 비동기 전송 방식, 프레임 릴레이 등의 접속 기술들을 생각할 수 있는데 응용 프로그램의 통신망 품질과 운영 시의 장애대처 기능을 고려하여 설계하여야 한다.

사용자의 업무환경을 바탕으로 성능을 고려한다. 일반적으로 가장 좋은 효율을 발휘할 수 있는 적절한 선로 임대료와 최대 대역 사용률(약 70%)을 감안하여 설계하는 것이 중요하다. 사용률 증가를 위해서는 적절한 크기의 버퍼와 확장이 용이한 사용자 장비를 고려한다.

3.5.2 광역통신망 기술

통신망은 크게 회선교환망과 패킷교환망으로 나눌 수 있다.

공중교환 전화망(PSTN : Public Switched Telephone Network)은 회선교환(circuit switching) 방식을 사용하고, 패킷교환 공중 데이터망(PSPDN : Packet Switched Public Data Network)과 사설 데이터 망은 패킷교환(packet switching) 방식을 사용하는 통신망이다.

데이터 통신을 위해 데이터를 패킷이란 단위로 분할하는 패킷교환망은 이미 구축된 통신망을 이용하여 Store-and-Forward 방식으로 통신이 이루어진다. 패킷교환기에서 전송된 패킷을 저장한 후 경로선택을 하여 상대방으로 전달하는 방식으로 속도 변환 및 다양한 부가 서비스가 가능하다.

패킷통신망을 이용하여 음성 및 영상 정보의 전달이 가능하며 가상회선 방식과 데이터그램 방식으로 분류가 가능하다.

〈표 3.1〉 광역통신망에서 주로 사용하는 기술

기 준	구 분	사용 기술
프로토콜 방식	접속형	X.25, 프레임 릴레이, ATM
	비접속형	IP
속도	저속	X.25
	고속	프레임 릴레이
		셀 방식(ATM)

가상회선 방식은 연결형으로 데이터를 보내기 전에 상대방과의 연결을 먼저 수행하고 논리적인 회선을 성립한 후, 데이터를 전송하고 회선을 해제하는 방식이다. SNA, 프레임 릴레이, 비동기 전송 방식 등이 가상회선 방식에 포함된다.

비연결형 방식으로 데이터그램(datagram) 방식이 있다. 데이터그램 방식은 데이터를 보내기 전에 사전에 논리회선을 설정하지 않고 수신자 주소 및 송신자 주소를 이용하여 데이터를 보내는 방식이다. TCP/IP의 IP와 UDP 방식이 데이터그램 방식을 이용한다.

광역통신망에서 사용하는 기술은 대부분 패킷교환 기술을 사용하고 있다. 데이터 통신은 불연속적인 트래픽 발생과 특정 시간에 집중되는 트래픽의 특성이 있기 때문에 패킷교환 기술을 이용하여 데이터 통신에 대한 신뢰성, 고품질, 고효율, 이기종 단말장치 간 통신 등의 장점을 제공할 수 있다.

3.6 설계구분

3.6.1 일반사항

설계(construction design)란 공사에 관한 계획서 · 설계도면 · 시방서 · 공사내역서 · 기술계산서 및 이와 관련된 서류를 작성하는 행위를 말하며, 기본설계와 실시설계로 구분한다.

(1) 시행 방법에 의한 구분

- 자체설계 : 규모가 작은 경우나 보안성이 요구될 경우
- 위탁설계 : 설계의 표준화, 전문화가 필요한 경우
- 용역설계 : 설계가 기술적으로 정밀하거나 정보통신공사업법에 의한 설계의 경우

(2) 시행단계에 의한 구분

- 기본설계
- 실시설계
- 표준설계

1) 기본설계

중장기 또는 단기계획에 의거 실시설계 이전의 계획으로 예비설계 및 개략공사비를 산정하기 위해 작성한다.

2) 실시설계

기본설계를 구체화하여 실제공사에 필요한 내용을 설계도서에 상세히 표기(단위 공정량, 동원인력, 자재내역 등)한다.

3) 표준설계

정해진 업무절차에 따라서 기본설계과정과 실시설계과정을 통합하여 시행하는 설계를 말한다.

4) 설계도면

설계도면은 설계자의 의사를 일정한 약속에 의거 그림으로 나타낸 서면으로서 공사 목적물의 내용을 구체적으로 표시한다.

5) 공사시방서

공사시방서란 계약자가 공사를 시공하는 과정에서 요구되는 기술적인 사항을 설명한 문서로서 구체적으로는 사용할 재료의 품질, 작업순서, 마무리 정도 등 도면상 기재가 곤란한 기술적인 사항이 표시된다.

6) 현장실사

설계서 작성 이전 해당 시설 설치 장소 및 공사 시공 현장에 대하여 가장 경제적이고 효율적인 설계가 되도록 현장에서 자료를 조사 · 수집하는 행위를 말하며, 현장실사는 항목별로 조사를 철저히 하고 이 과정에서 미비점 및 문제점이 발생되면 관련기관 · 부서와 협의, 대책을 수립하고 설계에 적극 반영하도록 한다.

7) 현장설명서

현장설명서란 입찰 전에 공사가 진행될 현장에서 현장상황, 도면 및 시방서에 표시하기 어려운 사항 등 입찰참가자가 입찰가격의 결정 및 시공에 필요한 정보를 제공, 설명하는 서면을 말한다.

8) 물량내역서

공종별 목적물을 구성하는 품목 또는 비목과 동 품목 또는 비목의 규격 · 수량 · 단위 등이 표시된 내역으로서 물량내역서(공종별 목적물 물량내역서의 약칭)는 공사추정가격이 1억원 이상인 공사에 있어서는 공종별 목적물 물량(가설물의 설치에 소요되는 물량 포함)이 표시된 내역서를 말한다.

물량내역서의 교부는 추정가격이 일정액 이상인 공사의 경우 발주기관이 작성하여 입찰공고일부터 입찰등록 마감일까지 입찰참가자에게 교부하게 되고, 추정가격이 1억원 이상인 총액입찰 대상의 경우는 낙찰자 결정 후 낙찰자에게만 교부되는 것이며, 일반적인 산출내역서와는 다르다. 산출내역서는 공사내역서에 입찰자가 단가를 기재하여 제출한 문서를 말하며, 물량내역서는 설계서에 포함되지만 산출내역서는 설계서에 포함되지 않는다.

3.6.2 통신설비 설계

전기통신의 설치 및 보전은 설계도서에 의하여 행하여야 하고, 발주자는 용역업자에게 공사의 설계를 발주하여야 한다.

① 설계도서를 작성한 자는 그 설계도서에 서명 또는 기명날인하여야 한다.
② 설계도서의 작성에 관하여 필요한 사항은 정보통신부령으로 정한다.
③ 설계대상인 공사의 범위, 설계도서의 보관 기타 필요한 사항은 대통령령으로 정한다.

1) 설계도서의 작성 자격

설계도서는 아래에 해당하는 자가 작성하여야 한다.

① 엔지니어링기술진흥법에 의한 엔지니어링활동주체 또는 기술사법에 의하여 기술사 사무소의 개설등록을 한 기술사로서 통신 · 정보처리부문의 엔지니어링활동주체 또는 기술사
② 정보통신공사업법시행령 감리원의 자격의 규정에 의한 기술계 정보통신기술자 정보통신부장관은 엔지니어링기술진흥법에 의한 엔지니어링활동주체 또는 기술사법에 의하여 기술사사무소의 개설등록을 한 기술사로서 통신 · 정보처리부문의 엔지니어링활동주체 또는 기술사에 해당하는 자만이 설계할 수 있는 전기통신설비설치공사의 범위를 따로 정하여 고시할 수 있다.

2) 설계기준

① 전기통신설비의 기술기준에 관한 규칙
② 접지설비 · 구내통신설비 · 선로설비 및 통신공동구 등에 대한 기술기준
③ 종합유선방송법 제33조, 유선방송관리법 제6조의 기술기준
④ 텔레비전 공동시청 안테나시설 등의 설치기준에 관한 규칙
⑤ 전파법의 무선설비규칙

3) 설계표준

① 일반전화기 표준
(TTAS.KO-04.0008/R1 제개정일 : 1997.12.04 한국정보통신기술협회)
② ADSL 상호운용성 기술표준

(TTAS.KO-03.0017 제개정일 : 2004.06.25 한국정보통신기술협회)

③ 구내통신 선로설비 설계 및 설치 기술표준
(TTAS.KO-04.0005 제개정일 : 2000.07.13 한국정보통신기술협회)

④ 주거용 건축물에 대한 구내통신 선로설비의 기술표준
(TTAS.KO-04.0001/R1 제개정일 : 2003.12.18 한국정보통신기술협회)

⑤ 업무용 건축물에 대한 구내통신 선로설비의 기술표준
(TTAS.KO-04.0002 제개정일 : 1998.03.11 한국정보통신기술협회)

⑥ 구내통신선로 설비 접지 및 본딩 기술표준
(TTAS.KO-04.0009 제개정일 : 2000.07.13 한국정보통신기술협회)

⑦ 구내용 LAN 배선표준
(TTAS.KO-04.0020 제개정일 : 2002.06.25 한국정보통신기술협회)

4) 설계대상 공사범위

용역업자에게 발주하여야 하는 설계대상인 공사는 아래에 해당하는 공사를 제외한 공사로 한다.

① 정보통신공사업법시행령 제4조의 규정에 의한 경미한 공사
② 천재 · 지변 또는 비상재해로 인한 긴급복구 및 그 부대공사
③ 공사의 종류 규정에 의한 통신구설비공사
④ 건설산업기본법 제2조 제4호의 규정에 의한 건설공사에 부대되어 설치되는 공사 (2001.6.30 신설)

상위 규정에 불구하고 아래에 해당하는 공사로서 기술계 정보통신기술자의 등급 및 인정범위의 규정에 의한 기술계 정보통신기술자인 발주자의 소속직원이 관계법령에 의하여 설계하는 공사의 경우에는 용역업자에게 발주하지 아니할 수 있다(2004.7.29 개정)

① 국방 및 국가안보 등과 관련하여 기밀유지가 요구되는 공사
② 아래에 해당하는 기관이 시행하는 공사
㉠ 국가 및 지방자치단체
㉡ 지방공기업법에 의한 지방공사
㉢ 기타 정보통신관련 정부투자기관 · 정부출자기관 또는 정부출연기관으로서 정보통신부장관이 정하여 고시하는 기관

③ 국방 및 국가안보 등과 관련하여 기밀유지가 요구되는 공사 및 국가 및 지방자치 단체 · 지방공기업법에 의한 지방공사 · 기타 정보통신관련 정부투자기관 · 정부출자기관 또는 정부출연기관으로서 정보통신부장관이 정하여 고시하는 기관에 의한 공사 외의 공사로서 총공사금액(도급금액에 발주자가 공급하는 자재비를 포함한 금액을 말한다)이 1억원 미만인 공사(1999.6.30 개정)

5) 설계도서 관리

공사의 설계도서는 아래 기준에 의하여 보관하여야 한다.

① 공사의 목적물 소유자는 공사에 대한 실시 · 준공 설계도서를 공사의 목적물이 폐지될 때까지 보관할 것. 다만, 증설 등으로 설계도서가 현행화된 경우에는 현행화된 설계도서를 보관하여야 하고, 소유자가 보관하기 어려운 사유가 있을 때에는 관리주체가 보관하여야 하며, 시설교체 등으로 실시 · 준공 설계도서가 변경된 경우에는 변경된 후의 실시 · 준공 설계도서를 보관하여야 한다.(2001.6.30 개정)
② 공사를 설계한 용역업자는 그가 작성 또는 제공한 실시설계도서를 당해 공사가 준공된 후 5년간 보관할 것
③ 공사를 감리한 용역업자는 그가 감리한 공사의 준공설계도서를 하자담보책임기간이 종료될 때까지 보관할 것

3.6.3 벌칙 및 과태료

① 기술기준에 위반하여 설계를 실시한 자는 500만원 이하의 벌금에 처한다.
② 설계대상 공사를 설계 용역업자에게 발주하지 아니한 자는 500만원 이하의 벌금에 처한다.
③ 설계도서에 서명 또는 기명날인하지 아니한 자는 300만원 이하의 과태료에 처한다.

3.7 설계검토

3.7.1 기본계획

발주기관은 정보통신공사에 대하여 기본구상을 기초로 하여 기본계획을 수립한다. 기본계획 수립 시 필요한 사항은 아래와 같다.

① 공사 목표 및 기본방향
② 공사내용, 공사기간, 시행자 및 공사 수행계획
③ 공사비 및 재원 조달 계획
④ 개별 공사별 우선순위
⑤ 연차별 공사 시행계획
⑥ 시설물 유지 관리 계획
⑦ 환경 보전 계획
⑧ 기대효과
⑨ 기타 발주기관이 필요하다고 인정하는 사항

3.7.2 기본설계

중장기 계획 및 연도별 계획에 의거 예비설계 또는 개략공사비 등을 산정하는 것으로 정보통신시설의 기본설계는 회선용량, 규격서, 물량산출 등으로 구분한다.

또한 무선전송 네트워크 설계의 최종목적은 정해진 서비스 형태에 대하여 가장 적은 오류율 및 간섭을 가지도록 하여 시스템의 신뢰성과 서비스의 연속성을 높이기 위함이다. 이를 위하여 시스템 기본설계 시 분석, 검토되어야 할 사항으로는 안테나의 높이 및 크기, 다이버시티 시스템에서의 주파수 간격 및 안테나 이격거리, 주파수 감쇠특성 및 전파경로 거리, 송신전력 및 수신한계 레벨, RFI 영향, 페이드 마진 분석 등이 해당된다. 또한 기본설계 이후 실시설계단계에서는 보다 구체적인 시설을 설계하여 추가적인 구축설계가 수행된다.

이러한 무선전송 네트워크를 건설하는 과정을 총괄적으로 나타내면 〈표 3.1〉과 같이 분류할 수 있다.

〈표 3.2〉 무선전송 네트워크의 건설과정

	건설과정	비 고
1	요구사항 분석 – 회선 수요 조사	네트워크 계획 단계
2	전파경로 분석 – 원하는 특성 결정	네트워크 계획 단계
3	주파수 및 시스템 선택	네트워크 계획 단계
4	안테나 및 장비 설치위치 선정	네트워크 설계 단계
5	건물, 철탑, 전원 확보 계획	네트워크 설계 단계
6	기기 구입을 위한 세부명세 결정	네트워크 설계 단계
7	시설 공사 및 결과 보안	네트워크 구축 단계

1) 구내통신설비 설계

건물주의 건물이용계획과 운영의 목적을 정확하게 파악하여야 한다.

① 건물주의 건축물 운영계획에 따라 정보통신설비공사 설계의 방향이 결정된다. 건축공사 설계와 전기공사 설계의 자료를 수집하여 시공도면 작성에 참고하여 설계도면을 작성한다.

② 최근에는 건물 전체 각 기능실에 초고속 정보통신설비를 구축하여 컴퓨터와 유·무선통신설비를 이용한 통신망이 운영될 수 있어야 건물임대뿐만 아니라 업무용 건물로서의 기능을 할 수 있다.

③ 각종 정보통신 단말기를 설치하여 사무를 할 수 있도록 제공하는 건물이 되기 위해서는 설계자의 기술력과 향후 통신기술의 발전 방향을 잘 예측하여야 한다. 특히 통신망과 단말기 간 호환이 되지 않아서 입주자와 건물주 간의 분쟁 소지가 없도록 설계를 하여야 한다.

2) 유선통신설비 설계

각종 통신 케이블을 이용한 지하에서 지상층까지 아날로그 통신용 유선망과 디지털 통신용 유선망을 검토하여 설계가 되어야 하며 아직까지는 일반전화, 인터폰, 구내방송 부분은 동선 케이블을 설계하고 컴퓨터를 이용한 유선망은 디지털급 통신용으로 UTP, FTTx 등으로 시공하며 아날로그와 디지털급의 분리 설계를 하고 있다. 그리고 CATV망이나 단독 무선 TV공시청과 자체 영상 서비스 또는 전력선 등 이용하고자 하는 계획을 검토하여 설계에 반영하여야 한다.

3) 무선통신설비 설계

무선 LAN의 이용계획과 이동통신 단말기 소통계획, 자체 무선망을 이용한 무선 시스템 운용계획 등에 관한 검토가 되어야 하며, 각종 건물 내의 벽면 기지국 설치, 이동용 노트북 컴퓨터나 휴대 단말기의 이용계획에 따라 전파의 음영지역이 없도록 설계가 되어야 한다.

4) 기본설계 작성기준

기본계획의 제반조건과 요구사항 등을 바탕으로 하여 배치계획, 사전조사사항, 공정계획, 공사기간 등의 기본적인 내용을 설계도서에 표기한 것을 말하며, 그 내용 및 작성기준은 〈표 3.3〉, 설계도면은 〈표 3.4〉와 같다.

(1) 기본설계 내용 및 작성기준

〈표 3.3〉 기본설계 내용

구 분	세 부 내 역	
설계 설명서	공사개요	· 위치, 설비 규모, 공사기간
		· 공종별 개략공사비
	주요 설비사항	· 각종 설비에 대한 필요성
	설계기준	· 설계에 적용된 기술기준에 대한 설명
산출내역	· 소요용량기준	
	· 개략공사비	
	· 물량 산출내역서(주요자재 및 수량)	
	· 주요공정	
	· 기타 필요사항	

(2) 설계도면

〈표 3.4〉 설계도면

도면의 종류	세 부 내 역
부근 안내도	· 방위, 도로, 건축물 등
범 례	· 사용된 기호, 부호
배 치 도	· 건축물과 시설물의 위치 및 위치 평면도
	· 정보통신기기 배치도
	· 정보통신단말기 배치도
간 선 도	· 전화, 방송, 공시청, 초고속 정보통신설비, CCTV, 기타
계 통 도	· 간선도 설비들 평면도

3.7.3 실시설계

기본설계 내용을 구체화하여 실제 시공에 필요한 내용들을 설계서와 각종 도면에 명시하여 시설공사에 활용한다.

무선전송 네트워크의 실시설계단계는 네트워크 계획 및 기본설계를 통하여 선정된 무선전송 시스템과 관련 보조장치, 부대 시스템을 설치하고 개통하기 위한 시설설계단계이다. 실시설계 내역으로는 크게 무선전송국사 설계와 중계계통 및 회선, 기계 및 안테나, 철탑을 포함하는 무선시설설계, 전원공급, 접지 등을 포함하는 부대시설설계로 수행된다.

실시설계 수행을 위한 주요 절차로는 시설설계 및 주요 구매자재 발주, 설계착수 및 시설구축을 위한 세부적인 현장실사, 설계의 심의 및 공사계약 절차 등이 포함된다.

1) 실시설계 고려사항

① 기본설계 및 사업계획의 검토
② 실시설계서의 필요한 자료 수집
③ 주요 공정량 및 인원산출
④ 시방서 및 예정 공정표
⑤ 지입자재 내역서
⑥ 공사예산 관리
⑦ 운용 및 유지보수와 설계지침서를 참조하여 작성
⑧ 표준공법, 환경관리기준 등을 참조하여 작성
⑨ 시스템의 전기적 특성, 작동 기능, 향후 증설 부분 반영

2) 기기배치도 작성 시 고려사항

① 유지보수 작업이 용이할 것
② 증설 방향과 랙 방향은 가급적 동일 방향일 것
③ 타 장치와 배선이 용이할 것
④ 기지국의 경우는 창 쪽 벽면에 직각 방향일 것
⑤ 열(row) 간격은 2m 이상으로 동일 방향으로 배치
⑥ 각 열의 첫 번째 랙은 벽과 1.5m이상 이격
⑦ 동일한 장치와 크기가 같은 장치끼리 배치하거나 전기적 특성이 유사한 장치끼리 배치

3) 케이블 배선 시 고려사항

① 통신 케이블은 랙 단위로 모두 배선하여 수용할 수 있도록 설계(단, 증설은 단위별로 배선)

② 각 장비에 구성되는 통신 및 전원 케이블 등의 종류, 규격, 수량을 표시

③ 신설 시설만 작성을 원칙으로 하지만 기존 시설로 케이블 배선이 필요한 경우 신설 시설과 구별하여 표시

④ 통신 케이블의 고려사항

㉠ 장비사양에 요구되는 케이블에 따라 배선도 작성

㉡ 고주파대에서 회로가 평형일 때는 반송 국내 케이블을 사용하고 PCM 방식에서는 PCM 국내 케이블 사용

㉢ 각종 케이블의 최대 배선 허용길이를 감안하여 배선도를 작성

㉣ 장비별 외부단자 또는 핀 블록을 정확히 파악하여 케이블 종류를 선정

㉤ 전원 케이블과 교차하지 않도록 루트를 선정하여야 하며 부득이한 경우에는 직각으로 교차하도록 한다.

⑤ 경보선 배선 고려사항

㉠ 기종별 경보표시는 둘 이상 설계하고 기종을 동일 표시판에 설계

㉡ 감시가 용이한 위치로 설계하고 집중경보를 원칙으로 설계

⑥ 전원 케이블(전선)의 종류

㉠ EV : 폴리에틸렌 절연비닐시스 케이블

㉡ IV : 600V 비닐절연 전선

㉢ CV : 가교 폴리에틸렌 절연비닐시스 케이블

㉣ FR-8 : 내화 폴리에틸렌 절연비닐시스 케이블

⑦ 직류 전원 케이블의 규격산출 방식

㉠ 케이블 종류 및 규격은 장비별 소요전류를 최대치로 산출

㉡ 전압강하 등을 고려한 최단거리 루트 선정

㉢ 전원 케이블과 일반 케이블과는 루트를 분리 또는 최대한 이격

㉣ 직류 전원 케이블 단면적 산출공식(상온 시)

$$S = \frac{R_m \times I \times M}{V_d} [mm^2]$$

S : 케이블 단면적　　R_m : $0.018\Omega/m\ (C_u)$, $0.028\Omega/m\ (Al)$

I : 설계전류값(A)　　M : 배선의 왕복거리　　V_d : 허용전압강하

4) 케이블 곡률 반경

① 케이블 굵기에 따라 케이블 랙 또는 케이블 덕트의 넓이가 정해져야 한다.

② 케이블에 대한 최소 굽힘 곡률 반경은 케이블이 안정되게 설치되었을 때 설치한 후(무부하 상태)와 설치 동안(인장력이 가해진 상태) 케이블의 환경에 따라 변화할 것이다.

③ 케이블이 직각으로 교차 또는 구부러질 경우 최소 허용곡률 반경을 만족하여야 한다. 케이블 종류별 허용곡률 반경은 〈표 3.5〉와 같다.

〈표 3.5〉 케이블별 허용곡률 반경

구 분	케이블 종류	허용곡률 반경
외 선	시내연피	· 케이블 지름 × 20배
	기타(시내)	· 케이블 지름 × 6배
국 내	PVC국내, 반송국내	· 케이블 지름 × 6배
	전력단심	· 케이블 지름 × 15배
	전력3심	· 케이블 지름 × 10배
	광점퍼 코드	· 케이블 지름 × 20배
구 내	4페어 UTP 수평 케이블	· 케이블 지름 × 4배
	다중 간선 케이블(25페어)	· 케이블 지름 × 10배

5) 공구손료

공구손료는 일반공구, 통신공사용 특수공구 및 특수시험 검사용 기구류의 손료로서 공사 중 항상 일반적으로 사용하는 것을 말하며 직접노무비(노임할증률 제외)의 3%로 계상한다.

6) 경장비손료

① 중장비에 속하지 않는 동력장치에 의해 구동되는 장비류와 각종 통신용 측정기류의 손료를 말하며 별도 계상한다.

② 경장비의 시간당 손료에 대하여는 기계 경비산정표에 명시된 가장 유사한 장비의 제수치(내용시간, 연간표준가동시간, 상각비율, 정비비율, 연간 관리비율 등)를 참조하여 계상한다.

7) 실시설계

① 표지
② 목차
③ 공사 설명서
④ 일반 시방서
⑤ 특별 시방서
⑥ 예정공정표
⑦ 동원인원 계획표
⑧ 예산서
⑨ 소요 노력 산출
⑩ 자재표 명세
⑪ 산출 기초
⑫ 설계도면

8) 실시설계 세부내용

공사에 필요한 실시설계서의 세부 표기내용은 〈표 3.6〉과 같다.

〈표 3.6〉 실시설계서 표기내용

구 분	세 부 내 역	
표 지	· 사업연도, 사업명	
	· 설계연도	
	· 발주기관(설계서 작성기관)	
목 차	목차내용	· 설계서 순서 목차표
공사 설명서	공사개요	· 공사명
		· 시설 규모
		· 위치
		· 공사기간
	주요 공정	· 작업종별 공정량
일반 시방서	일반사항	· 총칙
		· 감리원
		· 공사 현장대리인
		· 공사공정계획
		· 제보고
		· 발생물 및 부산물
		· 장비 및 공기구
		· 노무관리
		· 공사변경
		· 사고의 책임
	현장관리	· 현장사무실
		· 작업환경
		· 안전관리
	물자관리	· 사급자재 사용량 내역서
	· 시공요령	
	· 검사	
특별 시방서	· 각 공사 특별사항	
예정공정표	· 총괄 공정표	
	세부공정	· 주요 작업종별 세부작업 공정량
동원인원계획서	· 동원인원계획표	

3.8 실험 결과 및 고찰

실험제목					평 가	
소 속						
실 험 조	조		인원		실험일자	
학 번						
성 명						

1. 무선통신망 구축 기본설계에 따른 전파환경 분석하기
2. 무선통신망 구축 기본설계에 따른 망기술 분석하기
3. 무선통신망 구축 기본설계에 따른 일반시방서 작성하기

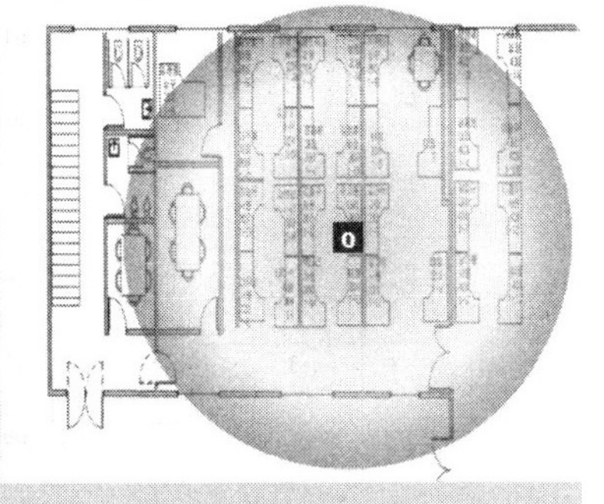

제 4 장

컴퓨터 네트워크 통신

4.1 실험목적

리눅스뿐 아니라 윈도우도 기본적인 많은 수의 네트워크 명령어들을 지원하고 있다. 이들은 네트워크에 어떤 문제가 있는지를 알아보고 해결하는 데 큰 도움을 주곤 한다. 기본적으로 컴퓨터 네트워크를 공부한다면 필요한 것이므로 꼭 익혀두도록 하자. 이 실습과정에서는 윈도우를 기준으로 한다. 먼저 이러한 명령어를 실행하기 위한 환경을 만들어 보는 데 목적이 있다.

4.2 실험절차

절차 1. 시작 → 실행(P) → cmd 입력 후 확인 버튼을 클릭하거나 실행(P)창을 띄운 후 바로 입력해도 된다. 그리고 모든 명령어들은 명령어 뒤에 "/?"을 붙여 입력하여 도움말을 볼 수 있다.

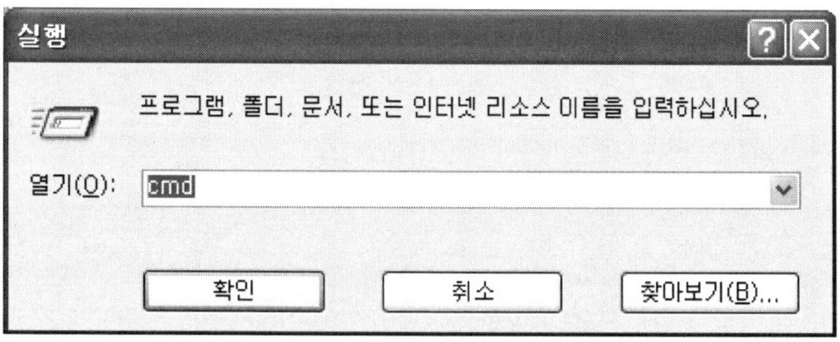

[그림 4.1] 명령 프롬프트 실행

4.2.1 Ping 실습

Ping은 IP 계층에서 상대방과의 통신이 가능한가 하는 것을 알아보는 명령어이다. 어떤 특정 IP를 가진 장치가 정상적인 작동을 하고 있는가를 알아볼 때도 쓸 수 있다.

Ping을 수행하는 프로그램은 ICMP echo request라는 메시지를 특정 IP 주소의 원격 호스트로 보내 응답하는가를 기다린다. 호스트가 동작 중이라면 ICMP echo request를 받은 호스트는 ICMP echo reply로 응답하게 된다. 만약 일정 시간 내에 응답이 돌아오지 않으면 상대 호스트가 작동하지 않거나 그 호스트와의 네트워크가 정상 작동하지 않는다고 판단할 수도 있다.

절차 2. 'ping www.kornet.net'을 입력해 본다.

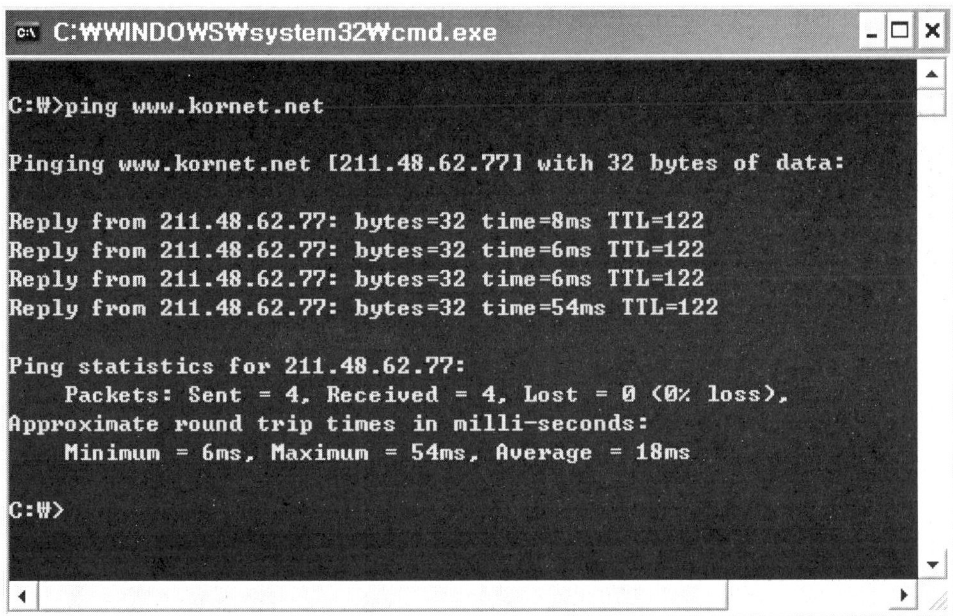

[그림 4.2] ping 실습

정상적인 인터넷 환경이라면 위와 비슷한 화면이 출력된다.

위 명령은 www.kornet.net이라는 주소를 가진 호스트에 ICMP echo request 메시지를 보내겠다는 것이다.

"Pinging www.kornet.net [211.48.62.77] with 32 bytes of data:"는 www.kornet.net이란 URL(Uniform Resource Locator) 주소는 IP 주소로 211.48.62.77을 의미하고 이 IP 주소로 32바이트의 데이터를 보낸다는 의미이다.

"Reply from 211.48.62.77 : bytes=32 time=8ms TTL=122"는 IP 주소 211.48.62.77로부터 ICMP echo reply 메시지가 8ms(밀리초) 만에 돌아왔다는 의미이다. TTL은 "Time To Live"의 약자로 패킷을 만든 장치가 특정 값으로 설정해 보내면 라우터를 거칠 때

마다 1씩 줄어들어 최종 목적지까지 도착하는 값으로, 0이 되면 해당 패킷은 폐기된다. 위 그림에서 "TTL=122"는 211.48.62.77의 IP 주소를 가지는 장치가 TTL=128로 설정해 보냈고, 라우터를 지날 때마다 1씩 줄어 PC에 도착하였을 때는 그 값이 122가 되었다는 것이다. 이를 보아 5개의 라우터가 있었고, 그 다음에 실습PC에 도착했음을 유추할 수 있다.

그 밑에는 보낸 패킷 수와 응답받은 패킷 수, 응답받은 시간의 최소값, 최대값, 평균값이 출력된다.

절차 3. "ping www.kornet.net-t"를 입력해 본다.

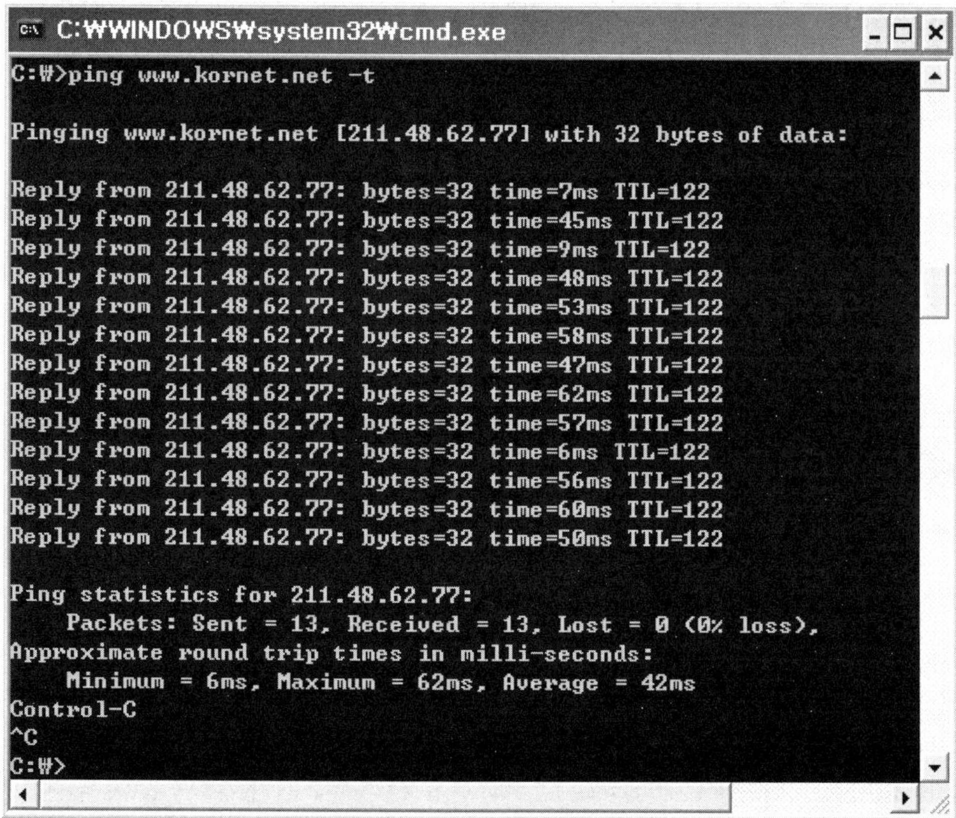

[그림 4.3] ping 실습(옵션 포함)

Ping에도 다수의 옵션을 사용할 수 있다. 이 중 '-t' 옵션은 중지요청을 받을 때까지 계속해서 보내라는 의미이다. 중지요청은 'Ctrl+c'를 누르면 된다. 위의 그림에서는 모든 패킷이 응답을 받은 것을 볼 수 있다.

절차 4. "ping 192.168.111.1"을 입력해 본다.

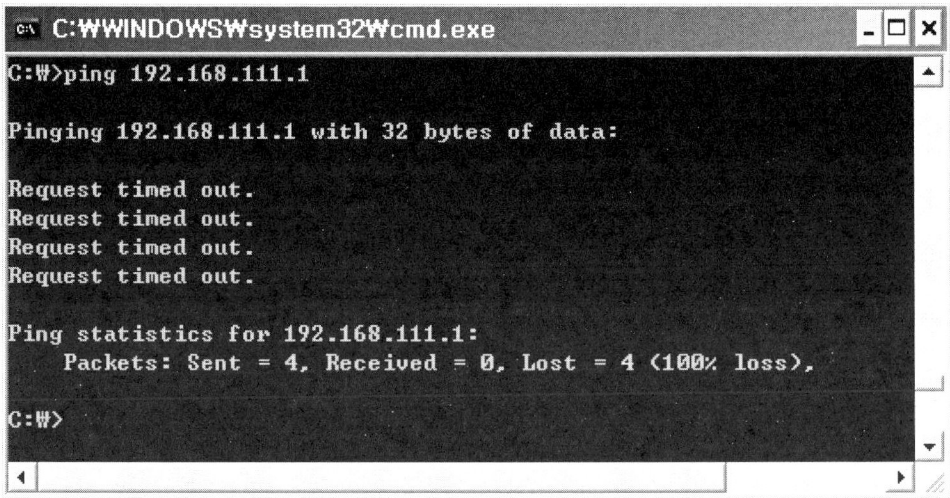

[그림 4.4] ping 실습(전송 실패)

그러나 상대 주소가 제대로 되어 있지 않거나, 네트워크의 상태가 불량한 경우 위와 같이 "Request timed out."이라는 메시지가 나온다. 이는 송신된 ICMP echo request에 대해 ICMP echo reply를 받지 못했기 때문이다. 물론 수많은 패킷이 전송되는 네트워크의 경우 request 패킷이나 reply 패킷이 손실되는 경우가 있을 수도 있다. 이 경우도 역시 "Request timed out." 메시지가 출력된다.

〈표 4.1〉 Ping 옵션 설명

옵션	내 용
-t	Ctrl+C로 중단하기 전까지 계속 패킷을 보낸다.
-l size	패킷의 크기를 지정한다.
-i TTL	중간의 라우터를 몇 번 경유할지 결정한다.
-a	IP 주소에 대해 호스트 이름을 보여준다.
-n count	패킷을 몇 번 보낼지 개수를 정해준다.

4.2.2 Netstat 실험

TCP나 UDP를 이용해 외부와 통신할 경우 '포트 번호'를 사용하게 된다. Netstat는 현재 사용하고 있는(열려 있는) 포트 번호를 알려주는 데 주로 쓰이는 프로그램이다.

절차 5. "netstat"를 입력해 본다.

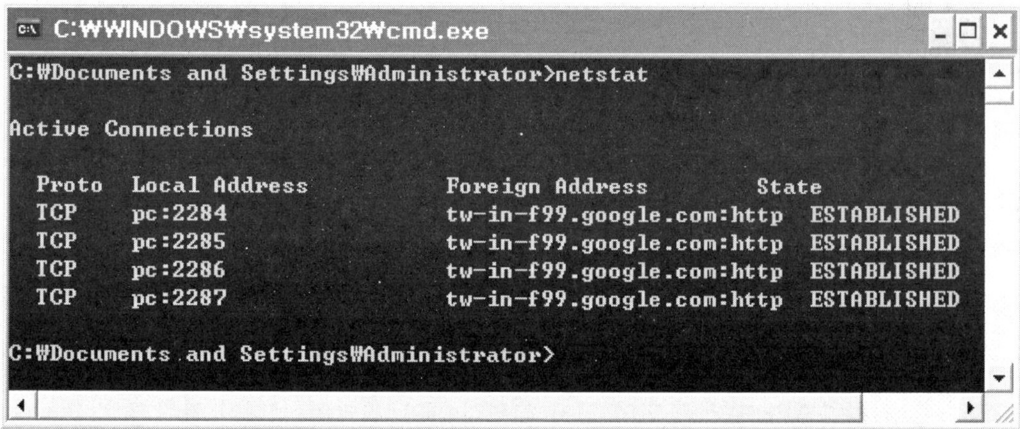

[그림 4.5] netstat 명령실행

현재 열려 있는 포트 번호와 상태가 출력된다. TCP 포트가 4개 열려 있으며, 입력한 PC의 포트는 2284~2287번이고 서버의 포트는 http라고 씌어 있는데 이는 80번을 의미한다.

상태정보는 다음과 같이 구분 지을 수 있다.

- ESTABLISHED는 서로 연결된 상태
- LISTENING은 연결을 위해 접속을 기다리는 상태
- TIME_WAIT는 해당 사이트와 연결이 종료되었거나 다음 연결을 위해 기다리는 상태
- SYN_SENT는 접속하기 위해 패킷을 보낸 상태

절차 6. "netstat-ano"를 입력해 본다.

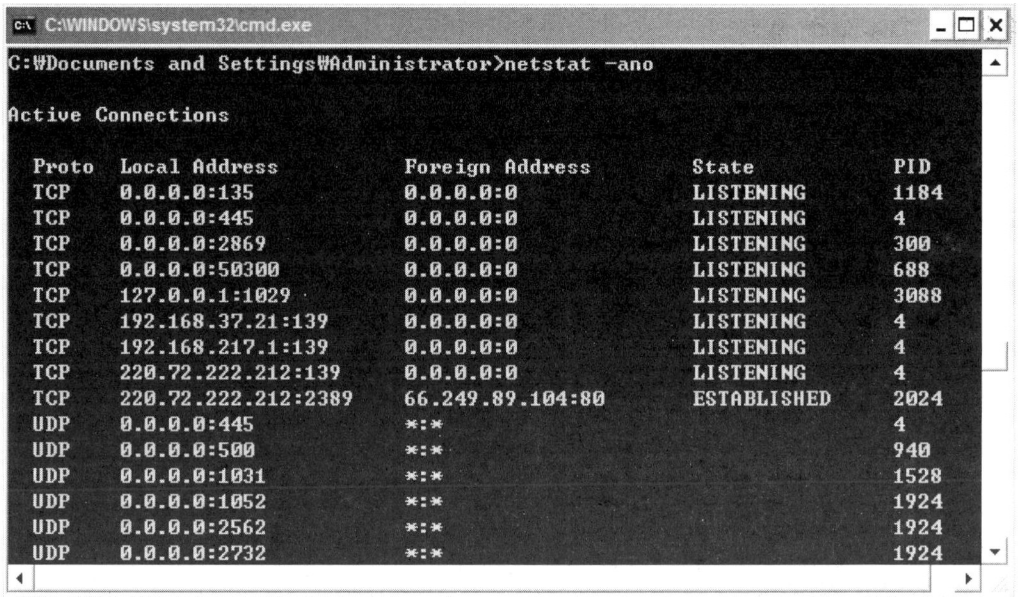

```
C:\WINDOWS\system32\cmd.exe
C:₩Documents and Settings₩Administrator>netstat -ano

Active Connections

  Proto  Local Address          Foreign Address        State           PID
  TCP    0.0.0.0:135            0.0.0.0:0              LISTENING       1184
  TCP    0.0.0.0:445            0.0.0.0:0              LISTENING       4
  TCP    0.0.0.0:2869           0.0.0.0:0              LISTENING       300
  TCP    0.0.0.0:50300          0.0.0.0:0              LISTENING       688
  TCP    127.0.0.1:1029         0.0.0.0:0              LISTENING       3088
  TCP    192.168.37.21:139      0.0.0.0:0              LISTENING       4
  TCP    192.168.217.1:139      0.0.0.0:0              LISTENING       4
  TCP    220.72.222.212:139     0.0.0.0:0              LISTENING       4
  TCP    220.72.222.212:2389    66.249.89.104:80       ESTABLISHED     2024
  UDP    0.0.0.0:445            *:*                                    4
  UDP    0.0.0.0:500            *:*                                    940
  UDP    0.0.0.0:1031           *:*                                    1528
  UDP    0.0.0.0:1052           *:*                                    1924
  UDP    0.0.0.0:2562           *:*                                    1924
  UDP    0.0.0.0:2732           *:*                                    1924
```

[그림 4.6] netstat 명령실행(옵션 포함)

옵션으로 -a, -n와 -o를 한꺼번에 준 형태이다. -a는 연결되거나 혹은 연결을 기다리고 있는 모든 포트를 보여 달라는 의미이고, -n은 호스트의 이름 대신 IP 주소가 출력되도록 하라는 의미이며, -o는 해당 포트를 연 Process ID를 출력하라는 의미이다. 이를 이용하면 현재 열려 있는 포트와 거기에 접속한 호스트를 알 수 있으며 그 외에도 자신이 원치 않았던 포트가 열려 있는 것을 알 수 있다. 또한 그 포트를 어떤 프로세스가 열었는지 알 수 있으며 이를 이용해 보안문제를 미리 예방할 수도 있다. 프로세스 ID는 'Windows 작업관리자'를 열어 프로세스 탭을 열고 보기(V)에 열 선택(S)을 열어 'PID'를 체크한 뒤 확인을 눌러 보면 뜨는 것을 볼 수 있다.

〈표 4.2〉 Netstat 옵션 설명

옵션	내용
-a	현재 다른 호스트와 연결(ESTABLISHED)되어 있거나. 대기(LISTENING) 중인 모든 포트 번호를 출력
-r	라우팅 테이블 확인(route print 명령과 출력 동일).
-n	호스트의 이름 대신 IP 주소로 출력
-o	포트를 연 프로세스의 PID를 같이 출력
-e	네트워크 인터페이스가 송수신한 패킷의 용량 및 종류 출력
-s	IP, ICMP, TCP, UDP 프로토콜별의 상태 출력

4.2.3 Tracert 실험

패킷은 송신 호스트에서 수신 호스트까지 여러 개의 라우터를 거치게 될 수 있다. Tracert(trace route)는 각 라우터까지의 응답속도와 경로를 알 수 있게 해준다.

절차 7. "tracert www.kornet.net"을 입력해 본다.

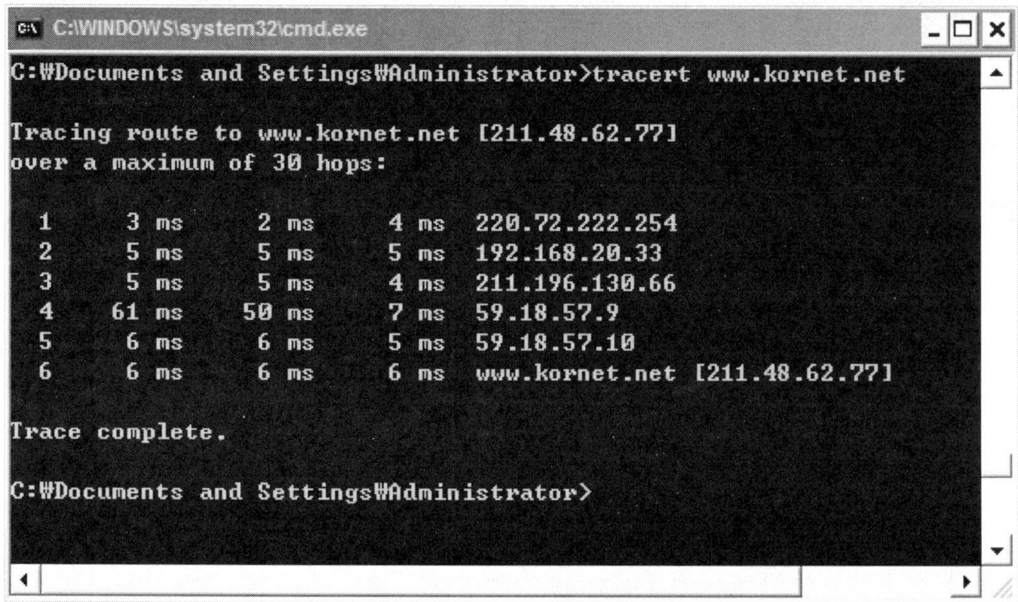

[그림 4.7] tracert 명령실행

입력한 결과는 어떤 네트워크를 거치느냐에 따라 달라질 것이다. 우선 그림의 결과를 보면 첫 번째 라우터는 220.72.222.254란 IP 주소를 가지고 있고 딜레이도 5ms 이내로 매우 양호하다.

이후 4개의 라우터를 더 거쳐 6번째 만에 211.48.62.77(www.kornet.net) 호스트에 닿을 수 있었다.

절차 8. "tracert www.yahoo.com"을 입력해 본다.

```
C:\Documents and Settings\Administrator>tracert www.yahoo.com

Tracing route to www.yahoo-ht3.akadns.net [209.131.36.158]
over a maximum of 30 hops:

  1     2 ms     3 ms     3 ms  220.72.222.254
  2     5 ms     5 ms     6 ms  192.168.20.33
  3    43 ms    24 ms     5 ms  211.196.130.1
  4     6 ms     6 ms     5 ms  59.18.32.9
  5    70 ms    54 ms     7 ms  59.18.32.10
  6    55 ms    25 ms     6 ms  59.18.43.46
  7   140 ms   169 ms   123 ms  220.73.154.130
  8   138 ms   188 ms   141 ms  12.118.34.33
  9   189 ms   205 ms   189 ms  12.127.6.201
 10   173 ms   180 ms   188 ms  tbr2.sffca.ip.att.net [12.122.12.113]
 11   170 ms   177 ms   185 ms  12.122.114.77
 12   189 ms   191 ms   141 ms  12.86.154.18
 13   226 ms   143 ms   205 ms  g-0-0-0-p140.msr1.sp1.yahoo.com [216.115.107.49]

 14   168 ms   185 ms   180 ms  te-8-1.bas-a1.sp1.yahoo.com [209.131.32.17]
 15   209 ms   211 ms   215 ms  f1.www.vip.sp1.yahoo.com [209.131.36.158]

Trace complete.

C:\Documents and Settings\Administrator>
```

[그림 4.8] tracert 실험(web site)

한국의 KT망에 속해 있는 www.kornet.net과는 달리 www.yahoo.com는 외국에 있는 호스트이다.

따라서 더 많은 라우터를 거쳐야만 하고 지연시간도 크다. 7번째를 보면 갑자기 지연시간이 크게 늘어난 것을 볼 수 있다. 이는 여기서부터 갑자기 망이 느려진다는 것을 의미한다.

갑자기 네트워크가 느려진 경우 tracert 명령을 사용해 어디서 문제가 발생한 것인지 파악해 볼 수 있다.

위의 경우 7번째의 IP 주소가 220.73.154.130인 라우터는 외국에 있어 지연시간이 갑자기 늘어났다고 판단할 수도 있다.

절차 9. 지금까지 보았던 실험은 텍스트 베이스를 기반으로 구성된 형태이다. "NeoTrace" v3.25 Express를 자료실에서 받아서 실습을 수행한다.

[그림 4.9] tracert 실험(www.yahoo.com)

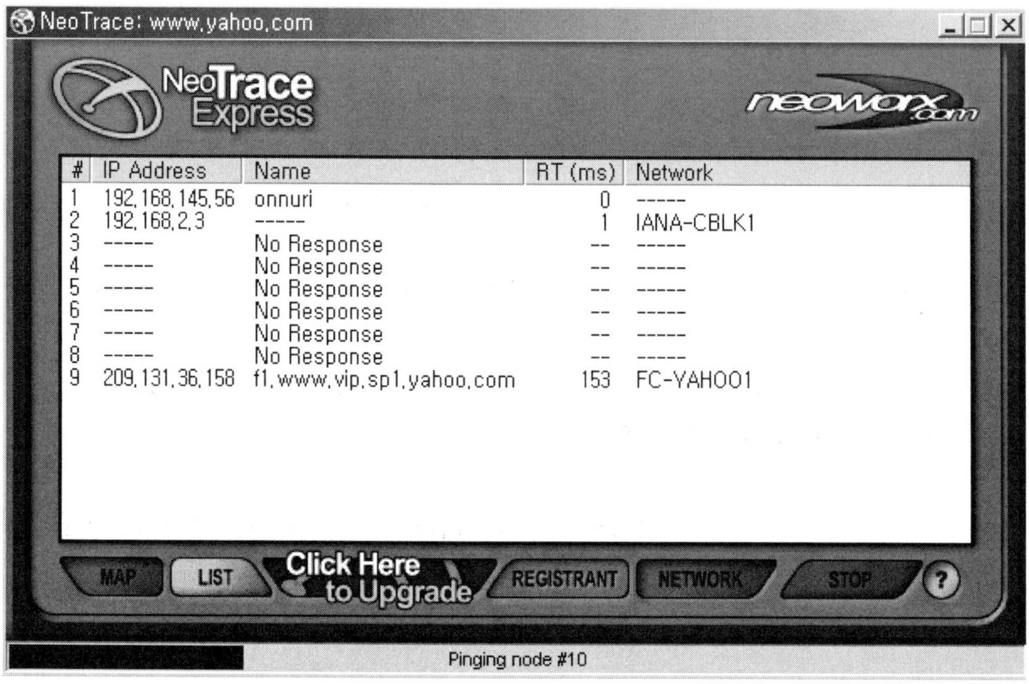

[그림 4.10] tracert 실험(www.yahoo.com : 리스트 정보보기)

4.3 실험 결과 및 고찰

실험제목				평 가	
소 속					
실 험 조	조		인원	실험일자	
학 번					
성 명					

1. 스위치에 대해 설명하시오.
2. 클래스리스와 클래스풀 IP 주소에 대해 설명하시오.
3. Packet Tracer를 이용하여 구성도와 같이 네트워크를 구성하시오.

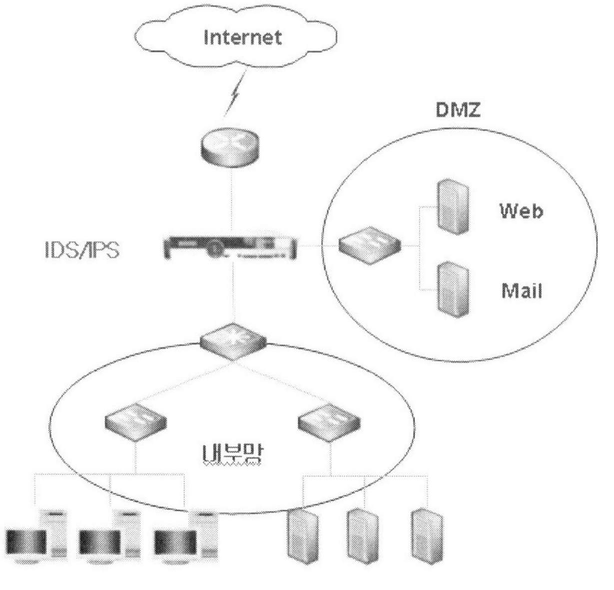

① 구성 설명

내부망, 외부망, DMZ 각각 서로 다른 네트워크로 구성된다. 기존에 방화벽이 없었던 경우 추가로 외부망 또는 DMZ에 네트워크 주소 부여가 필요하다.

② 장단점

• 장점

- 기존 라우터 모드(router mode) 구성의 방화벽을 NXG IPS로 교체 시 환경 변경 없이 구성 가능
- 1대의 시스템으로 다양한 보안 시스템을 통합함으로써 경비절감(IPS, 방화벽, Viruswall, 웹 방화벽, VPN 등등)

• 단점

- 네트워크 접근통제 기능과 IPS 기능 사용으로 1개의 시스템에 기능이 집중되어 장애 시 장애복구가 어려움
- IPS의 역할과 방화벽 역할 등의 다양한 기능 사용으로 대량의 트래픽이 유입될 때 시스템 부하 발생 가능

※ 현 구성 시 기능을 최소 또는 최적화하여 사용을 권장한다.

4. 네트워크 구축에 따른 장비수급 방법 파악하기
5. 네트워크 구축에 따른 구축 방법 검토하기
6. 네트워크 구축에 따른 네트워크 구축하기
7. 네트워크 구축에 따른 구축 절차 파악하기

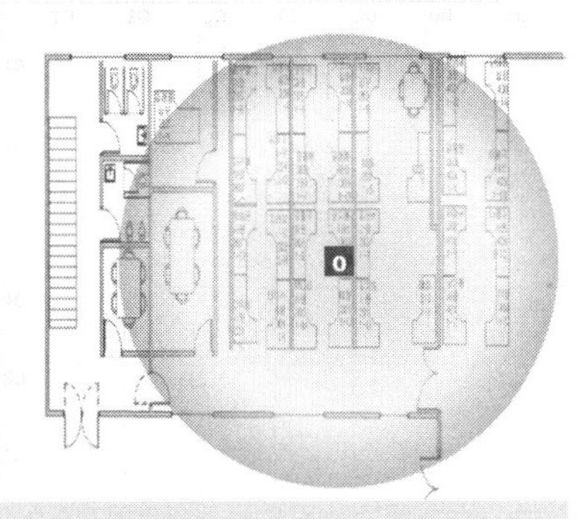

제 5 장

네트워크 통신실습

5.1 실험목적

네트워크 시스템은 발전과 변화의 속도가 빠른 산업이다. 그 변화의 속도를 파악하고 인지하는 것이 신기술의 변화를 미리 숙지하여 사용자에게 보다 효율적인 시스템을 제안할 수 있어야 한다.

먼저 현재 일반적인 네트워크의 구성 현황은 LAN, WAN, 보안, 서버, 물리적인 전송라인, 교환기, 전송 장비 등으로 구성할 수 있다. 먼저 LAN 부분은 2000년대 초반까지만 해도 LAN, WAN 부분이 명확히 구분되었지만 Metro Ethernet과 같은 이더넷 기반의 솔루션이 확장되면서 LAN과 WAN 구분이 차츰 큰 의미를 잃고 있는 것이 일반적인 기술 흐름이라고 볼 수 있다.

그리고 보안 부분은 점차적으로 그 영역이 넓어지고 있는 추세이며 그 확장범위가 다변화 다목적의 기능으로 시스템과 접목하고 있는 추세에 있다. 네트워크 보안은 시스템 보안, 서버 보안, 개인 보안으로 나누어 볼 수 있고, 다양한 보안 솔루션들이 등장하고 있는 추세이다. 향후 보안 관련 영역은 더 폭넓은 산업으로 발전할 가능성이 높으므로 네트워크 통신에 대한 이해도를 높이는 데 있다.

5.2 실험절차

IP calculator 프로그램을 실행시켜 서브넷팅을 실습하자.

절차 1. 다양한 IP calculator 프로그램이 존재한다. 그중 한 가지를 선택해서 해당 프로그램을 설치한다.

200.0.1.0망에 대한 서브넷팅을 위하여, 서브넷 비트를 2개로 할당하여, 설정되는 서브넷의 종류와 사용 가능한 호스트들의 개수를 확인한다.

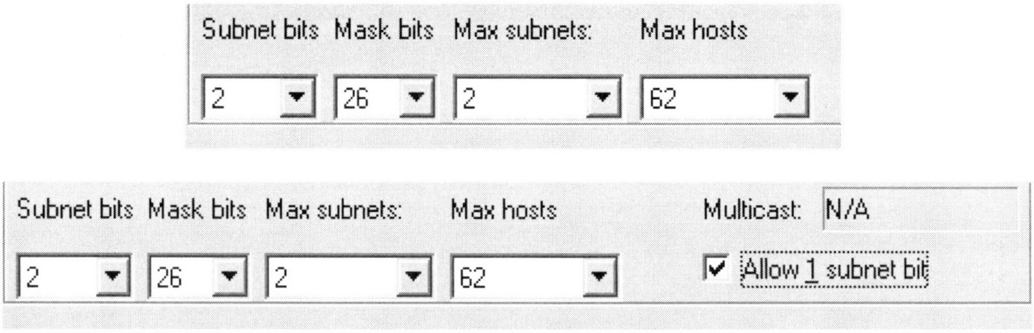

[그림 5.1] 서브넷 수행 결과

절차 2. "Allow 1 Subnet Bit"를 설정한 다음, 설정되는 서브넷의 종류와 사용 가능한 호스트들의 개수를 확인하자.

#	ID	Range	Broadcast
1	200.0.1.0	200.0.1.1 - 200.0.1.62	200.0.1.63
2	200.0.1.64	200.0.1.65 - 200.0.1.126	200.0.1.127
3	200.0.1.128	200.0.1.129 - 200.0.1.190	200.0.1.191
4	200.0.1.192	200.0.1.193 - 200.0.1.254	200.0.1.255

[그림 5.2] tracert 실험(www.yahoo.com : 리스트 정보보기)

HomeWork 서브넷에 관련된 사항은 부록에서 확인해 보자. C 클래스에서 서브넷을 7개, 16개, 27개로 나눌 때의 서브넷은 어떻게 구성되는가? 그리고, "Allow 1 Subnet Bit"를 고려한다면 서브넷은 바뀌는가? 만일, 바뀐다면 이유는 무엇인가?

5.2.1 IP 프레임 분석

절차 1. 프로그램을 http://ewatch.hangkong.ac.kr/ 또는 http://203.253.145.55로 입력한 후 E-Watch프로그램을 다운받는다.

절차 2. 기본적인 패킷 필터링 기능을 수행해서 IP를 분석해 보도록 하자.

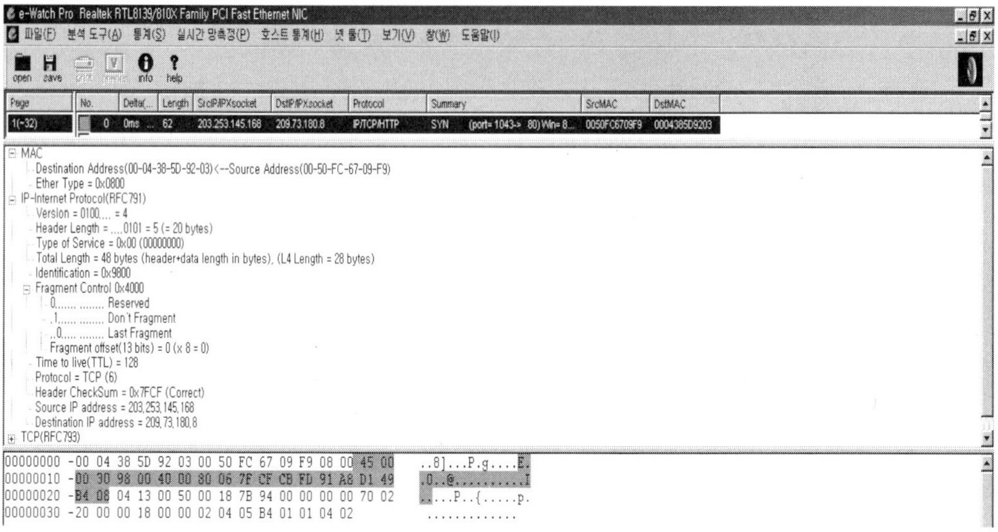

[그림 5.3] IP 패킷 분석

- 이더넷 프레임의 헤더의 길이는 총 14바이트
- IP의 version은 4
- IP 헤더 길이 영역의 값이 5 (헤더의 길이 5×4=20바이트)
- TOS 영역 사용하지 않음.
- IP 전체 길이는 48바이트
  - IP 헤더 길이 20바이트+TCP의 길이 총 28바이트
- 패킷 순서번호는 0x9800이고, 다음 패킷 순서번호는 0x9801
- TTL값은 128
- Protocol 영역
  - 6이면, 데이터 영역 : TCP
  - 1이면, 데이터 영역 : ICMP
  - 17이면, 데이터 영역 : UDP 헤더 부분의 체크섬

5.2.2 UTP 케이블의 종류

그림을 보는 방법은 RJ-45 잭의 꼭지 방향을 밑으로 놓고 봐야 한다.

UTP 케이블은 모두 8가닥의 전선으로 이루어져 있다. 이 중에서 일반적인 LAN 환경인 이더넷(Ethernet) 환경에서 실제로 데이터를 사용하는 선은 1, 2, 3, 6번의 4가닥이다. UTP 케이블은 이것을 연결하는 방식에 따라 크게 두 가지로 구별한다.

1) 다이렉트 케이블

다이렉트 케이블(direct cable)은 1:1 케이블이라고도 불리며, 컴퓨터와 허브 간을 연결할 때 사용한다. 각 선이 양단에 걸쳐서 1:1로 연결되어 있다. 즉, 양쪽이 똑같게 연결되어 있다. 이는 허브 내부에서 송·수신 신호를 바꾸어 주기 때문에 가능한 것이다.

=〉 PC - HUB 간에 사용

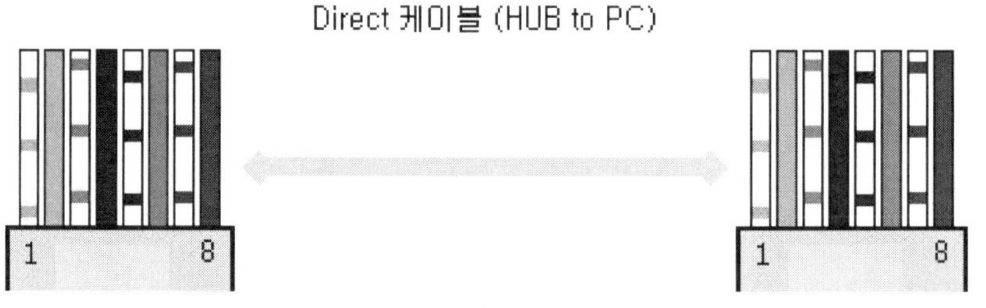

[그림 5.4] 다이렉트 케이블

케이블의 양쪽 모두 1, 2번(흰주, 주황)핀은 TX(송신측 : 출력단자), 3, 6번(흰녹, 녹)핀은 RX(수신측 : 입력단자)이다.

2) 크로스 케이블

허브 없이 컴퓨터끼리 연결할 때 사용한다. 내부 내선이 꼬여 있어서 크로스 케이블(cross cable)이라고 부른다. 또한 HUB에 Uplink, MDI-X, daisychain이 없는 HUB끼리 연결을 할 때 사용된다.

=〉 PC - PC, HUB - HUB 간에 사용

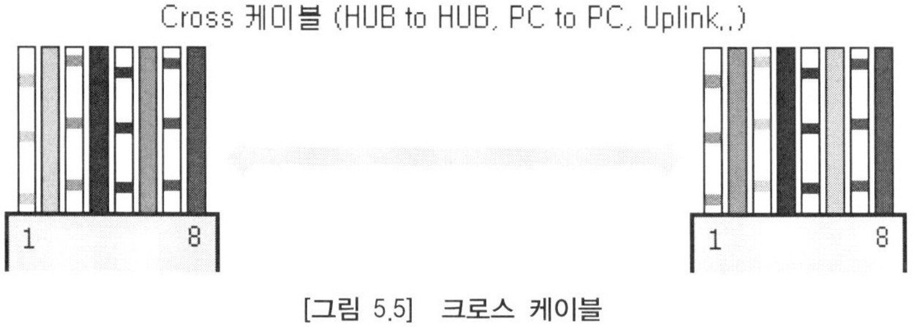

[그림 5.5] 크로스 케이블

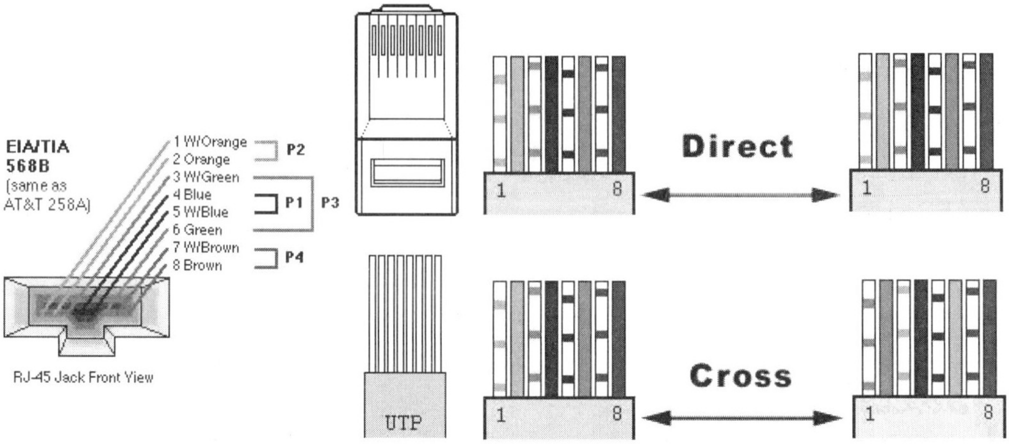

[그림 5.6] 케이블의 종류

5.2.3 UTP 케이블 제작하기

① 케이블을 필요로 하는 만큼 자른다. 피복을 칼이나 기타 도구로 2~3cm가량을 잘라낸다. 이때 내부 전선이 다치지 않도록 주의해야 한다.

② UTP 케이블을 이용하여 네트워크 케이블을 제작하기 위한 도구로는 RJ-45잭을 압착하는 LANTool과 케이블, 절단기, 스트리퍼 등 케이블 정상동작 여부 테스터 등이 필요하다.

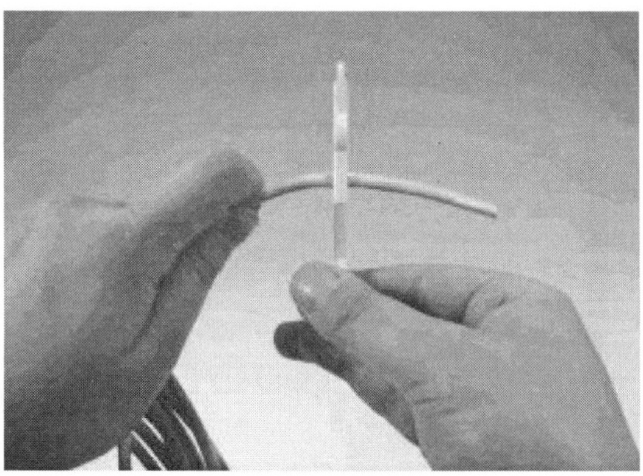

[그림 5.7] 피복 탈피하기

③ UTP 케이블의 피복을 스트리퍼를 사용하여 약 5cm 정도 벗긴다. 표피를 벗겨내면 내부선이 색깔별로 두 가닥씩 묶여 있는 것을 볼 수 있다.

[그림 5.8] 내부선

④ 풀어준 선을 하나씩 곧게 펴준다.

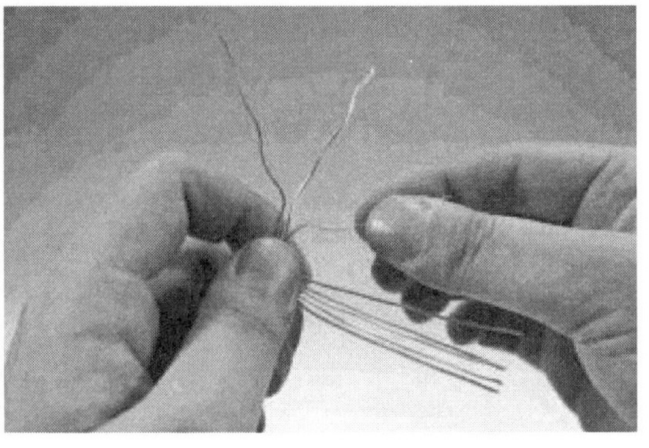

[그림 5.9] 케이블 정리

⑤ 크로스, 다이렉트 등의 정렬 방법[3]에 선의 띠별로 배열해 주어야 한다.

[그림 5.10] 케이블 배열하기

3) • 다이렉트 케이블 : 주띠 – 주 – 녹띠 – 파 – 파띠 – 녹 – 갈띠 – 갈
• 크로스 케이블 : 녹띠 – 녹 – 주띠 – 파 – 파띠 – 주 – 갈띠 – 갈
(띠 : 색깔에 백색줄이 있음. 주띠 : 주황색에 백색줄이 있음.)

⑤ 배열된 케이블을 피복 끝으로부터 정렬을 잘했으면 1.3cm만 남기고 구리선을 커터로 잘라낸다.

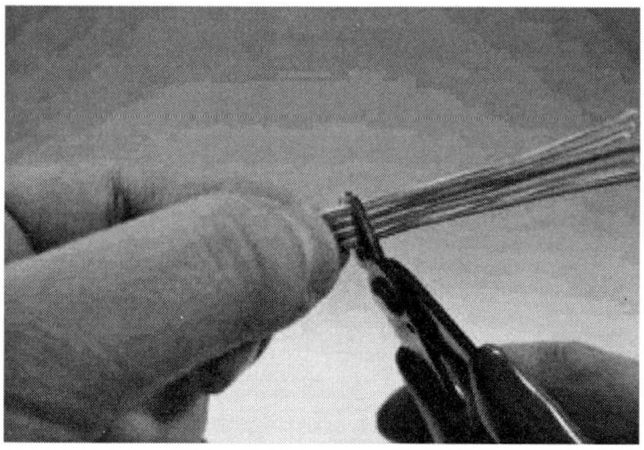

[그림 5.11] 케이블 자르기

⑥ RJ-45 꼭지가 실험대를 보게 하고 UTP 케이블을 RJ-45 커넥터에 조심스럽게 끝까지 밀어 넣는다.

⑦ RJ 잭을 이용하는 UTP 케이블 컬러코드 표

코드 색상	기 능
1. 흑색	종단유형 비지정
2. 백색	제1수준 백본(MC/IC, MC/TC 종단)
3. 적색	지정 유보
4. 회색	제2수준 백본(IC/TC 종단)
5. 등색	기타(보조, 보안, 경보)
6. 청색	수평 케이블 종단
7. 녹색	네트워크 연결
8. 자색	공통기기(PBS, LAN, HOST)

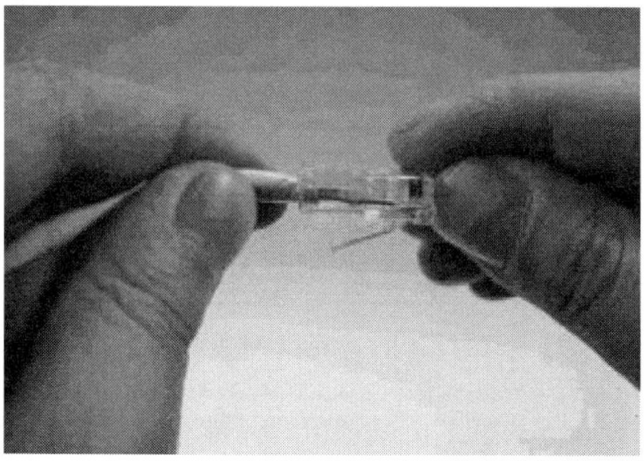

[그림 5.12] 커넥터에 케이블 삽입하기

다이렉트 케이블을 만들 경우에는 나머지 한쪽도 똑같은 방법으로 만들면 되지만, 크로스 케이블을 만들 경우에는 나머지 한쪽의 색깔 배열을 달리해야 한다(흰녹 – 녹색 – 흰주 – 파랑 – 흰파 – 주황 – 흰갈 – 갈색 순으로 배치해 주면 된다. 또한 RJ-45에 삽입할 시에도 왼쪽부터 흰녹 – 녹색 순으로 들어가게 하면 된다).

⑧ 랜툴을 이용하여 케이블을 커넥터에 압착한다.

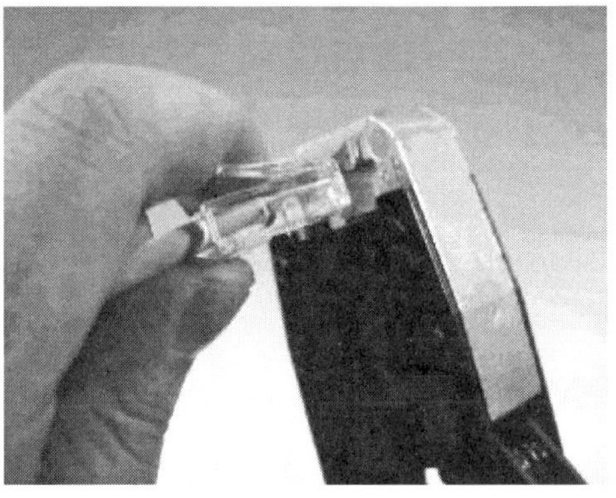
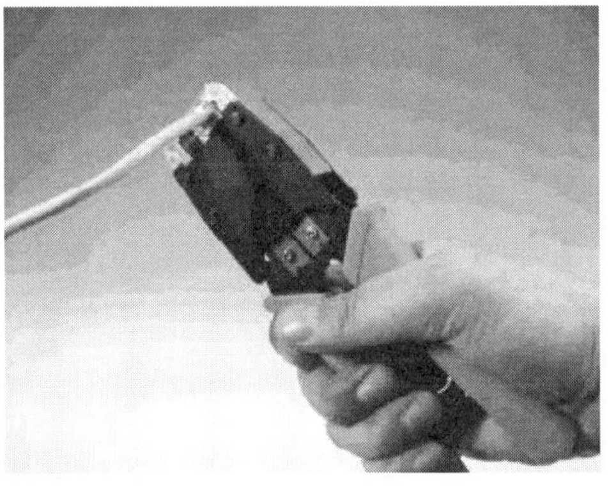

[그림 5.13] 케이블 압착하기

⑨ 제작이 완료되면 케이블 테스터를 이용하여 테스트한다.

5.3 인터넷 네트워킹 구성도

네트워크 다이어그램은 네트워크에 관한 정보를 캡처하기 위해 사용된다. [그림 5.14]에서 정보 및 세부 사항은 조직마다 다르다.

네트워크 토폴로지는 일반적으로 라인과 일련의 아이콘으로 표시한다.

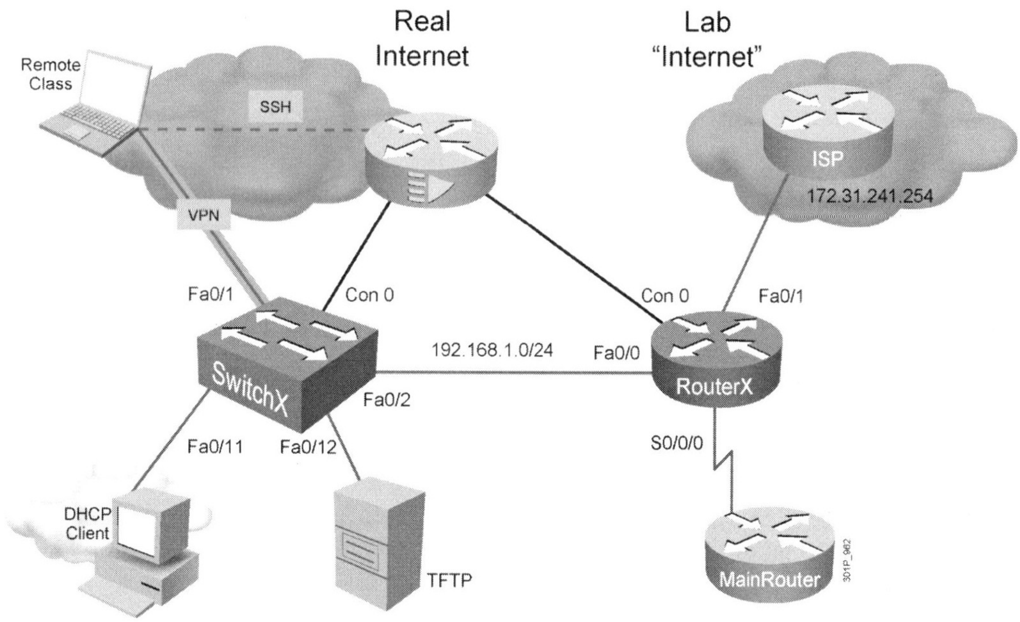

[그림 5.14] 인터넷 네트워크 구성도

■ 네트워크 토폴로지의 아이콘

- 인터넷

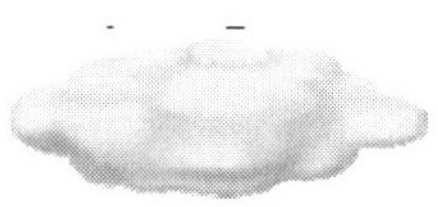

- 라우터

- 그룹 스위치

- 서버

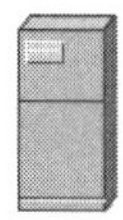

- 컴퓨터

- 이더넷 링크

- 직렬 링크

5.3.1 라우터

1) 라우터에 대한 이해

라우터는 OSI 모델의 3계층(network)에서 동작하기 때문에, 3계층의 주소를 읽어 패킷을 네트워크와 네트워크 간에도 라우팅을 할 수 있다.

그래서 라우터는 네트워크와 네트워크 사이의 트래픽을 포워딩하는 네트워크 장치(device)로 사용되면서, 임의의 목적지까지 데이터 패킷을 보낼 때, 가장 빨리 도착할 수 있는 경로(path)를 탐색하여 데이터 통신을 할 수 있는 경로 설정과 스위칭 기능을 지원한다.

2) 라우터의 역할

네트워크를 분할하고 브로드캐스팅 트래픽(broadcasting traffic)을 줄인다.

라우터는 하나의 물리적 네트워크를 여러 개의 논리적 네트워크(세그먼트)로 나누어, 브로드캐스팅 트래픽을 줄일 수 있다.

[그림 5.15]에서 Network A와 Network B 사이에 라우터가 위치하여 두 네트워크 사이를 분리시켜 주고 있다. 그리고 Network A에서 발생하는 브로드캐스팅 트래픽은 라우터를 건너 Network B로 전달되지 못하도록 하고 있다.

[그림 5.15] 라우터의 역할

5.3.2 스위치

스위치는 전원만 연결하면 기본적인 설정 작업 없이 바로 사용할 수 있는 네트워크 연결 장비이다. 하지만 세부적인 설정을 위해 한 번이라도 스위치의 설정 화면을 보게 된다면, 스위치의 다양한 기능들을 확인할 수 있다.

최근 대부분의 네트워크 장비에서 사용하고 있는 기능이 스위치라는 것이다. 스위치란 간단하게 정의하면 네트워크 환경에 접속되어 있는 장비들에게 각각의 고유한 대역폭을 할당하는 것을 말한다. 전체 대역폭을 나누어 공유하는 것이 아니라 전체 대역폭 그대로를 연결된 포트 각각에 할당해 주는 것이다.

1) 스위치 기술의 이해

스위치 선정을 하기 위해서는 다양한 스위칭 방식의 용어에 대해서 알고 있어야 한다. 어떤 스위치 방식을 지원하는가에 따라 사용하게 되는 스위치 장비가 달라져야 하기 때문이다.

① 스위칭 방식

(가) Cut-Through

Cut-Through 방식은 목적지 주소를 인식할 수 있는 데이터를 받아들이면 바로 목적지로 전송하는 방식이다.

포트에서 패킷을 받아들인 후 목적지 주소를 확인해서 바로 목적지 포트로 전송하는 방식이다. 이것은 데이터를 받아들이는 즉시 전송하기 때문에 스위치에서 데이터를 받아들여 내보내는 동안의 Latency가 적어 Store & Forward 방식에 비해 속도가 빠르다. 그러나 CRC(Cyclic Redundancy Check : 순환중복검사) 검색을 통한 전송은 데이터 검색과정이 없기 때문에 올바른 데이터를 전송하고 있는지 여부를 확인할 수 없어 에러가 발생할 수 있다. 그러므로 안정적이지 않은 네트워크 환경에서 사용은 피하는 것이 좋다.

(나) Store & Forward

Store & Forward 방식은 데이터를 입력받게 되면 잠시 버퍼에 데이터를 저장해 둔 후 목적지로 전송하는 방식이다. 모든 데이터를 버퍼링한 후에야 전송을 시작하기 때문에 Latency가 매우 길다. 그래서 Cut-Through에 비해 속도는 느리지만 CRC 검색을 통한 전송 데이터의 검색과정이 있어 데이터 전달이 안정적이다. 동작순서는 스위치에서 데이터를 모두 입력받은 후, 버퍼에 저장한다. 버퍼에 저장된 데이터의 에러 유무를 검사한다. 에러가 발생하면 데이터는 버려지게 되고, 만약 에러가 없다면 목적지 포트로 전송된다.

(다) 허브

허브는 리피터의 기능(약해진 신호를 재생하여 재전송하는 기능)에 접속 가능한 멀티포트(multi port) 기능을 합친 네트워크 장비이다. 허브는 보통 4개 이상 24개 이하의 포트 내에서 구성되며, 네트워크 중앙에 위치하여 설치가 된다. 허브는 네트워크의 중앙에 주로 설치되기 때문에 PC나 서버 또는 기타 네트워크 주변 기기들을 연결하기 위한 가장 기본적인 장비로 간주되며, 네트워크의 구조적인 관리와 확장성에서 편리성을 제공한다.

ⓐ 허브의 종류

• 더미 허브와 인텔리전트 허브

더미 허브(dummy hub)는 단순한 리피터 기능만을 제공하는 허브로 다른 네트워크 장비들의 연결이나 신호 재생 등의 기능만을 가지고 있다. 인텔리전트 허브는 네트워크 관리 기능을 가지고 있는 허브로서, 허브 장비 내부에 마이크로프로세서를 내장하여 SNMP 에이전트 소프트웨어 등을 RAM 또는 ROM에 상주시켜 관리 및 제어 기능을 지원할 수 있다. 이러한 SNMP 관리 기능은 임의의 한 포트에 접속된 시스템의 연결 상태나 트래픽 현황 등을 검사할 수가 있다.

• 단독형 허브와 스태커블 허브

허브는 허브 하나만을 이용해서 사용할 수 있는 단독형과 허브와 허브를 여러 개 연결해서 사용할 수 있는 스태커블 허브로 나눌 수 있다. 스태커블 허브는 Cascade 케이블을 이용하여 여러 대의 허브를 하나로 묶어 사용하며, 마치 여러 대의 허브가 하나의 허브처럼 동작하는 허브를 말한다. 대개 스태커블 허브는 단독형에 비해 고가이지만, 확장성을 고려해야 할 네트워크 환경에 저렴하게 구성할 수 있는 이점을 제공한다.

ⓑ 허브 연결 방법

허브를 기타 다른 네트워크 장비와 연결하려고 할 때는 크로스 케이블 연결인지 다이렉트 케이블 연결인지를 구분해 연결해야 한다. 물론 Uplink(MDI/MDIX) 스위치도 고려해서 연결해야 한다.

• 허브와 라우터

허브와 라우터의 연결은 크로스 케이블로 이루어진다. 물론 MDI/MDIX 스위치 모드의 조정을 한다면 MDI 스위치 모드는 다이렉트 케이블의 연결이며 MDIX 스위치 모드는 크로스 케이블 연결이 됨을 주의해야 한다.

• 허브와 허브

허브와 허브는 동일한 종류의 전송 장비로 크로스 케이블 연결로 이루어진다. 물론 MDI/MDIX 스위치 모드를 조정하여 MDI 스위치 모드로 조정하면, 다이렉트 케이블로 연결할 수 있다.

• 허브와 스위치

허브와 스위치의 연결은 크로스 케이블로 만든 UTP 케이블로 연결한다. 이때 연결하고자 하는 두 허브의 한쪽만 MDI/MDIX 스위치의 조정에서 MDI 모드로 조정해 두었다면 두 허브의 연결은 다이렉트 케이블로 연결이 가능하다. 이때 MDI 스위치 조정 모드로 사용할 수 있는 포트는 대부분이 마지막 포트란 것만 주의하면 된다. 그리고 두 허브의 전원이 꺼진 상태에서 이 작업을 하거나 전원이 켜진 상태에서의 작업을 하거나 두 가지 모두 가능하다.

• 허브와 컴퓨터

허브와 컴퓨터의 연결은 다이렉트 케이블로 연결한다. 전원이 들어와 있든 없든 허브의 포트와 컴퓨터의 네트워크 카드에 있는 포트를 연결시켜 주면 된다.

2) 계층 2(Layer 2)

① 장치 및 기능

여기서는 계층 2 장치와 기능에 대해 설명한다.

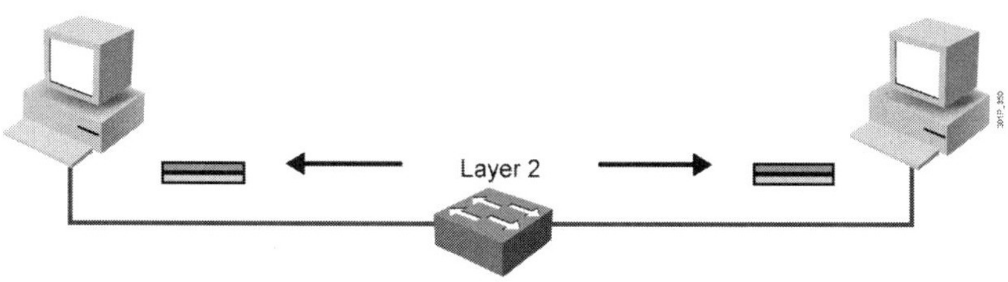

계층 2 장치는 물리적 매체와 함께 인터페이스를 제공한다.
예 : NIC, 브리지(bridge), 스위치(switch)

② 계층 2 주소

호스트 통신은 계층 2 주소를 필요로 한다. 이 주제는 호스트 간 통신 모델에 적합한 계층 2 주소가 어디인지를 다룬다.

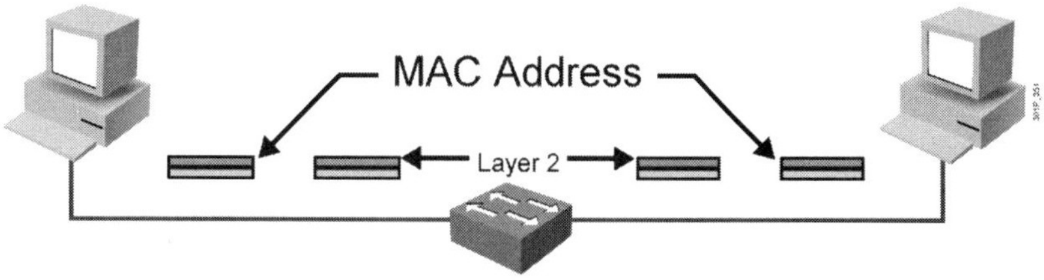

- MAC 주소
- 엔드 디바이스를 할당

3) 계층 3(Layer 3)

① 장치 및 기능

이 주제는 호스트-호스트 통신 모델에 적합한 계층 3 장치가 무엇인지를 다룬다.

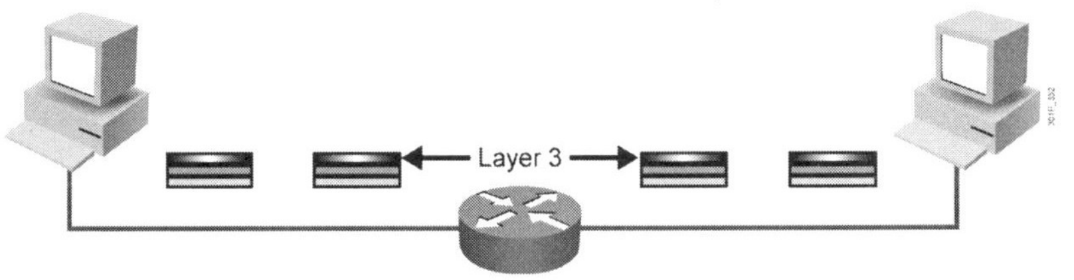

- 네트워크 계층은 두 개의 호스트 시스템 사이의 연결도 및 경로 선택을 제공한다.
- 호스트에서는 NOS의 상층부 레이어와 데이터 링크 레이어 사이의 경로이다.
- 라우터에서는 네트워크를 가로지르는 실제 경로이다.

② 계층 3 주소

이 주제는 호스트-호스트 통신 모델에 적합한 계층 3 주소가 어디인지 설명한다.

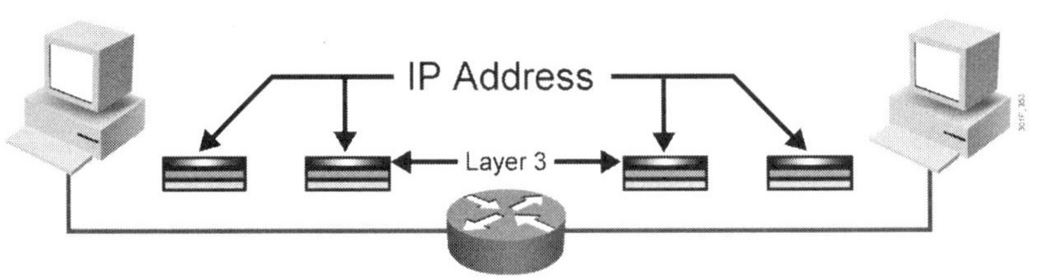

- 각 NOS는 자신의 계층 3 주소 형식을 가지고 있다.
- OSI는 NSAP를 사용한다.
- TCP/IP는 IP를 사용한다.

5.4 실험 결과 및 고찰

실험제목				평 가	
소 속					
실 험 조	조		인원	실험일자	
학 번					
성 명					

1. 네트워크 장비의 동작을 계층별로 분류하시오.
2. 허브와 스위치의 다른 점에 대해 설명하시오.
3. 아래의 그림이 대표적인 기업망에서 구축되는 사례이다. 대학 캠퍼스의 경우 각 동별로 중대형 스위치가 설치되어 구성된다.
4. 몇 가지 특징을 살펴보시오.
   ① 고속 네트워크로 구성
   ② Backbone은 Mesh 및 Star Topology로 구성
   ③ Sub Network은 Tree 형태의 구성
   ④ 스위치를 중심으로 10~100Mbps의 단말 접속
   ⑤ 외부 네트워크와의 연결을 위한 인터넷 접속 구성
   ⑥ Server Farm 연결을 위한 네트워크 구간별로 구성
5. 네트워크 장비를 서로 연결할 때 크로스오버 케이블을 사용해야 하는 장비들은 무엇인가?
6. Packet tracer를 이용하여 구성도와 같이 네트워크를 구성하시오.

■ TCP/IP 프로토콜 설정

PC	IP	서브넷	게이트웨이	DNS
PC0	192.168.1.10	255.255.255.0	192.168.1.1	설정 안함
PC1	192.168.1.20			
PC2	192.168.1.30			
PC-CT	192.168.1.40			

① Ping(상대방 pc의 ip 주소)

② C: 〉ping192.168.1.10

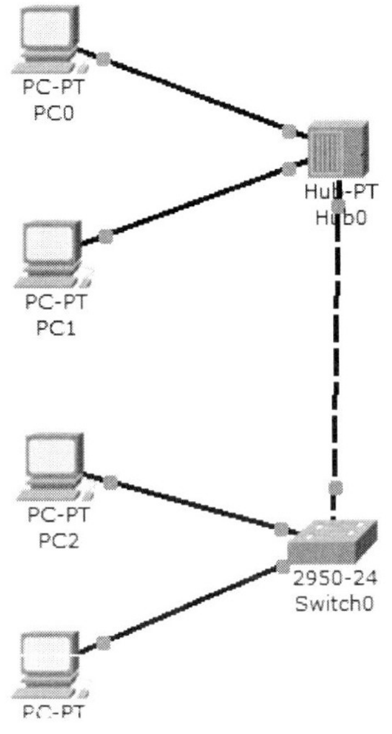

[그림 5.16] 네트워크 구성도

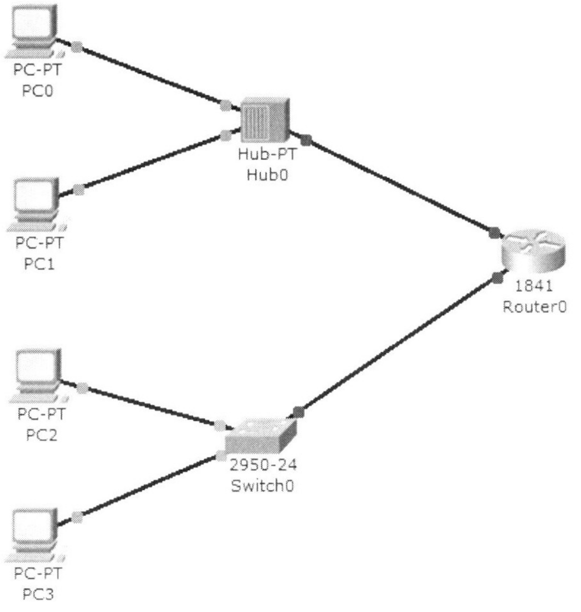

[그림 5.17] 스위치를 이용한 네트워크 구성도

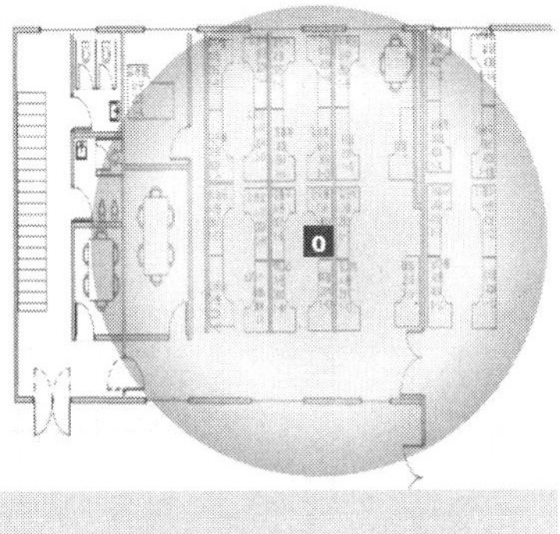

제 6 장

무선 네트워크 구축 사례

- 6.1 지하철 무선 네트워크 사례
- 6.2 산불감지 시스템 사례
- 6.3 소호무선 네트워크 사례
- 6.4 실험 결과 및 고찰

6.1 지하철 무선 네트워크 사례

6.1.1 지하철 무인운전

신분당선 강남~정자 구간이 무인운전을 콘셉트로 중량전철로는 국내 최초로 개통하여 정상운행을 함에 따라 철도 분야에서는 RF-CBTC에 대한 높은 관심을 갖고 있다. 지상과 차량 간 연속적인 양방향 무선통신으로 열차의 위치를 검지하고, 실시간으로 열차간격을 연산하여 진로를 제어하는 방식이다.

현재 RF-CBTC System은 궤도회로를 이용한 고정폐색 시스템(FBS) 방식보다 개량된 양방향 통신을 이용한 이동폐색 방식을 적용시켜 운전시격단축으로 인한 높은 선로이용률, 차상과 지상 장비 간 양방향 통신에 의한 유연한 열차운영, 지상설비의 고밀도화로 인한 유지보수 비용절감 등을 가능하게 한 첨단신호 시스템이다. 이동폐색 시스템은 크게 열차자동방호장치(ATP), 열차자동운전장치(ATO), 열차자동운행감시장치(ATS)로 구성되어 있다.

ATO(Automatic Train Operation)는 속도조절, 사전 설정된 프로그램에 의한 정확한 정차, 열차출입문 통제 및 성능 레벨 규제 등 Non-Vital 기능들을 수행한다.

ATS(Automatic Train Supervision)는 시스템 상태를 감시하며, 열차운용 지시를 위한 제어 기능을 제공하고, 트래픽 흐름을 유지하며, 열차지연으로 인한 영향을 최소화하고, 중앙집중 전송 인터페이스를 제공한다.

ATP(Automatic Train Protection)는 열차의 안전한 보호 및 운용을 책임진다.

신분당선 강남~정자 구간 무인운전의 기능구현을 위한 현장설비, 소프트웨어, 장비 간 인터페이스 등 많은 시험 및 시운전의 이해를 돕고 시스템의 안정적인 정착과, 운용 유지보수를 원활하게 하고자 한다.

6.1.2 RF CBTC 시스템

신분당선 강남~정자 구간 RF-CBTC(Radio Frequency Communication Base Train Control)는 [그림 6.1]과 같이 차상 안테나와 지상 안테나 간에 무선으로 정보를 송·수신하고 이 정보는 신호설비들을 통해서 종합관제센터에 현시한다. 반대로 종합관제센터의 제어명령은 신호설비들을 통하여 지상 안테나를 통하여 차상장치에 전달된다.

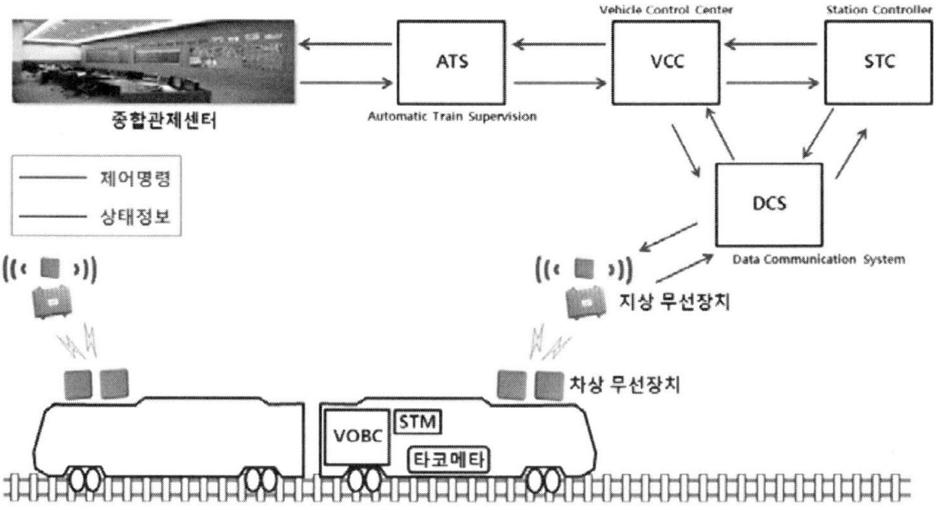

[그림 6.1] 시스템 계통도

6.1.3 지상설비

1) 중앙제어장치

중앙제어장치(VCC : Vehicle Control Center)는 현장설비들과 연결되어 안전과 관련된 운영을 담당하는 주요 제어장치로 CBTC(Communication Base Train Control) 시스템을 이용하여 안전한 열차운행이 가능하도록 운행 중인 모든 열차 및 지상설비들과 제어구간 내에 있는 모든 열차와 실시간 양방향 통신을 한다. VCC는 이동폐색 시스템에서 진로연동, 열차 간 안전한 이격과 열차자동운행이 확실하게 이루어질 수 있도록 하는 역할을 하며, 열차제어 시스템의 ATP 및 ATO 기능을 제공한다.

VCC는 폐쇄된 궤도나 장애발생선로전환기와 같은 장애물 및 최종위치 확인된 선행열차의 후미에서부터 안전제동거리를 확인하여 열차 간 최소안전거리를 유지하도록 한다.

2) 역제어장치

역제어장치(STC : Station Controller)는 연동역에 설치되는 연동장치로서 선로변의 ATP/ATO 기능을 수행하기 위해 VCC와 연계하여 작동한다.

STC는 신호기, 선로전환기, 열차출입문 및 승강장 스크린도어를 제어하고, 역사제어장치인 LMC와 인터페이스를 제공한다.

3) 승강장 스크린도어 인터페이스 장치

비연동역에 설치되는 승강장 스크린도어 인터페이스 장치(PDIU : Platform Door Interface Unit)는 ATS, VCC 및 차상제어장치 등을 통해 승강장출입문제어장치(PSD)를 감시 및 제어하고, PSD로부터 수신한 PSD 상태 정보를 VOBC와 VCC로 전송한다.

4) ACE

ACE(Axel Counter Evaluation)는 지정된 블록 내에 열차가 점유하고 있는지의 여부를 감시하는 장비로서 현장설비인 EAK 전자 장비로부터 블록 내의 진입 또는 진출하는 차축수의 정보를 받아 열차점유 상태를 검지한다.

5) 데이터 통신 시스템

각 역의 신호기계실에 설치되는 데이터 통신 시스템(DCS : Data Communication System)는 VCC 및 STC로부터 수신받은 열차제어정보를 지상무선장치함으로 인터페이스해 주는 역할을 한다. DCS는 보안장치 SD(Security Device)를 이용하여 인증암호화를 적용 후 모든 송 · 수신되는 메시지에 보안 기능을 제공하며, 무선통신의 완벽한 보안을 위하여 내 · 외부 네트워크 간에는 물리적 보안장치(SD)를 설치하고 소프트웨어적으로도 보안 기능을 추가하여 완벽한 무선 네트워크 보안을 구축한다.

6.1.4 현장설비

1) 신호기

신호기는 분기부의 안전한 열차운행의 가부를 지시하기 위하여 설치되는 설비이며, 열차이동권한에 따라 정지 및 진행을 표시한다.

2) 선로전환기

하나의 선로에서 다른 선로로 분기하기 위하여 분기기점에 설치된 궤도설비의 방향을 전환시키는 장치이다.

3) 차축검지기

차축검지기(axel counter)는 분기부의 안전을 확보하기 위해 설치한 시설물이며, 열차가 [그림 6.2]와 같이 진행 방향으로 1번 차축검지기를 통해서 진입하면, EAK를 통해서 열차차축의 정보를 수신한 ACE는 열차의 진입 여부를 인식하고, 2번 차축검지기를

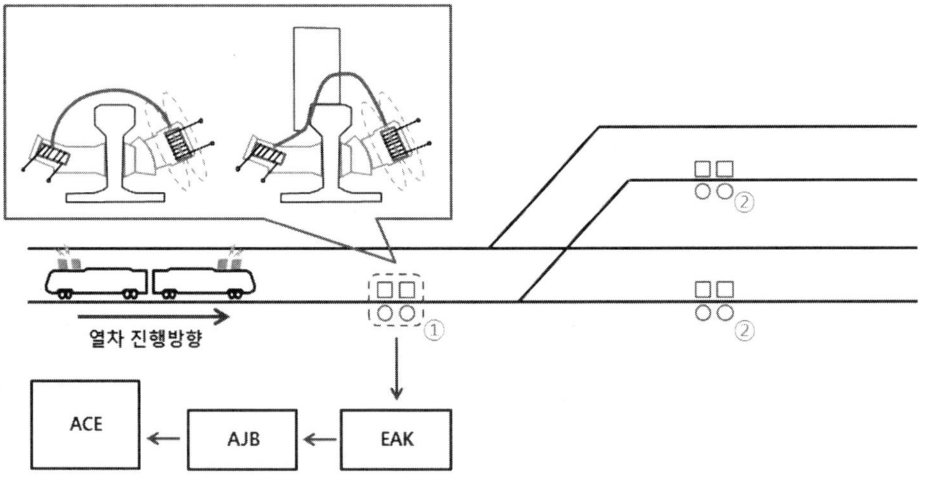

[그림 6.2] 차축검지기 계통도 및 동작원리

통과하여 진출하면 ACE는 진입한 열차의 차축을 인식하고 있는 수와 진출하는 차축의 수를 연산한다.

위와 같이 동작원리는 진입한 차축의 수와 진출한 차축의 수가 동일하면 이상 없음을 판단하여 미점유 상태를 현시하고, 동일하지 않으면 열차가 블록 내에 점유 또는 이상이 있다고 판단하여 이상정보를 종합관제센터에 현시한다.

4) 트랜스폰더 태그

트랜스폰더 태그는 차상장치인 VOBC가 열차의 이동거리에 대한 위치판단을 위해 사용되는 절대기준정보이다. 트랜스폰더 태그는 25m 간격으로 설치되어 각각 고유의 ID를 가지고 있으며, 위치정보를 열차에 제공해 줌으로써 열차의 위치를 파악하게 한다.

5) CBTC AP

선로변에 설치되는 지상무선통신장치는 차량에 설치되는 차상무선통신장치 간의 연속적인 무선 데이터 통신을 제공하는 통신설비로 열차이동과 감시 및 제어를 위한 핵심설비이다.

6.1.5 관제설비

1) 자동열차감시장치

자동열차감시장치(ATS : Automatic Train Supervision Center) 시스템은 신호설비인

VCC, 차상제어장치(VOBC) 등과 인터페이스하여 열차제어 시스템의 전반적인 관리 기능을 하여 열차의 자동제어와 감시 기능을 제공한다. 데이터 통신장치와 신호기계실 간 통신은 2중계로 구성된 광케이블을 이용하며, 운영관제센터 내부 인터페이스는 100Mbps 이상의 LAN 및 데이터 통신체제가 구축되어 있다. ATS의 주 기능은 실시간 열차 위치, 상태 그리고 현장설비 상태를 관제사에게 알려주는 것이다.

2) TCMS Console

열차제어 시스템의 원격차량제어 및 상태표시장치로 종합관제센터에 설치되어 본선 운행 중인 차량들의 주요 운행 상태 및 고장정보를 표시하고, 차량의 일부 기능들을 원격으로 제어한다.

차량운행장애에 대한 응급조치를 할 수 있도록 종합관제센터에서 차량 TCMS로 일부 제어정보를 전송함으로써 효과적인 무인운전 시스템을 구현한다.

3) 차내화상정보전송장치

차내화상정보전송장치는 차상화상설비, 지상화상설비, 관제화상설비로 구성되며, [그림 6.3]과 같이 열차 내부에 CCTV가 설치되어 객실의 상황이 담긴 정보를 실시간으로 무선통신을 통해 종합관제센터에 전달하여 관제사 및 안전요원이 신속한 대처를 할 수 있도록 한다.

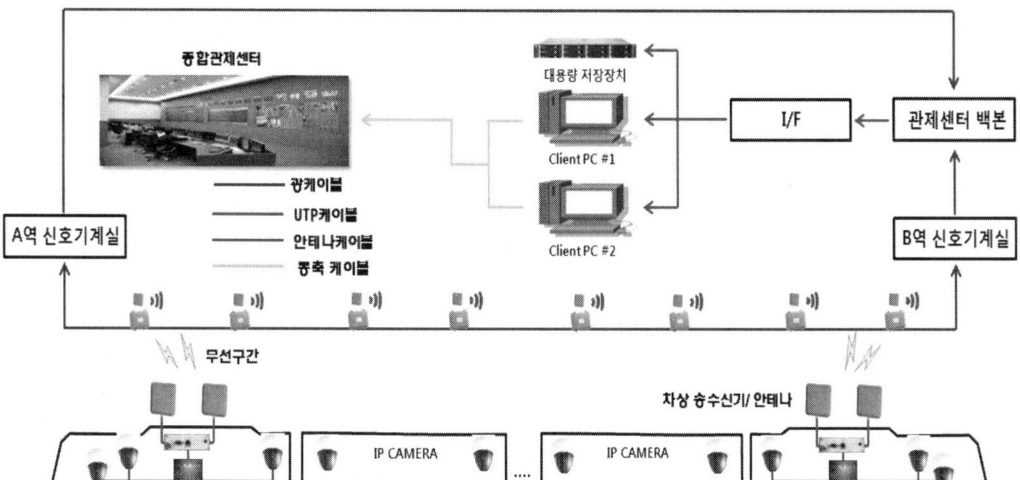

[그림 6.3] 차내화상정보전송장치 계통도

4) 차상제어장치

차상제어장치(VOBC : Vehicle On-Board Controller)는 지상 ATP/ATO 기능을 담당하는 VCC와 연속적으로 통신하고, ATP 감시 하에 역행, 제동 및 열차/승강장 출입문제어를 담당한다. 하나의 열차에 2중계의 VOBC를 탑재하고, 만약 Active 상태인 VOBC가 지상 VCC와 두절되면 Standby 모드로 대기하고 있는 VOBC로 절체되어 열차운행이 가능하다.

6.2 산불감지 시스템 사례

산불감지 시스템은 현재 사람이 산 위에서 산불이 발생하는 것을 감지하고 있으나 야간 또는 안개가 발생하여 시야 확보가 되지 않을 경우 산불 확인이 불가능하다. 이럴 경우 CCTV 카메라를 산 정상이나 계곡에 설치 후 Wi-Fi망을 이용하여 관제실로 CCTV 카메라 영상 데이터를 전송하여 도심에서도 산 정상의 상태를 확인할 수가 있다.

6.2.1 시스템의 구성도

1) 시스템 본체

- 회전각도 Pan 0° to 355° Endless / Tilt −90° to +20°±5°
- 회전속도 Max Pan 0.01°~ 50°/sec/Tilt 0.01°~20°/sec
- 128개소의 위치를 제어할 수 있는 preset 기능
- 열영상, CCD 카메라, 메가픽셀, LRF 통합탑재
- 카메라 제어, 시스템 제어, 회전제어부로 구성
- CCD 및 열영상 카메라 영상선택 릴레이 스위치
- 방위 센서 보드 내장
- 시스템 전원 DC 24V, 12V, 5V 및 시스템 연동 통신 Board 지원
- 사용온도 −30도~+70도
- 사용습도 100%
- 2단 조립 분리형
- 크기(W×H×D) 690mm×580mm×320mm

- 무게 · 재질 · 형태 : 25kg, ABS(하우징), 알루미늄 다이캐스팅(Pan-Tilt)
- 냉 · 온 자동 센서

2) 열영상 카메라

- MATERIAL, STRUCTURE & FORMAT : Amorphous Silicon Microbolometer (320×240 pixel array)
- SPECTRAL RESPONSE : 7～14μm(filter bandwidth)
- THERMAL SENSITIVITY : <50mK
- REFRESH RATE : Real-time 9Hz
- START-UP TIME : ～4 seconds
- CONTRAST/BRIGHTNESS : Advanced Image Processing
- SATURATION TEMPERATURE : 1100°F +/−10% w/auto electronic iris
- RANGE TO DETECT HUMAN ACTIVITY : Up to 775ft(235m)
- FOV ALTERNATIVES : 50°×37.5°
- FOCUS METHOD : Manual adjustment only, Athermalized
- F/# : 1.0
- ANALOG OUTPUT : NTSC (color); Real-time 9Hz Frame Rate — PAL (color); Real-time 9Hz Frame
- Rate
- DIGITAL OUTPUT(OPTIONAL) : Full-resolution, 16-bits(corrected or uncorrected) or 24-bits
- (RGB color), plus control signals
- OUTPUT RESOLUTION : NTSC : 640×480 pixels for higher-clarity thermal images & symbology
- overlay PAL : 768×574 pixels for higher-clarity thermal images & symbology overlay
- CUSTOMIZABLE ABSOLUTE COLOR : 3 OEM selectable color points are mapped to selectable absolute
- tempera
- INPUT VOLTAGE : 8 to 32VDC
- INPUT POWER : ～ 2.0W @ 25°C ambient, 12VDC
- CAMERA SETUP USB(compatible with the USB 2.0 specifications)

- WEIGHT : 3.8oz(108g) without optics
- OPERATING TEMPERATURE : −4°F to 185°F(−20°C to 85°C)
- STORAGE TEMPERATURE : −40°F to 221°F(−40°C to 105°C)

3) 일체형 줌카메라

- Powerful 43x optical zoom(3.2∼138.5mm) and 16x digital zoom
- Motion adaptive digital noise reduction(3D+2D)
- Powerful dynamic range of 128x(NTSC), 160x(PAL) : SCZ-3430
- True Day & Night(ICR)
- VPS(Virtual Progressive Scan)
- High resolution of 600TV lines(Color), 700TV lines(B/W)
- Min. illumination of
- 0.7Lux@F1.65 : SCZ-3430/0.2Lux@F1.65 : SCZ-2430(color)
- 0.07Lux@F1.65 : SCZ-3430/0.02Lux@F1.65 : SCZ-2430(B/W)
  0.001Lux@F1.65 : SCZ-3430/0.0004Lux@F1.65 : SCZ-2430(color sens-up)
- Privacy masking with 12 programmable zones(polygonal mosaic)
- Backlight Compensation(area setting)
- Advanced motion detection function
- High shutter speed control by external trigger
- Coaxial & RS-485 control
- 512x sens-up support
- Multi-Language OSD
- Intelligent video(moved/fixed)
- S/N ratio of 52dB
- Dual voltage : 12V DC/24V AC

4) NVS(Network Video Server)

- 영상 압축 코덱 : MPEG4-AVC/10(H.264)
- 영상 입력 : 1채널 CCD, CMOS, CVBS(Composite Video Banking Sync)
- 초당 최대 프레임 수 : NTSC(30프레임), PAL(25프레임)
- 음성 입력 : 1채널 BNC(2.0Vp-p 1K Ohm)
- 음성 압축 코덱 : H.329, MP4(16kbps)

- 음성 출력 : 1채널 RCA(600 Ohm)
- 스트리밍 종류 : 영상 단독, 영상/음성 동시
- 비트레이트 : 32~2,048kbps
- 네트워크 포트 : RJ45(10M/100Mbps)
- 제어 포트 : RS-232 및 RS-485(각 1개씩)
- 릴레이 출력 : 1채널(DC 12V/20mA 또는 릴레이를 가진 AC전원)
- 알람 입력 : 1채널(DC 5V 또는 NC/NO)
- 전원 : DC 12V(소모전력 : 3W)

5) LRF(Laser Range Finder)

- Laser type : 905nm, eye-safe
- Measurement range : 1~6,000m
- Distance measurement accuracy : ±1m
- Azimuth measurement range : 6,400mils/360Ω
- Elevation measurement range : ±60Ω
- Azimuth measurement accuracy : ±1Ω
- Elevation measurement accuracy : ±1Ω
- Distance resolution : 1m/(0.1*)
- Measurement time : 1mrad
- Power source : 9V DC
- Dimensions : 230×210×95mm
- Weight : 2.6kg

6) GPS

- Dimensions 78×14×9cm
- Azimuth accuracy 0.5 degrees
- Pitch and roll accuracy 0.5 degrees
- Level compensation +/−15 degrees
- Positional accuracy − GPS 5m CEP
- Positional accuracy − DGPS 1.5m CEP
- Power supply 18 − 32Vdc
- RS 232 and RS422 serial communications

6.3 소호무선 네트워크 사례

6.3.1 사무실

• 기존 유선 네트워크 환경을 대체할 뿐만 아니라 유선 네트워크 환경과 복합적으로 운용할 수 있다. 이미 구축되어 있는 유선 네트워크는 그대로 사용하면서 조직이 성장하고 인원이 증가할 경우 새롭게 증가하는 컴퓨터만 무선 네트워크 환경으로 구축할 수 있다. 회사의 지속적인 성장에 따라 네트워크에 접속할 필요가 있는 컴퓨팅 자원이 지속적으로 늘어나도 쉽게 네트워크 확장이 용이하다. 또한 조직개편 등에 따른 부서 배치 및 이동 시 네트워크 재구축이 필요 없어 유지보수 비용을 대폭 절감할 수 있다. 뿐만 아니라 고정적인 네트워크의 개념이 이동 네트워크의 개념으로 바뀌어 회사 내 어디에서든지 네트워크 접속이 자유로워 회의실에서 또는 상담업무 시 업무 생산성을 극대화할 수 있는 솔루션이다.

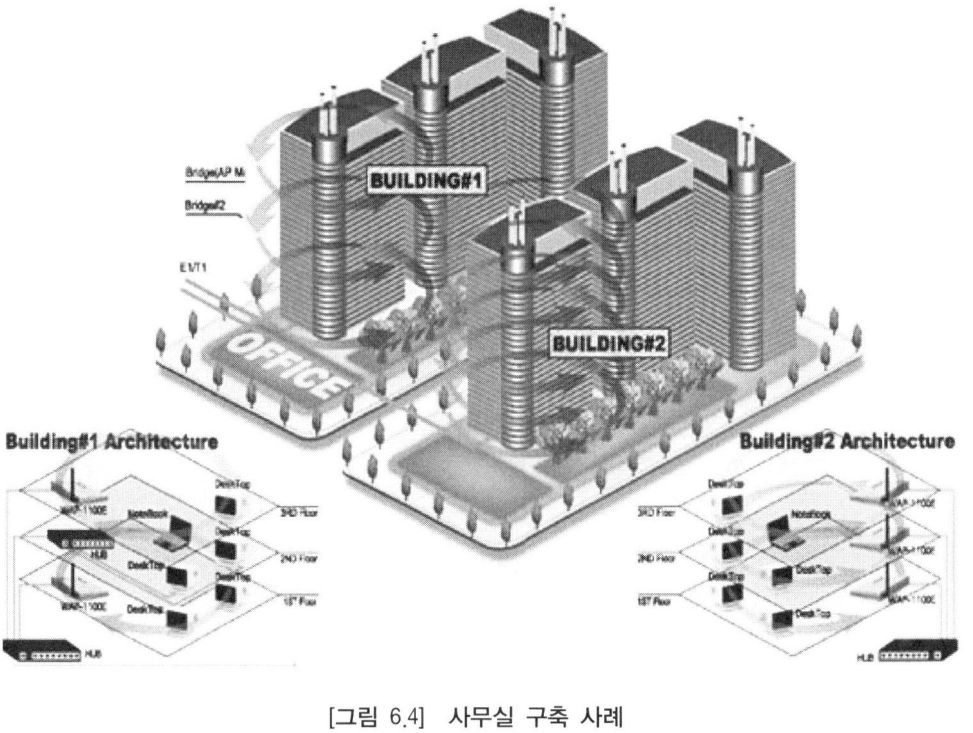

[그림 6.4] 사무실 구축 사례

6.3.2 아파트

아파트 각동 옥상에 옥외용 안테나를 장착한 무선 중계기를 설치하여 아파트 내부와 아파트 단지 전체에 무선랜 서비스를 구축한다. 무선신호가 도달되지 않는 지역은 별도의 중계기를 설치하고 아파트 단지 전체를 하나의 무선랜 구역으로 구축한다. 또한 보안설정을 인증된 사용자만 차별적으로 사용 인증이 가능하게 구축한다.

신규 인터넷 사용자에 따른 네트워크 공사가 불필요하며, 유지보수 비용이 절감된다. 차별화된 사이버 아파트로 입주자 욕구를 충족시킨다.

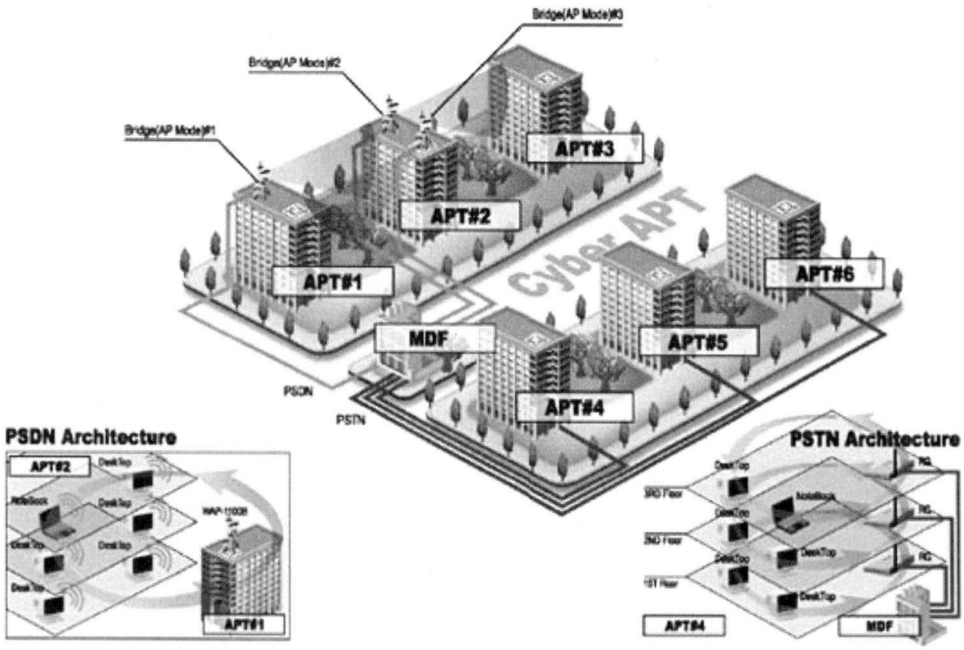

[그림 6.5] 아파트 구축 사례

6.3.3 대형 건물

복잡한 매장에 네트워크 선을 포설할 필요 없이 무선으로 중앙 컴퓨터와 각 매장의 포스 단말기를 연결할 수 있어 매장의 레이아웃 변경에 따른 추가 네트워크 구축비용이 없으므로 필요에 따라 매장 재배치가 자유롭다.

창고형 매장의 경우 출입구에 최대의 수용 고객을 가정한 포스 단말기 설치에 따른 고정비용을 대폭 절감할 수 있다.

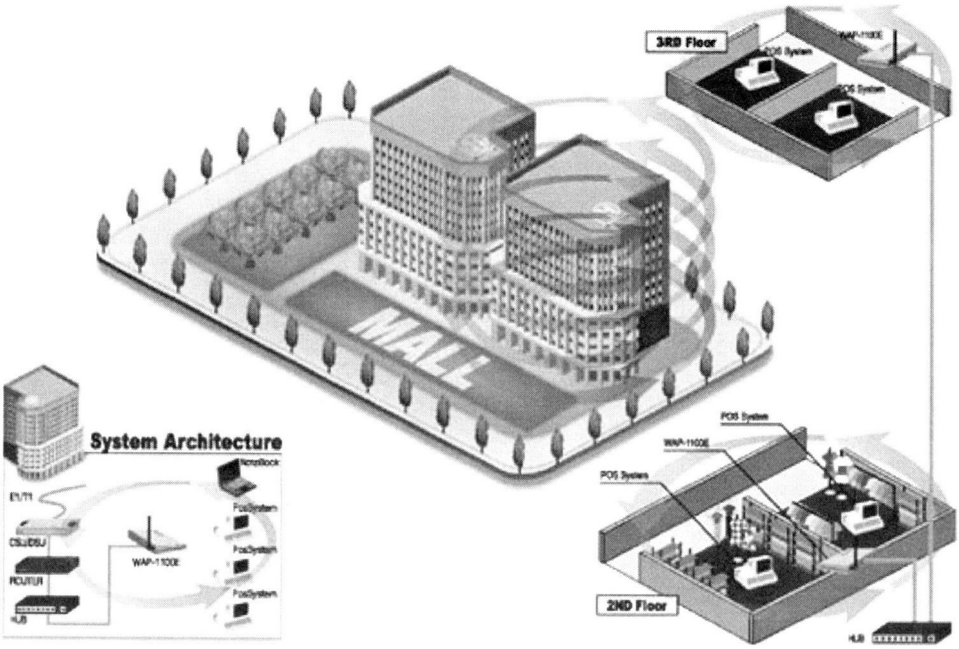

[그림 6.6] 공공건물 구축 사례

내방고객의 변동에 따라 포스 단말기의 증감이 자유롭기 때문에 과다한 설비 구축이 필요 없으며, 필요에 따라 매장의 공간 활용이 자유롭다. 선이 없어 매장 어디든지 자유롭게 이동이 가능할 뿐만 아니라 디스플레이가 중요한 매장에서 레이아웃 변경이 자유롭고 궁극적으로는 고객의 쇼핑 만족도를 극대화할 수 있는 최적의 솔루션을 제공한다.

6.3.4 대학교

중앙 건물에 중계기를 설치하고 다른 동 옥상에 중계기를 설치한다. 중계기 간 브리지로 구성 건물 간 통신을 무선랜으로 구축하고, 건물 주변을 무선랜 지역으로 구성하여 캠퍼스 내 어디서든 무선랜을 사용할 수 있도록 구축한다.

학내 서버와 연계하여 캠퍼스 어디서나 인터넷을 이용한 사이버 강의가 가능하며, 정보 시스템을 이용한 학습 능률의 효과적인 향상이 가능하다.

교육시장 개방과 대학 설립 자유화로 인한 무한경쟁시대에 AcroLAN 무선랜 솔루션은 최첨단 정보통신 네트워크 구축을 통한 학습 환경의 질적 개선으로 대학의 경쟁력 향상과 이미지 개선에 최적의 솔루션이다.

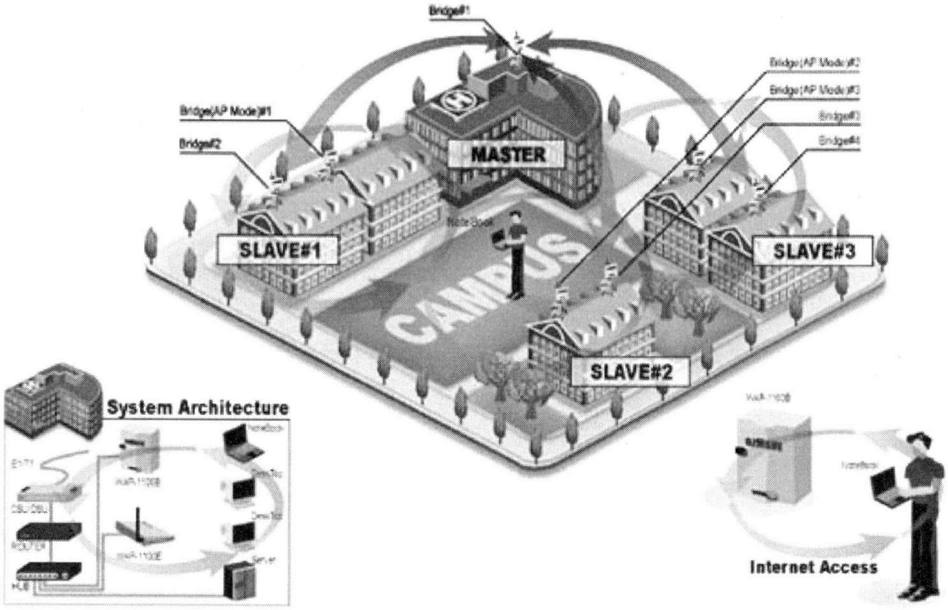

[그림 6.7] 공공기관 및 학교 구축 사례

6.3.5 스포츠 공간

골프장은 특성상 넓은 필드와 산과 나무 등 장애물이 많아 유선 네트워크를 구축하기가 어렵다.

골프장은 비즈니스의 장이다. 골프장 내 네트워크 구축은 고객들에게 각 홀에서 경기 중이나 또는 이동 중 언제 어디서나 PDA나 팜탑 등을 이용해 네트워크에 접속해 실시간으로 증권, 환율, 뉴스 등 정보 서비스를 이용할 수 있는 환경을 제공한다. 뿐만 아니라 경기결과를 실시간으로 클럽하우스 서버로 전송해 일일이 손으로 기록해 결과를 산출하는 원시적인 방법에서 탈출할 수 있다. 또한 경기 도중 미스 샷에 대한 원인 분석 및 교정 등의 정보를 실시간으로 이용할 수 있고, 각 코스에 대한 정보를 실시간으로 이용하는 등 다양한 정보 서비스를 제공함으로써 고객 만족도를 극대화할 수 있다.

6.3.6 대형건물 구축

거리상 인접한 건물 간 3~4개가 하나의 전용선을 공유하는 솔루션으로 고가의 전용선 비용을 획기적으로 절감할 수 있다. 뿐만 아니라 인근 주택이나 사무실 등을 대상으로 네트워크 서비스를 제공하는 마이크로 셀 방식의 무선 네트워크 서비스도 가능하다.

인접한 건물 간 전용선을 무선으로 공유함으로써 전용선 임대비용을 월 80% 이상 절감할 수 있다.

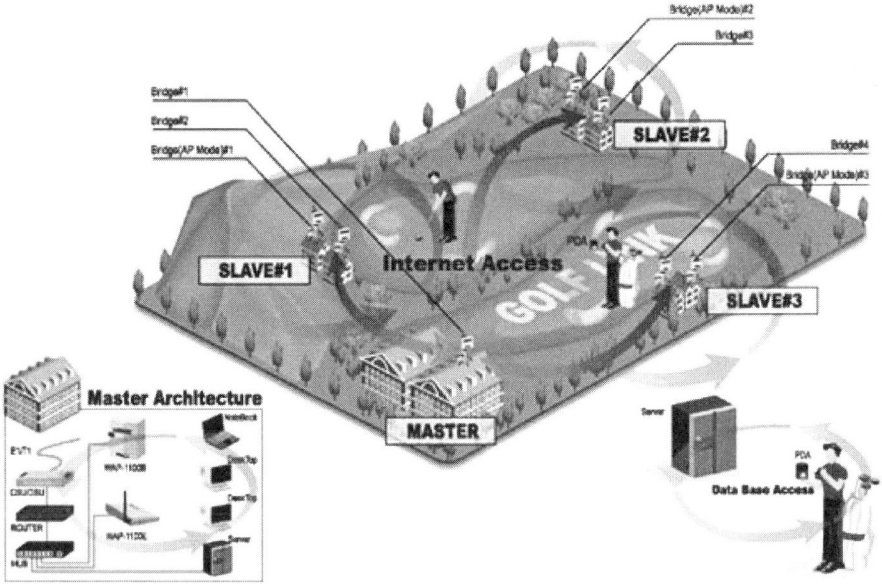

[그림 6.8] 스포츠 시설 구축 사례

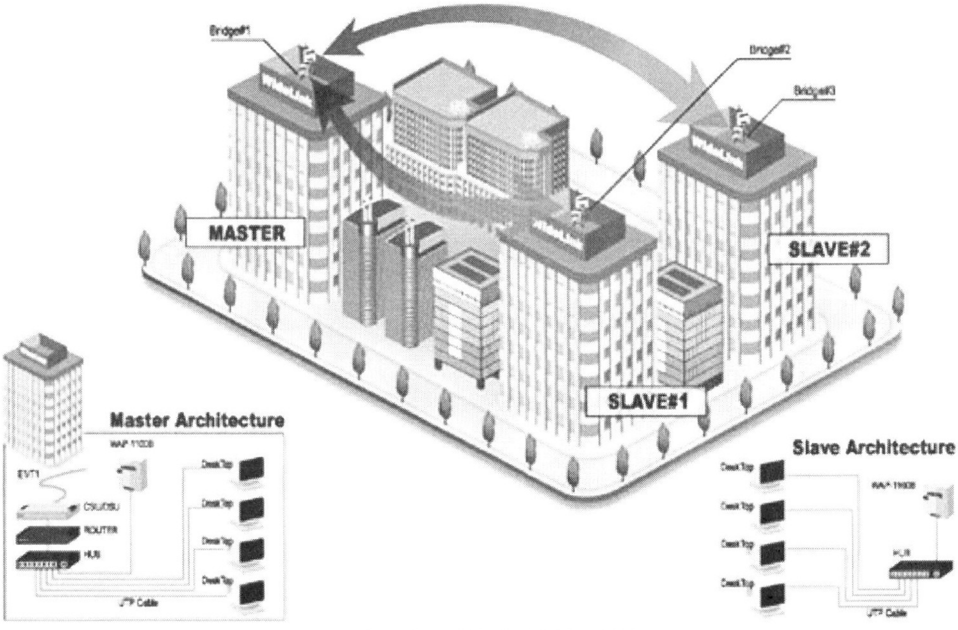

[그림 6.9] 대형건물 구축 사례

6.4 실험 결과 및 고찰

<table>
<tr><td>실험제목</td><td colspan="4"></td><td>평 가</td><td></td></tr>
<tr><td>소 속</td><td colspan="4"></td><td></td><td></td></tr>
<tr><td>실 험 조</td><td>조</td><td></td><td>인원</td><td></td><td>실험일자</td><td></td></tr>
<tr><td>학 번</td><td colspan="6"></td></tr>
<tr><td>성 명</td><td colspan="6"></td></tr>
</table>

1. AP를 사용하여 인터넷을 연결하시오.

① 설치를 진행할 PC를 공유기와 유무선 중 어떤 방식으로 연결할 것인지 선택한다.

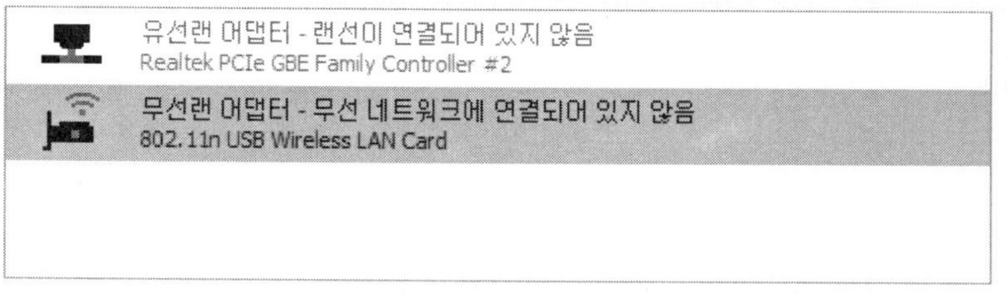

[그림 6.10] 무선랜 어댑터 설정

② 설치도우미 2.04를 지원하는 펌웨어(8.54 이상)가 탑재된 공유기라면, 아래와 같이 "공장 초기화된 ipTIME"이라는 설명과 함께 설치할 공유기가 자동 선택된다.

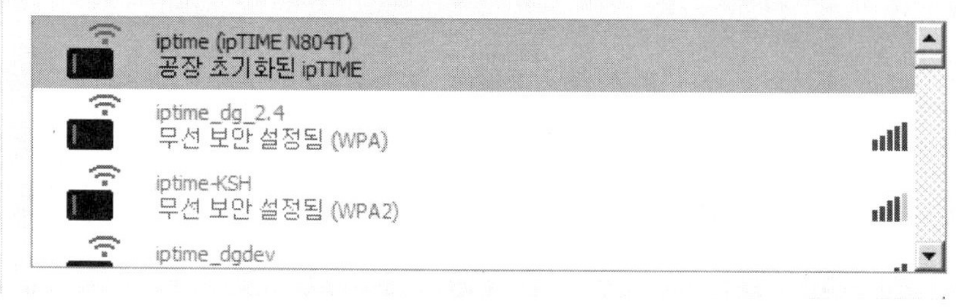

[그림 6.11] 설치할 공유기 선택

③ 설치를 진행할 공유기의 정보가 맞는지 확인한 후, [다음] 버튼을 클릭한다(예 : ipTIME N804T).

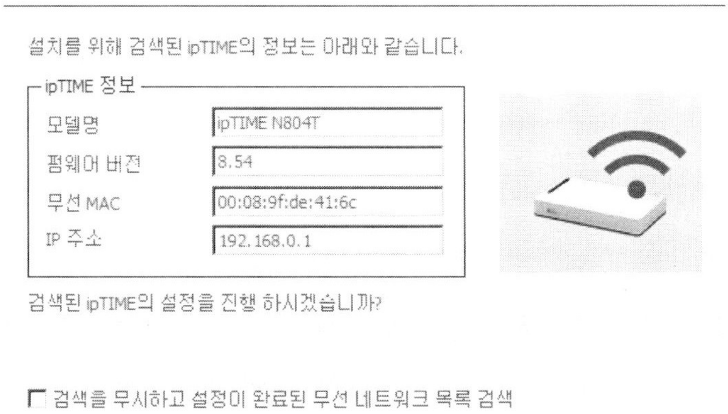

[그림 6.12] 공유기 정보

④ 설치를 진행할 공유기에 관리자 계정이 설정되어 있지 않은 경우, 아래와 같이 관리자 계정을 설정한다. 설정을 원치 않는 경우, 페이지 하단에 위치한 [관리자 계정 및 암호를 설정하지 않고 진행한다] 항목을 체크 후 다음 버튼을 클릭하여 설치를 진행한다.

[그림 6.13] 관리자 계정

⑤ 주변에 같은 무선이름(SSID)을 가진 공유기가 있다면, 장애가 발생할 수 있으므로 원하는 무선이름(SSID)을 입력하고 [중복검사] 버튼을 클릭한다(예 : iptime_mywifi). 또한 안전한 무선인터넷 사용을 위해서 네트워크 암호(8자리 이상)도 입력한다. 중복검사가 끝났다면 [다음] 버튼을 클릭하여, 설치과정을 계속할 수 있다.

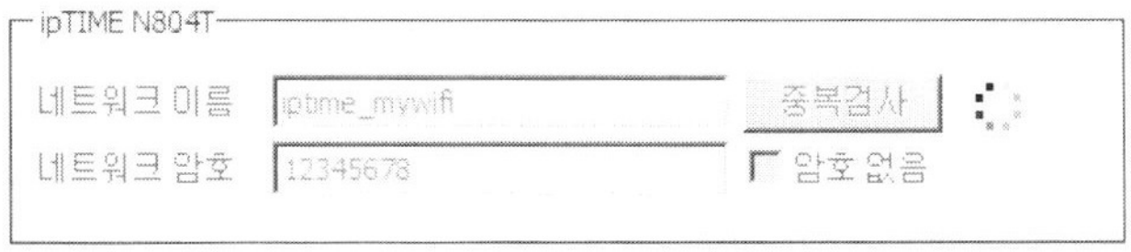

[그림 6.14] 무선이름(SSID) 입력

이것으로 무선설정이 완료되었고, 이어서 인터넷 연결설정이 시작된다. 설명에 따라 공유기 WAN 포트에 인터넷 회선을 연결한 후 [다음]을 클릭하여 설치를 계속한다.

ipTIME 공유기의 모든 설치과정이 완료되었다.

[무선 네트워크 이름 및 암호 보이기] 버튼을 클릭하면 설정한 무선이름(SSID) 및 암호를 확인할 수 있다. 다른 무선기기 연결 시 필요하므로 메모해 두면 편리하다.

내용 확인 후 [마침] 버튼을 클릭하여 프로그램을 종료하고 인터넷을 사용한다.

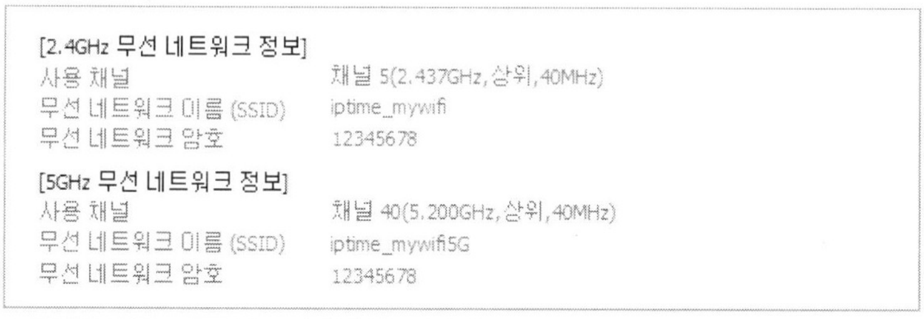

[그림 6.15] AP 무선 네트워크 정보

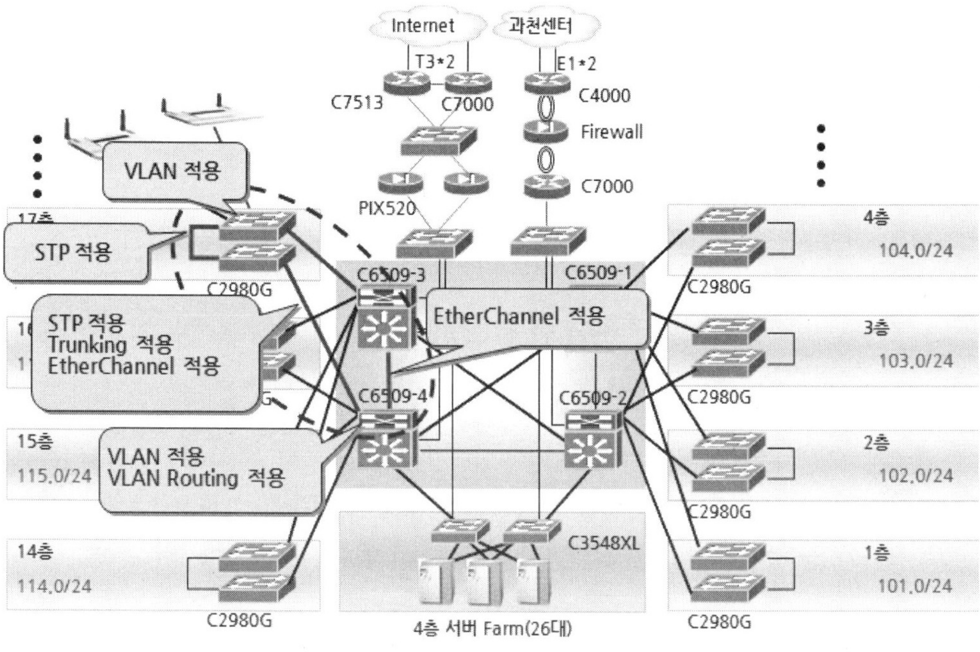

[그림 6.16] 대기업의 본사와 전산센터 구성도

2. 무선통신망 구축 시공에 따른 설치계획 수립하기
3. 무선통신망 구축 시공에 따른 통신장비 설치하기
4. 무선통신망 구축 시공에 따른 안테나 설치하기
5. 무선통신망 구축 시공에 따른 부대설비 설치하기

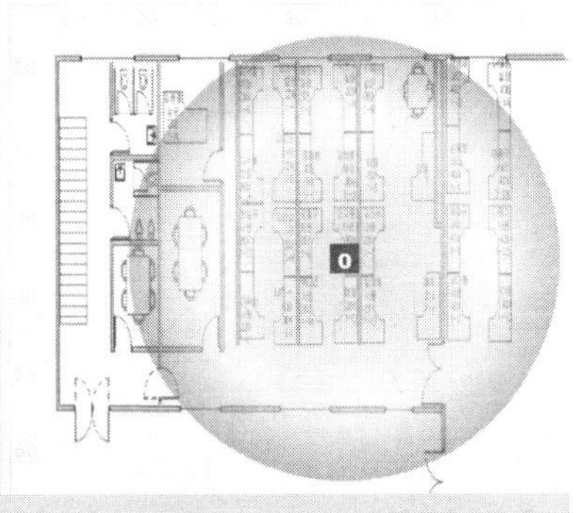

제 7 장

무선 컨트롤러 실습

7.1 실습목적

개별적으로 관리하던 AP를 컨트롤러(controller)에서 통합 관리하므로 네트워크(network) 관리자는 컨트롤러에 접속하여 모든 AP를 통합 관리할 수 있고 컨트롤러가 없는 환경에서는 AP의 SSID를 변경하거나 암호화키를 변경할 때 각 AP에 접속하여 SSID 및 암호화키를 변경하고, 저장하고 재부팅하는 일련의 과정을 AP의 개수만큼 반복하여야 하는 것에 비해 컨트롤러를 사용하면 모든 AP의 SSID와 암호화키를 컨트롤러에서 동시에 변경하기 때문에 쉽고 간편하게 AP의 설정값을 변경할 수 있도록 한다.

이러한 AP의 관리 기능 이외에도 특정 AP에 사용자가 편중되어 개별 사용자의 무선 속도를 감소시키지 않게 각 AP에 고르게 배분될 수 있도록 하는 Load Balancing 기능도 컨트롤러에서 제공하고 또한 주변의 무선랜 간섭으로 인하여 현재 서비스 중인 곳의 채널 변경이 필요할 경우를 파악하여 모든 AP의 무선랜 채널을 재설정하여 최적의 무선 상태를 유지할 수 있게 통합 관리 방법을 익힌다.

7.2 컨트롤러를 이용한 무선랜 구성

컨트롤러와 AP는 동일 서브넷(subnet)에 위치하여도 되고, 다른 서브넷에 위치하여 구성할 수도 있다. 동일 서브넷이라 함은 일반적으로 부르는 허브 또는 스위치로 연결하여 Layer 2로 구성된 네트워크를 의미하며 192.168.0.x와 같은 동일한 IP 대역을 의미하고 다른 서브넷은 라우터(router)로 연결된 Layer 3 Network로서 한 곳은 192.168.100.x이고 다른 곳은 172.16.11.x와 같이 전혀 다른 네트워크를 의미한다.

동일 건물 내에서는 Layer 2이고 본사와 지사같이 위치적으로 멀리 떨어진 곳에서는 Layer 3라 생각하면 된다.

컨트롤러와 AP를 구성한다면 아래와 같이 사용 가능하다.

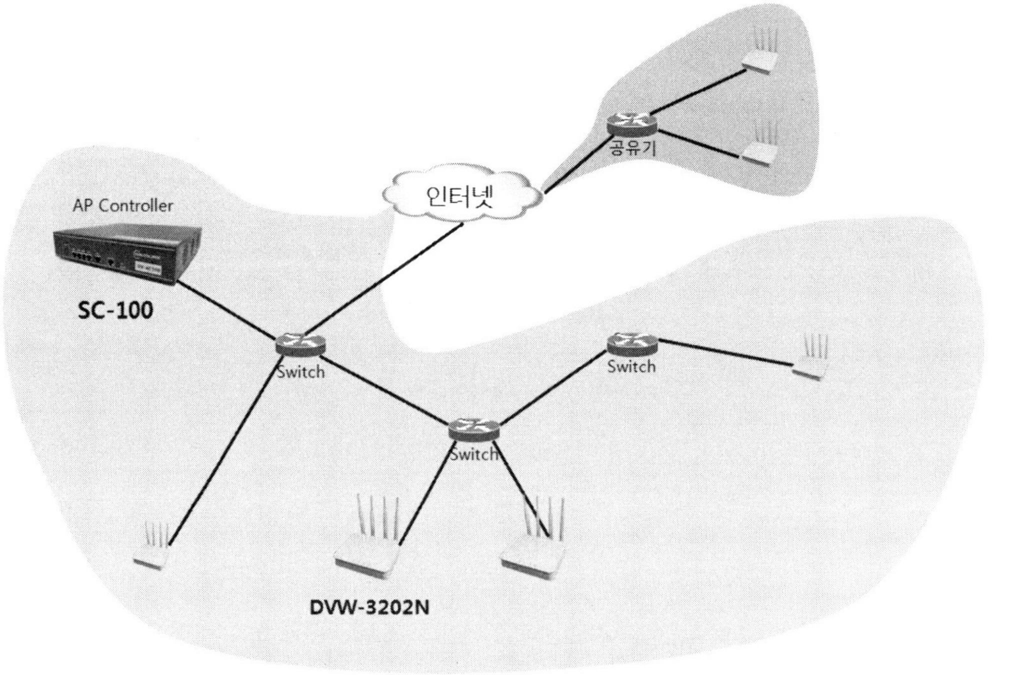

[그림 7.1] SOHO Service Map / Layer 2

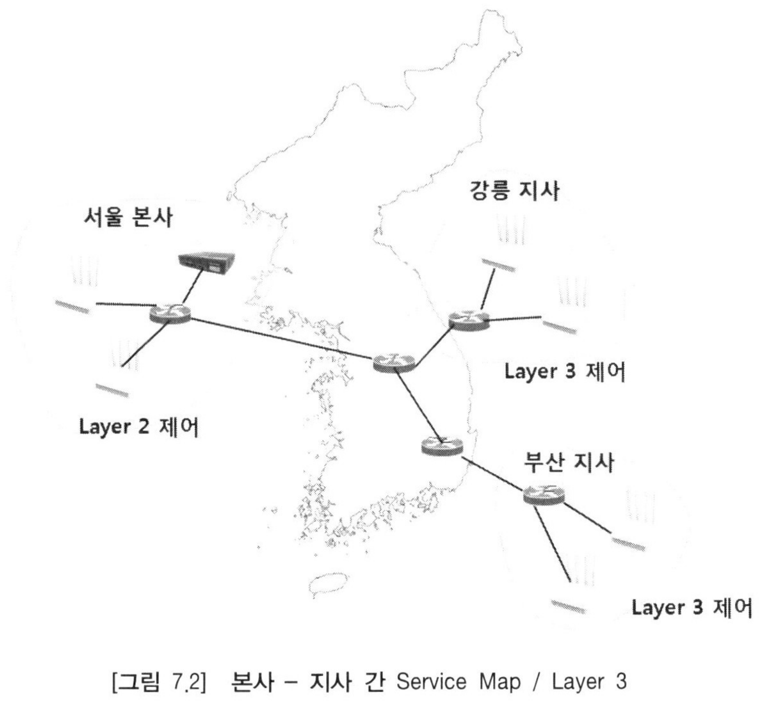

[그림 7.2] 본사 - 지사 간 Service Map / Layer 3

7.2.1 외 형

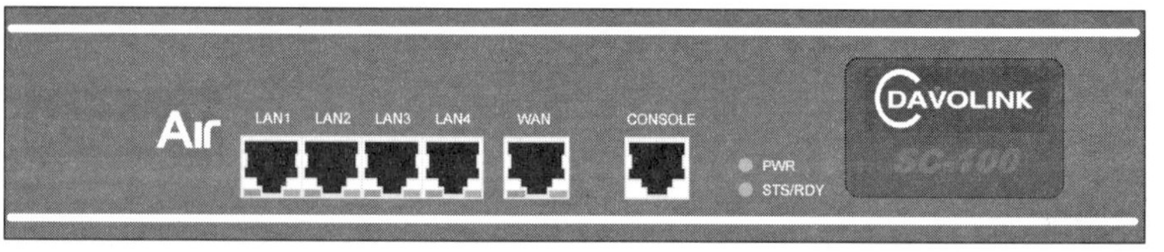

[그림 7.3] 컨트롤러 앞면

LAN 1~4	:	컨트롤러 설정용 포트, 인터넷 접속 불가
WAN	:	인터넷 연결 포트
Console	:	Serial Console 연결 포트
PWR	:	전원 LED
STS/RDY	:	

[그림 7.4] 컨트롤러 뒷면

POWER	:	전원 ON/OFF 스위치
AC 단자	:	AC 전원연결 단자
Earth	:	접지

7.2.2 컨트롤러 연결 방법

AC의 WAN 포트를 Switch 또는 HUB에 연결한다.

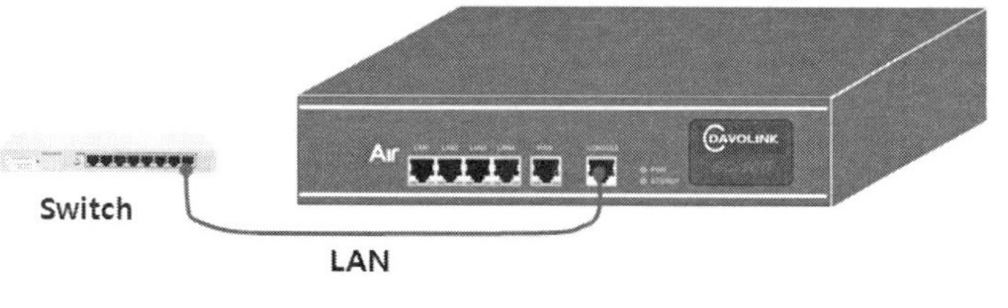

[그림 7.5] AC를 네트워크에 연결 구성도

절차 1. 컨트롤러 및 AP 설정

컨트롤러와 AP 간의 연결설정을 위해 우선 컨트롤러에 사용할 IP 주소를 할당하고 AP에 컨트롤러의 IP 주소를 입력한다. IP 주소 이외에 AP Name을 설정할 수 있는데 컨트롤러에서 AP 등록 시에 AP에서 설정한 AP Name이 컨트롤러에 등록된다(컨트롤러에서 변경한 AP 이름은 AP에 반영되지는 않는다). AP는 부팅 시 지정된 컨트롤러 IP로 연결요청을 시도한다. AP와 컨트롤러 간에는 CAPWAP(Control And Provisioning of Wireless Access Points) 프로토콜을 이용하며 둘 간의 세션(session) 연결 절차는 아래 그림과 같다.

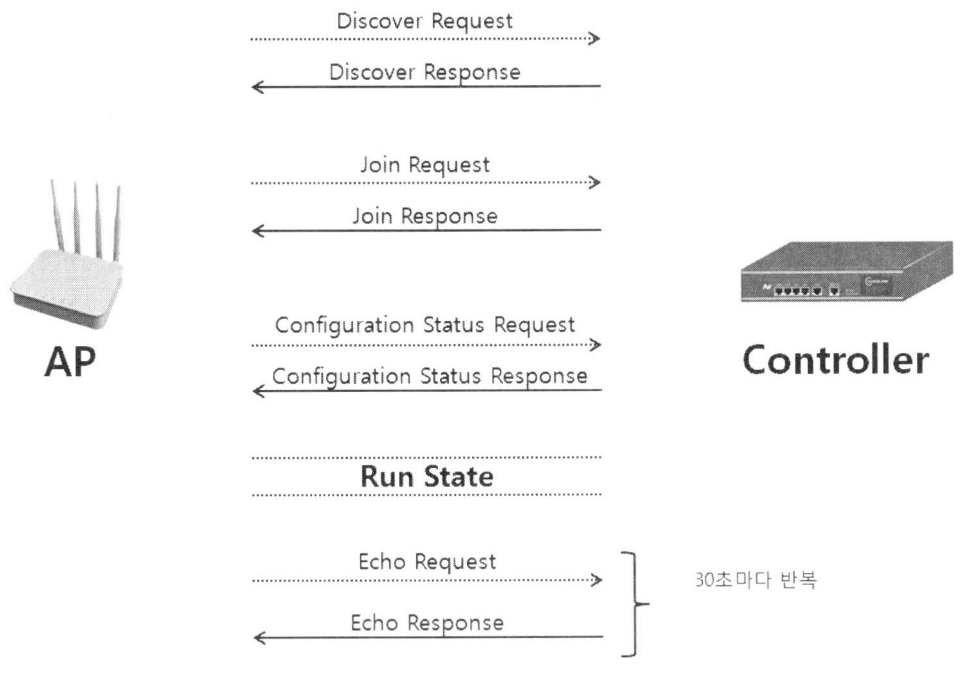

[그림 7.6] CAPWAP 세션 설정 과정

절차 2. AP에 컨트롤러 IP 주소가 설정되면 Discover, Join, Configuration 과정을 거쳐 Run 상태로 진입하게 된다.

과정 1 : Discover Request

과정 2 : Discover Response

과정 3 : DTLS Session Establishment ; 모든 메시지 암호화

과정 4 : Join Request
과정 5 : Join Response
과정 6 : Configuration Status Request
과정 7 : Configuration Status Response
과정 8 : Run State

절차 3. 컨트롤러 기본설정

1) 네트워크 설정

컨트롤러의 LAN 포트에 PC를 연결하면 192.168.1.X 대역을 할당받는다. PC의 WEB Browser에서 http://192.168.1.254:8080으로 접속 후

id : smartair

pw : smartairsc100

으로 컨트롤러의 WEB Page에 접속한다.

[그림 7.7] AC 초기 설정을 위한 PC 연결 구성도

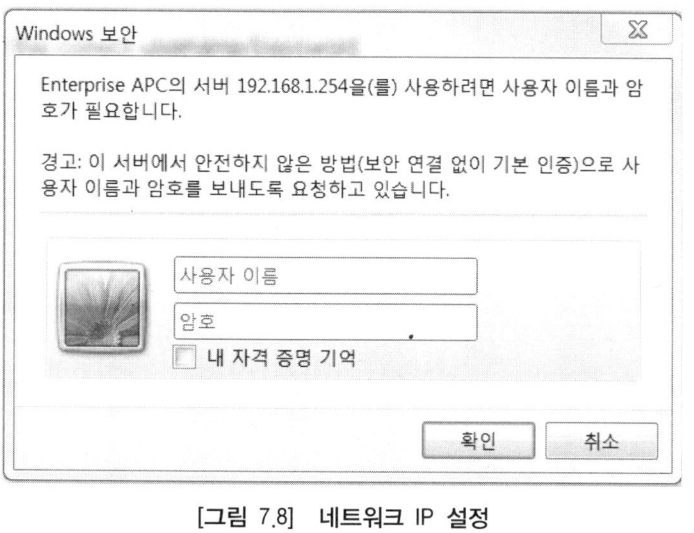

[그림 7.8] 네트워크 IP 설정

절차 4. 네트워크 설정은 System → Network에서 고정 IP 설정을 한다. 컨트롤러의 IP 주소는 변경되면 AP에서 컨트롤러의 IP 주소를 다시 등록해야 하므로 반드시 고정 IP 설정을 한다.

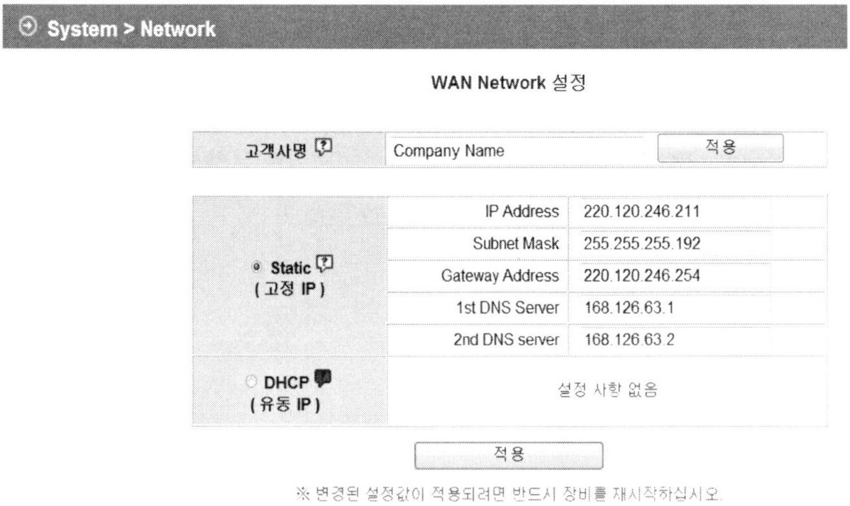

[그림 7.9] WAN 네트워크 설정

절차 5. 고객사명 : 컨트롤러가 설치되는 곳의 대표 이름을 설정

IP 주소를 다시 한 번 확인 후 적용을 누르고 System → Default/Reboot에서 Reboot를 눌러 장비를 재시작하여 설정한 IP 주소를 적용한다. 재시작까지는 약 120초 정도 소요된다. 이후 컨트롤러의 LAN 포트뿐만 아니라 WAN 포트를 통해 컨트롤러에 접속할 수 있다. WAN 포트를 통한 접속 방법은 WEB Browser에서 http://WAN_PORT_IP_Address:8080으로 가능하며 ID/PW는 LAN 포트로 접속 시 사용한 것과 동일하다.

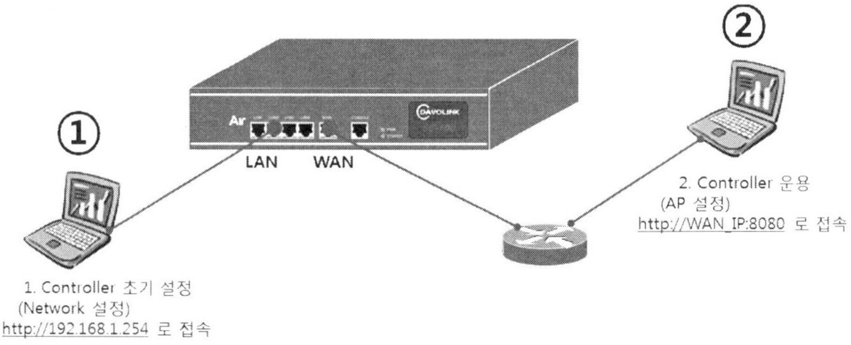

[그림 7.10] 컨트롤러 LAN / WAN 사용

절차 6. 위치 관리

도면 및 지도 파일을 통해 AP의 위치 정보를 기반으로 개별 AP의 상태를 모니터링(monitoring)할 수 있다.

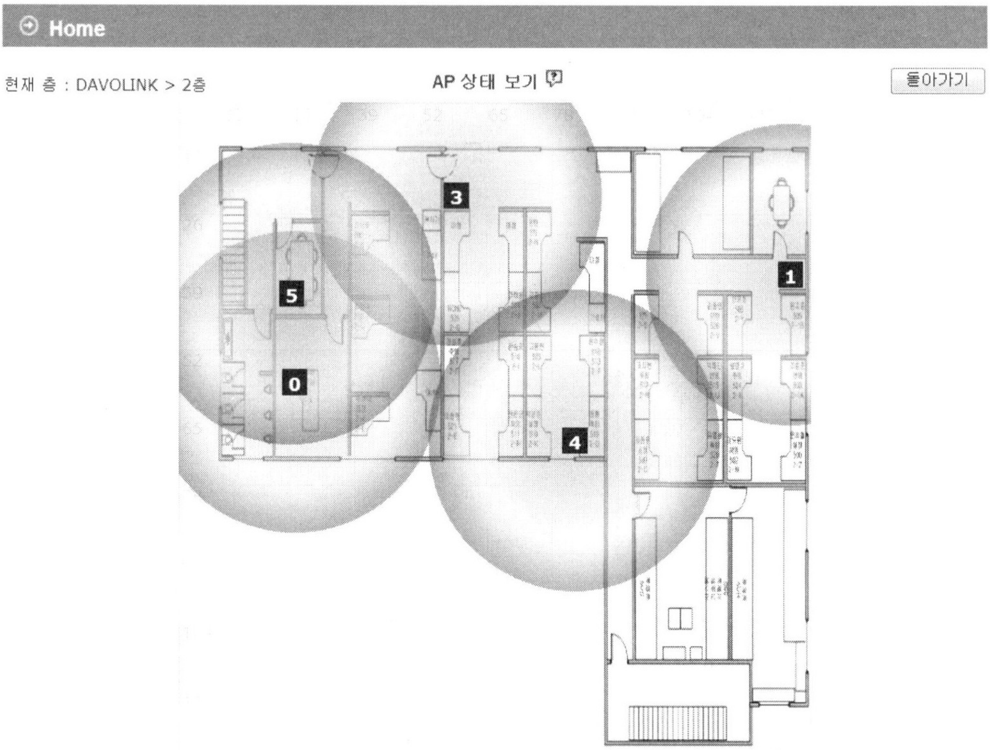

[그림 7.11] **도면 및 위치 정보를 활용한** AP Monitoring

절차 7. DC Adaptor 이용

- HUB 또는 Switch와 AP를 연결하고 DC Adaptor를 이용하여 전원 공급
- AP 설치 위치에 전원 포트가 있을 경우

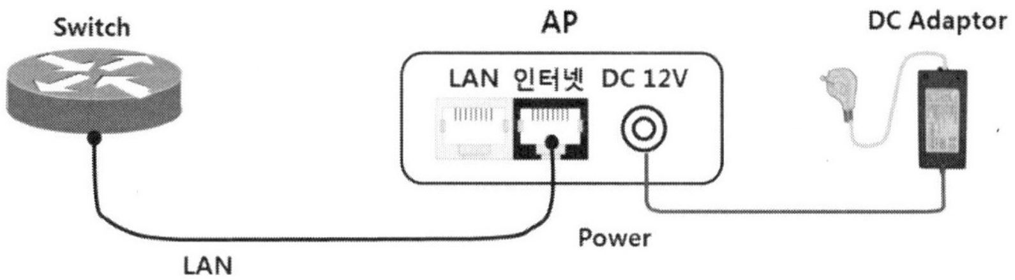

[그림 7.12] Switch와 AP 연결 구성도

절차 8. PoE Injector 이용

HUB 또는 Switch와 PoE Injector를 연결하고 PoE Injector에서 AP로 LAN 케이블을 연결한다. AP 설치 위치에 전원이 없고 Switch가 PoE를 지원하지 않을 경우 아래와 같이 연결한다.

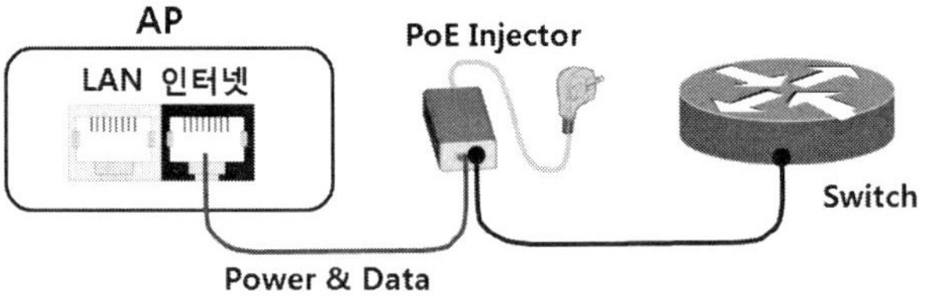

[그림 7.13] Switch와 PoE Injector 연결 구성도

절차 9. PoE Switch 이용

PoE Switch에서 AP를 LAN 케이블을 이용하여 연결한다.

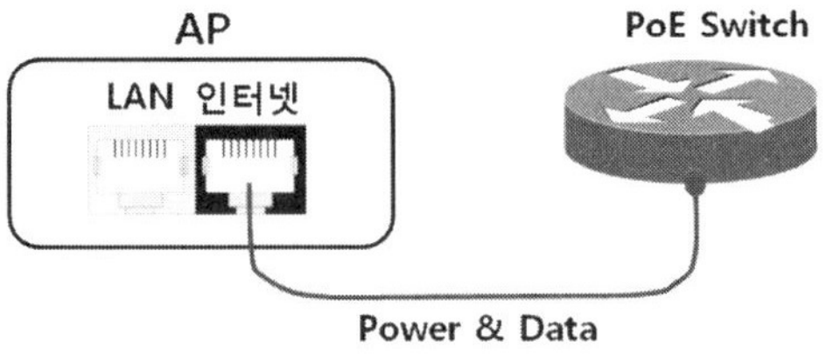

[그림 7.14] PoE Switch에서 AP를 LAN 케이블 연결 구성도

7.2.3 Access Point

1) AP 접속 및 기본설정

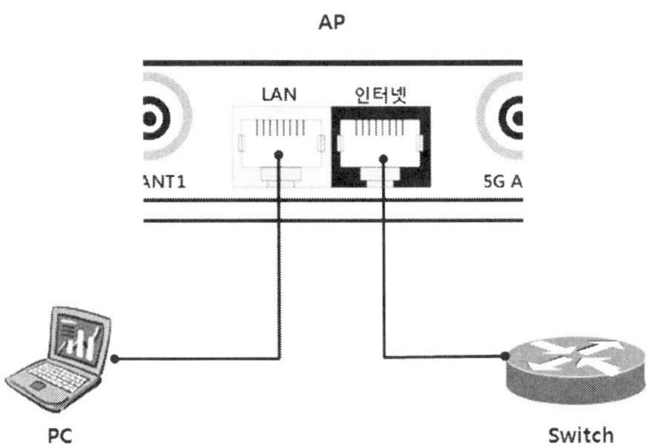

[그림 7.15] AP 기본설정을 위한 PC 연결 구성도

인터넷 케이블을 인터넷 포트에 연결하면 PC의 IP는 자동으로 설정한 후 AP의 LAN 포트에 연결한다.

http://192.168.123.254를 입력하여 AP의 WEB UI에 접속한다.

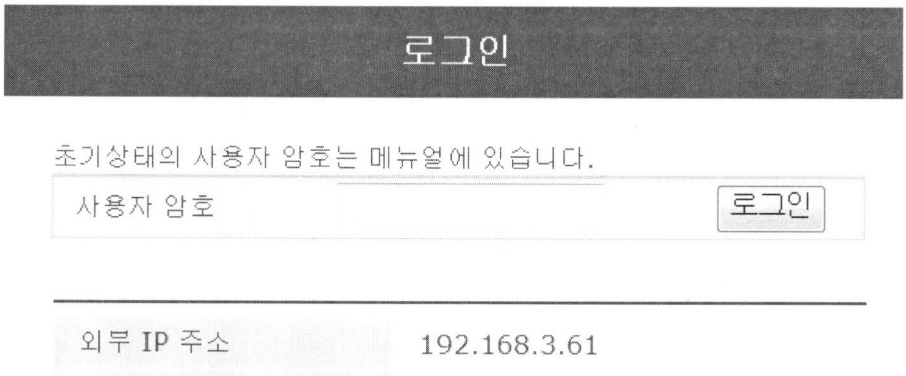

[그림 7.16] AP의 LAN 포트에 연결

사용자 암호는 admin이다.

2) AP IP 주소 설정

절차 10. 기본설정 → WAN 설정에서 유동 IP 설정

[그림 7.17] WAN 설정에서 유동 IP 설정

3) 컨트롤러 IP 주소 설정

절차 11. 컨트롤러 정보 입력

기본설정 → CAPWAP 설정에서 컨트롤러 IP 주소 입력, AP 이름 입력(현재 접속된 AP 이름 설정, 한글 지원 안함) → AP가 컨트롤러에 등록 시 표시되는 이름(컨트롤러에서 변경 시 AP에 반영되지 않음)

[그림 7.18] AP에서 컨트롤러 IP 주소설정

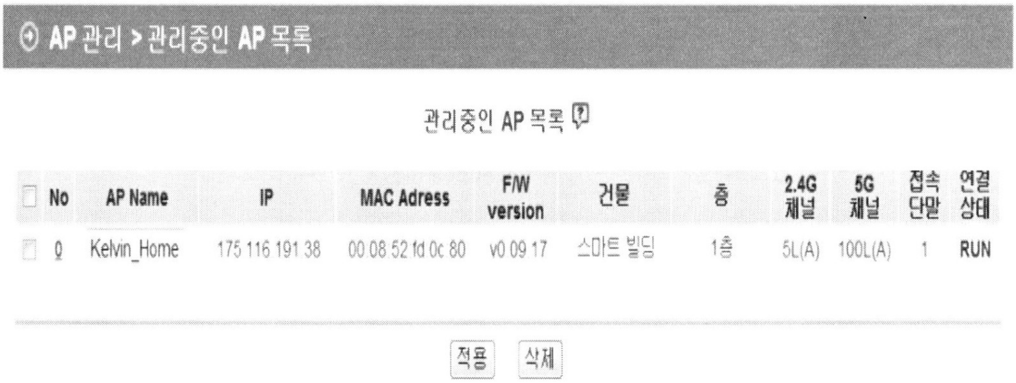

[그림 7.19] 컨트롤러에서 AP 관리 목록

절차 12. 확인을 클릭하여 설정값을 저장한다.

7.2.4 AP 등록

CAPWAP은 Control And Provisioning of Wireless Access Point의 약자로 IETF RFC-5415/5416에 표준화된 것으로 Cisco의 LWAPP를 기반으로 탄생했으며, AP 컨트롤러에서 AP(WTP : Wireless Terminal Point)를 제어하기 위해 사용되며 다음과 같은 특징이 있다.

1) CAPWAP의 특징

- UDP 또는 UDP lite 기반 프로토콜로 하며, 보안 터널로 DTLS를 사용한다.
- Control 채널(UDP 포트 5246)과 Data 채널(USP 포트 : 5247)을 지원한다.

- UDP 기반이므로 세션(session) 유지를 위해 독자적으로 Echo request/reply(control channel)와 keep alive message(data channel)를 지원한다.
- 표준 내에서 Firewall, NAT를 고려하였으며, fragmentation/reassembly를 지원한다.
- RF 기술에 독립적으로 사용될 수 있도록 AP 제어의 많은 부분을 표준 범위에 포함하려고 노력한다.
- 주요 기능은 WTP에 대한 관리(무선자원, 장애 대응, 각종 통계)와 무선 단말에 대한 인증 및 key 분배를 위한 것이다.
- 대다수 메이저 무선랜 솔루션 업체들은 CAPWAP 표준을 지원하지 않고 있으며, RF 무선 특성을 세밀히 제어하기 위해서는 제조사 정의 필드(vendor specific field) 사용이 불가피하므로 상호 호환성을 확보하는 데 어려움이 있다.
- 현재 Binding RFC의 경우 802.11n – 2007까지만 지원하며, 이후 표준은 고려 안 됨.

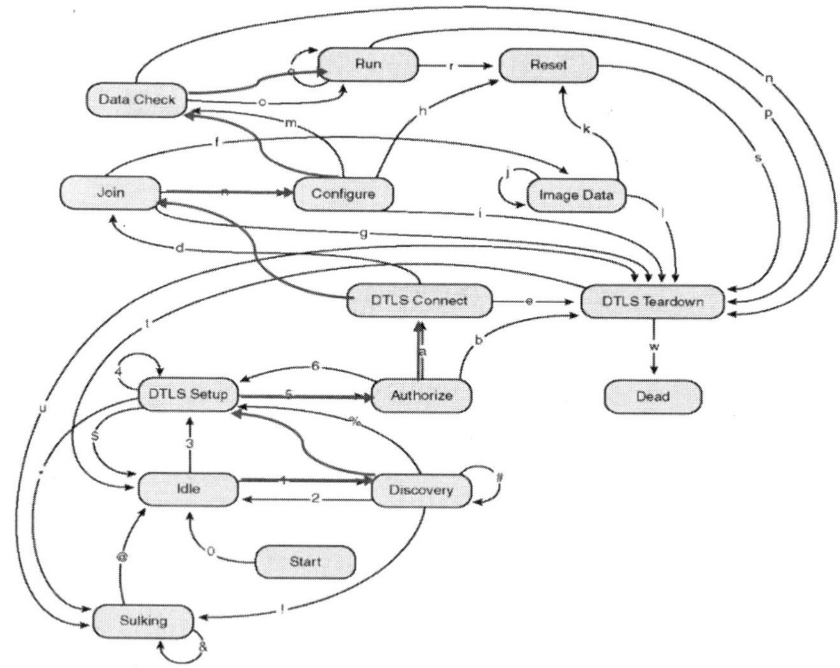

[그림 7.20] CAPWAP 동작 Flow

http://what-when-how.com/deploying-and-troubleshooting-cisco-wireless-lan-controllers/capwap-session-establishmentap-joining-process-cisco-wireless-lan-controllers-part-1/

2) CAPWAP 동작 Flow

- Discover : WTP가 AC를 찾는 과정
- DTLS 연결 : AC와 WTP 간 암호화된 터널 연결
- Join : WTP가 AC에 연결 요청
- Configuration : WTP가 AC에 현재 Configuration 상태를 요청하면, AC가 응답으로 변경된 Configuration을 내려준다.
- RUN : WTP가 AC에 RUN 상태를 보고하면 CAPWAP 연결이 완료된다.

AP가 AC를 찾고 DTLS로 암호화된 터널 연결이 되면 AP가 컨트롤러에 연결되어 현재 Configuration을 내려 받고 RUN 대기 상태에 진입하게 된다. 이때 컨트롤러의 Wizard → AP 등록에 등록대기 상태의 AP 목록이 표시된다. 아래와 같이 AP를 선택한 후 AP 등록을 하면 해당 AP는 RUN 상태로 활성화되어 운용된다.

등록이 완료되면 "관리 중인 AP 목록"에 상태가 표시된다.

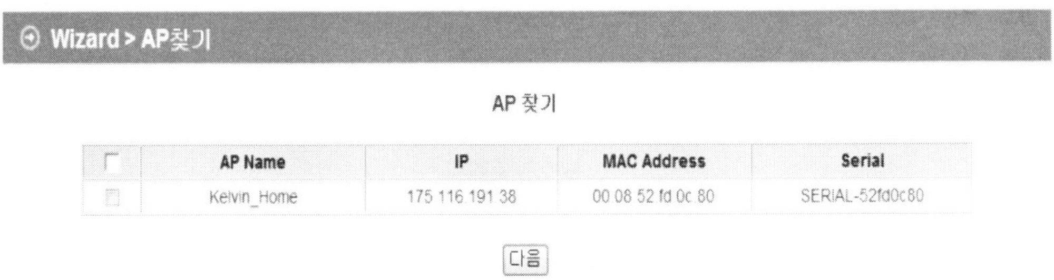

[그림 7.21] 관리 중인 AP 목록

절차 1. AP Name, IP, MAC Address 등을 확인 후 체크 박스를 클릭하고 다음을 클릭한다.

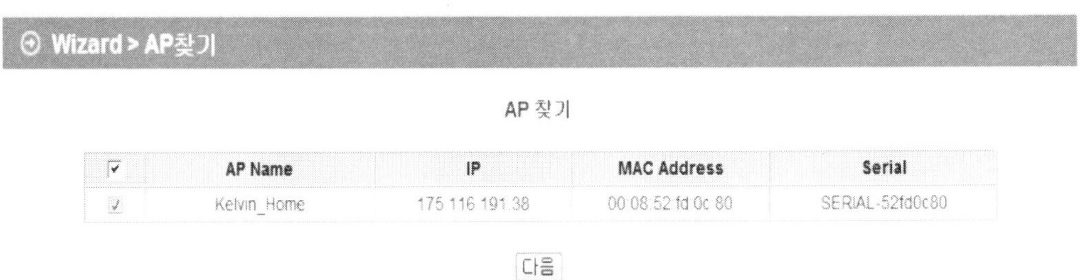

[그림 7.22] AP Name, IP, MAC Address

절차 2. 건물 선택 메뉴에서 기존에 설정한 건물이 있으면 기존 건물 선택의 해당 건물을 선택하고 다음을 클릭한다.

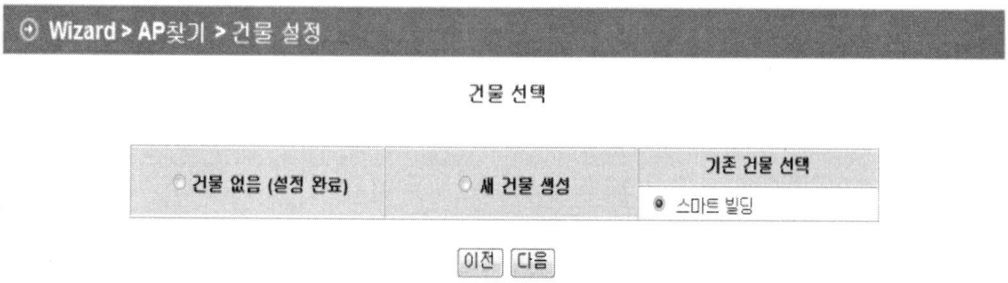

[그림 7.23] 건물 선택 메뉴

절차 3. 건물 선택 이후의 층 선택을 하는데 이 역시 기존에 설정된 층이 있으면 해당 층을 선택한 후 다음을 클릭한다.

[그림 7.24] 층 선택

절차 4. 위치설정에서 하단의 Index로 표시된 AP를 마우스로 드래그하여 해당 도면의 위치로 이동시킨 후 다음을 클릭한다.

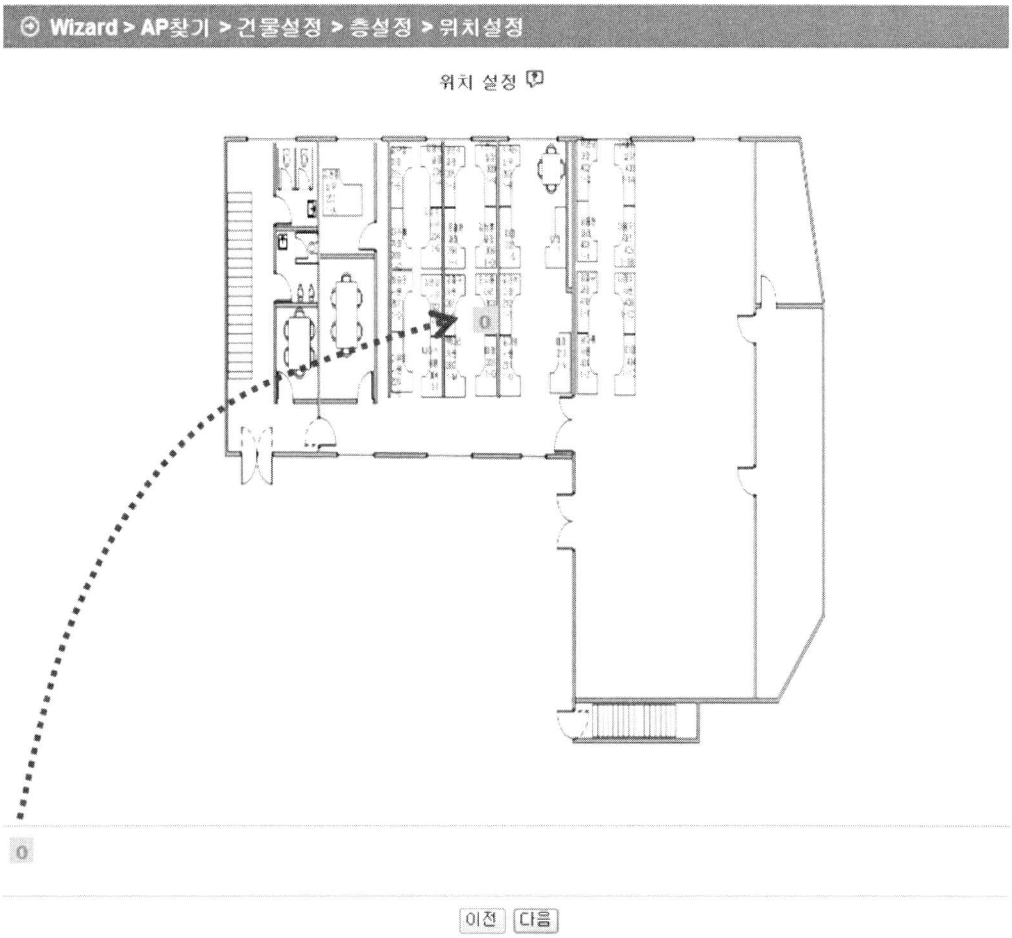

설정이 완료되었으면 확인을 클릭하여 완료한다.

[그림 7.25] **완료설정**

절차 5. AP 건물 및 층 선택이 완료되고 도면 위에 배치가 끝나면 Home에서 AP의 위치 및 서비스 반경을 확인할 수 있다.

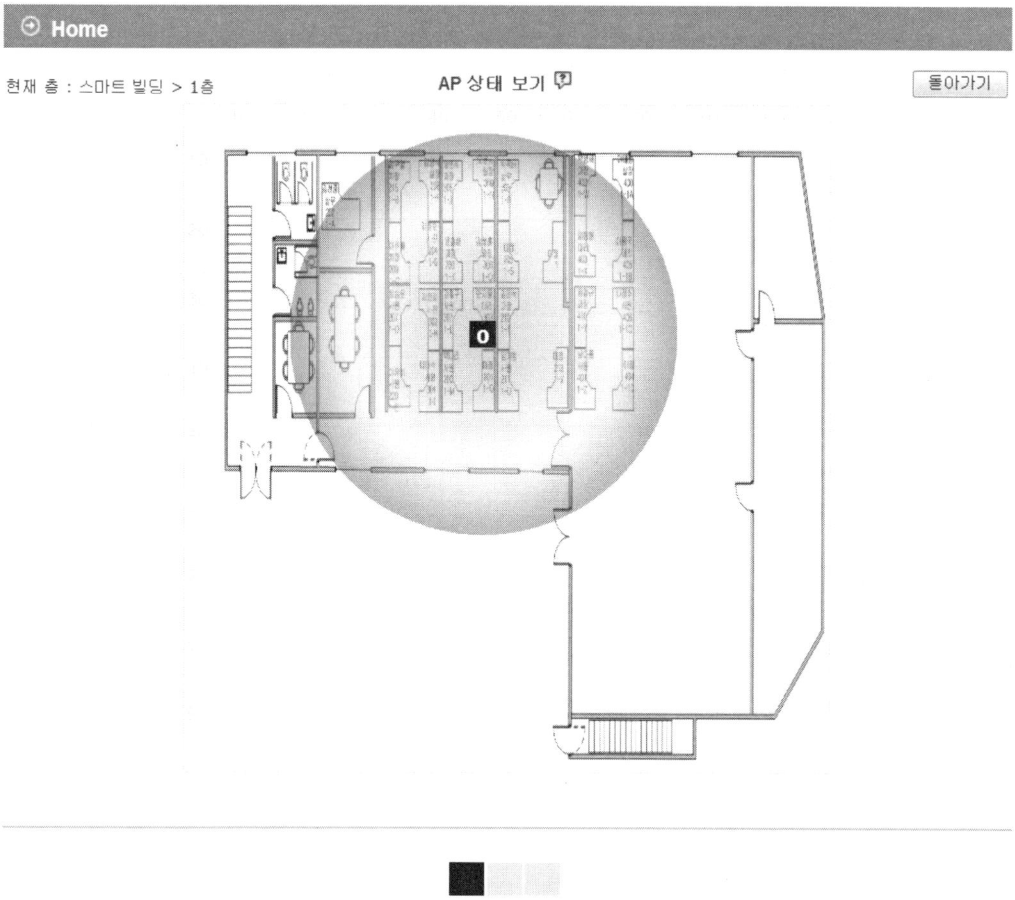

[그림 7.26] 서비스 반경 확인

절차 6. 또한 AP 관리 → 관리 중인 AP 목록에서 AP 상태를 확인할 수 있다.

[그림 7.27] AP 상태 확인

7.2.5 AP 컨트롤러 네트워크 연결 종류별 포트

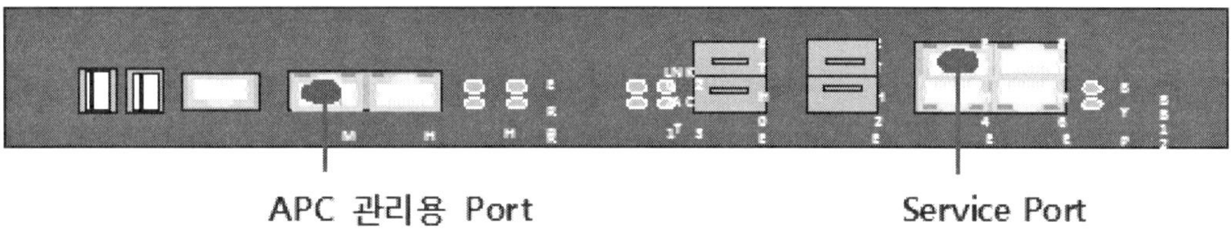

- 관리 Port : MGMT192.168.0.1 (cs-2000)
- Service Port : ETH4

- 관리 Port : MGMT192.168.0.1 (cs-200)
- Service Port : ETH2

Management Port	컨트롤러 관리용 Local IP 주소(설정 변경 필요 없음)
Service Port	컨트롤러 인터넷 연결을 위한 IP 주소(설정 필요함)

7.3 실험 결과 및 고찰

실험제목				평 가	
소 속					
실 험 조	조		인원	실험일자	
학 번					
성 명					

1. 패킷트레이서 실습 2

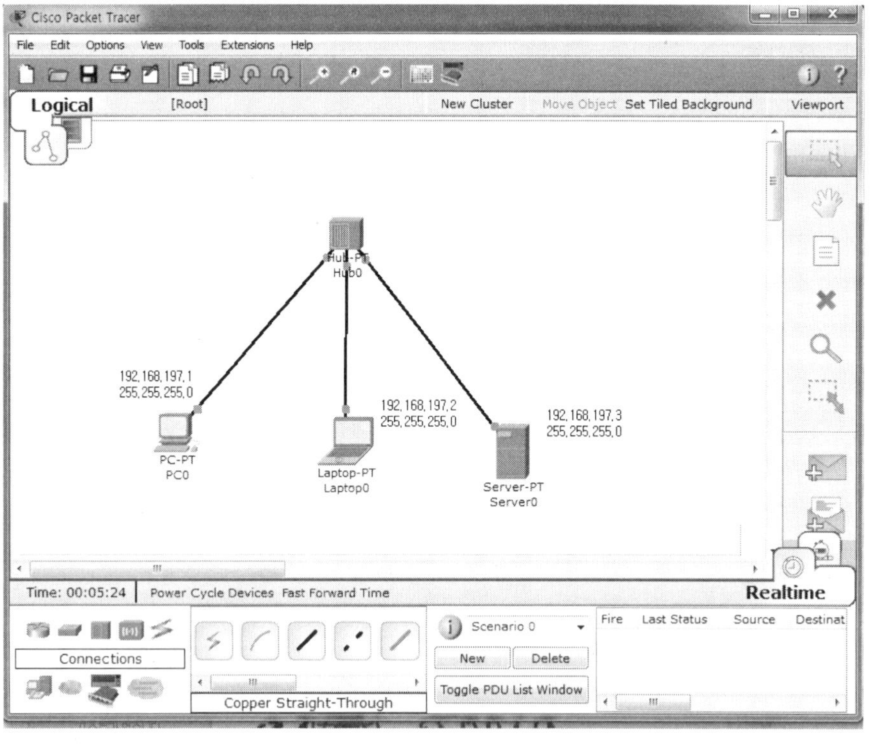

① 허브 1대와 데스크탑, 노트북, 서버를 그림과 같이 꺼내 배치한다.

② 연결 – 스트레이트로 연결시킨다(fastethernet, pot0, pot1, pot2).

③ 오른쪽 메모장 클릭 – 아이피와 서브넷 마스크를 입력한다.

④ ctrl키를 누르고 드래그 앤 드롭을 한다.

⑤ 데스크톱 – 왼쪽 마우스 – config탭 – fastetternet에서 ip "192.168.197.1"을 입력한다. 서브넷 마스크는 클릭만 하면 생긴다.

⑥ 랩톱 – 왼쪽 마우스 – config탭 – fastetternet에서 ip "192.168.197.2"를 입력한다. 서브넷 마스크는 클릭만 하면 생긴다.

⑦ 서버 – 왼쪽 마우스 – config탭 – fastetternet에서 ip "192.168.197.3"을 입력한다. 서브넷 마스크는 클릭만 하면 생긴다.

⑧ 테스트
데스크톱 – 왼쪽 마우스 – 3번째 탭 desktop – 4번째 command prompt 클릭

⑨ ping 192.168.197.1
ping 192.168.197.2
ping 192.168.197.3

2. 네트워크 관리의 필요성을 설명하시오.

네트워크 관리는 제한된 인력과 비용을 활용하여 네트워크의 효율성과 생산성을 높일 수 있도록 복잡한 네트워크를 제어하는 일련의 과정이다. 여기에는 네트워크에 분산된 각종 자원을 분배·관리·분석·평가하는 기능이 포함된다. 네트워크를 관리하면 네트워크 모니터링, 트러블슈팅, 유지보수 등을 능률적으로 수행할 수 있다.

3. 네트워크 5대 관리기능을 설명하시오.

OSI 표준에서는 효율적인 네트워크 관리를 위해 장애관리(fault management), 구성관리(configuration management), 성능관리(performance management), 계정관리(account management), 보안관리(security management) 등 총 다섯 가지 관리 기능을 제안한다. 이외에도 운영환경을 고려하여 유지보수, 자산관리, 사용자관리, 문서화, 백업 등 부수적인 관리 기능을 다양하게 실행할 수 있다.

4. 분석도구 중 감시 기능과 해석 기능을 설명하시오.

- 해석 기능 : 네트워크에서 전송하는 프레임을 수집한 후 프레임헤더에 있는 정보를 이용하여 프레임의 내용을 해석하는 데, TCP/IP, 이더넷, IPX/SPX 등 서로 다른 유형의 프로토콜 패킷을 속성별로 해석할 수 있다.
- 모니터링 기능 : 트래픽 부하 측정, 사용하는 프로토콜 확인, 오류통계 제공, 모니터링의 결과를 보고서로 작성하는 기능 등을 제공한다. 대표적인 모니터링으로는 전송 프레임의 유형과 길이분석을 들 수 있다. 모니터링은 실시간 또는 비실시간 분석을 제공하는데, 실시간 모니터링 기능을 사용하면 트래픽 수준을 실시간으로

살펴볼 수 있고, 비실시간 모니터링 기능을 사용하면 트래픽 동향을 분석하여 문제가 발생하는 시점을 확인할 수 있다.

5. SNMP를 설명하시오.

SNMP는 현재 가장 많이 사용하는 프로토콜로, 구현이 쉽고 간편한 것이 장점이다. SNMP는 네트워크 관리 소프트웨어를 실행하는 메인컴퓨터에서 서버컴퓨터, 라우터, 브리지 및 허브 등 네트워크 호스트를 관리하는 방법을 제공한다. 또한 관리 시스템과 에이전트의 분산구조를 사용하여 관리 서비스를 수행한다.

6. 인터넷 속도가 저하될 때 나타날 수 있는 문제점과 해결관리방법을 설명하시오.

갑자기 특정 웹사이트와 접속이 느려질 때 tracert 명령어로 내부 네트워크나 회선구간 등을 확인할 수 있다. 또한 전용회선 관리나 장애복구에도 많이 사용한다.

7. 네트워크 관리자가 수동으로 고정 IP 주소를 설정하는 네트워크 환경(학교)에서는 하나의 IP 주소를 두 대의 컴퓨터에 입력하면 충돌 메시지가 발생하여 네트워크 통신이 되지 않는다. 이때 충돌되는 컴퓨터를 찾아주는 명령어는?

nbtstat -A는 충돌되는 컴퓨터를 찾아주는 명령어다.

8. 내 컴퓨터에 트로이목마 등 백도어 해킹 프로그램 등이 설치되어 정보를 빼내는지 확인할 수 있는 명령어는?

netstat-an(모든 연결과 수신대기 포트 표시)

9. 특정 웹사이트와 접속이 느려질 때 내부 네트워크나 회선구간 등을 확인할 수 있는 명령어는?

tracert 명령어

10. ARP 명령어 옵션을 설명하시오.

명령어	기 능
arp -a	• 현재의 ARP 항목표시 • 둘 이상의 네트워크 인터페이스가 ARP를 사용할 때 각 ARP 항목 표시
arp -s 인터넷 주소 물리적 주소	• 호스트 컴퓨터를 추가하고 인터넷 주소를 물리적 주소와 연결 • 물리적 주소는 하이픈으로 분리된 6바이트의 16진수 형태로 제공
arp -d 인터넷 주소	• IP 주소로 지정한 호스트 컴퓨터를 삭제

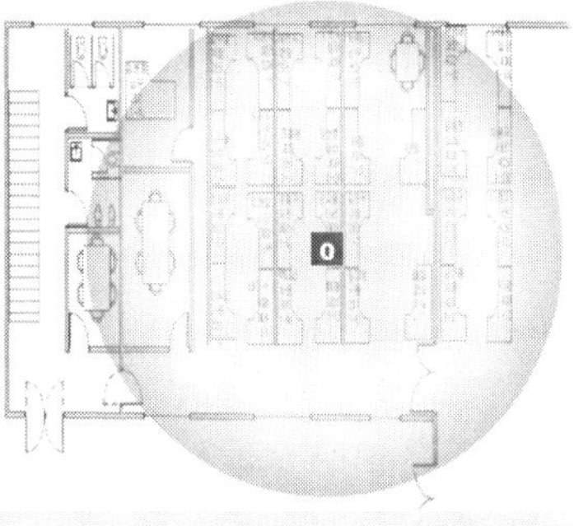

제 8 장

무선 네트워크 관리 실습

8.1 개 요

8.1.1 AP 관리

컨트롤러 "기본설정" 및 "2.4G SSID 설정", "5G SSID 설정" 항목에 설정된 관리자 입력사항이 등록된 전체 AP에 반영되는데 AP에 따라 개별 설정이 필요할 경우 채널, 무선출력 등의 설정을 AP별로 다르게 설정할 수 있다.

AP 1~15는 자동 채널을 선택하고 AP16은 ch1의 고정 채널을 원하는 경우 관리 중인 AP 목록에서 해당 AP의 Index 번호를 체크하여 고정 채널 설정을 하고 적용을 하면 채널 및 출력 등에 대해 개별 설정이 가능하도록 하여 무선 네트워크 관리의 운용, 유지보수를 할 수 있도록 한다.

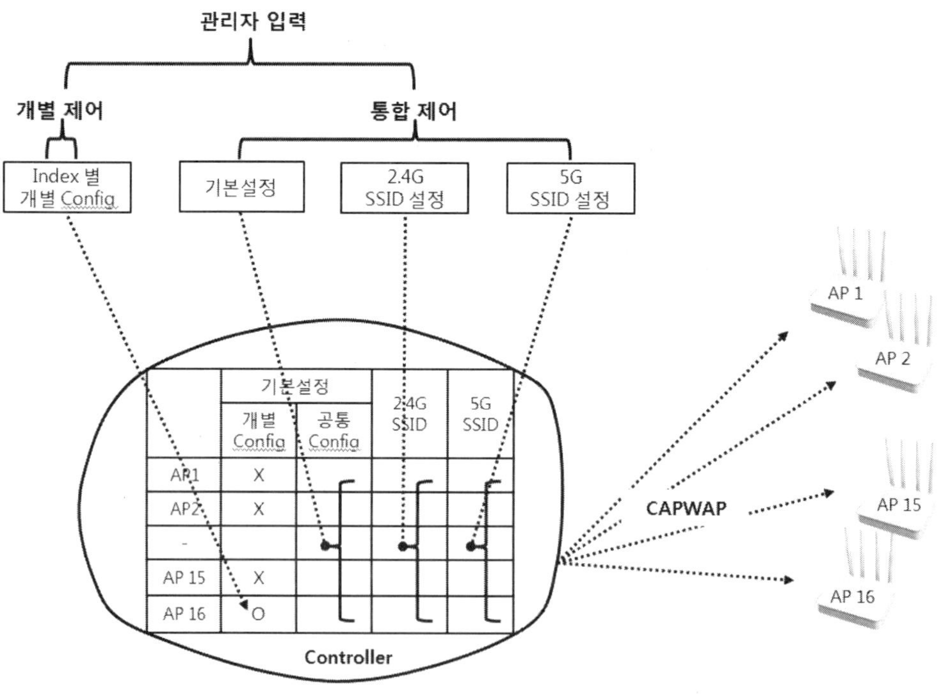

[그림 8.1] 설정 적용

절차 1. 관리 중인 AP 목록

컨트롤러에 등록된 AP List 전체가 표시되고 각 AP별로 접속 상태(RUN, Quit) 등의 상태가 표시된다. 또한 AP별 이름, IP 주소, MAC, Firmware version, 설치된 건물명, 설치된 층수, 채널 정보 그리고 각 AP에 접속한 무선 단말 수를 표시하여 무선사용 현황을 쉽게 파악할 수 있다.

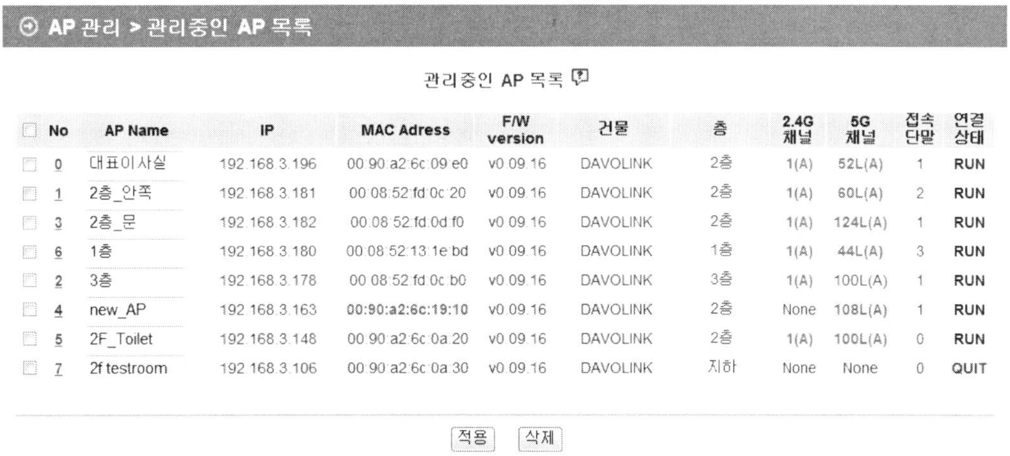

AP 관리 > 관리중인 AP 목록

관리중인 AP 목록

No	AP Name	IP	MAC Adress	F/W version	건물	층	2.4G 채널	5G 채널	접속 단말	연결 상태
0	대표이사실	192.168.3.196	00:90:a2:6c:09:e0	v0.09.16	DAVOLINK	2층	1(A)	52L(A)	1	RUN
1	2층_안쪽	192.168.3.181	00:08:52:fd:0c:20	v0.09.16	DAVOLINK	2층	1(A)	60L(A)	2	RUN
3	2층_문	192.168.3.182	00:08:52:fd:0d:f0	v0.09.16	DAVOLINK	2층	1(A)	124L(A)	1	RUN
6	1층	192.168.3.180	00:08:52:13:1e:bd	v0.09.16	DAVOLINK	1층	1(A)	44L(A)	3	RUN
2	3층	192.168.3.178	00:08:52:fd:0c:b0	v0.09.16	DAVOLINK	3층	1(A)	100L(A)	1	RUN
4	new_AP	192.168.3.163	00:90:a2:6c:19:10	v0.09.16	DAVOLINK	2층	None	108L(A)	1	RUN
5	2F_Toilet	192.168.3.148	00:90:a2:6c:0a:20	v0.09.16	DAVOLINK	2층	1(A)	100L(A)	0	RUN
7	2f testroom	192.168.3.106	00:90:a2:6c:0a:30	v0.09.16	DAVOLINK	지하	None	None	0	QUIT

적용 삭제

[그림 8.2] 관리 중인 AP 목록 화면

〈표 8.1〉

항 목	설 명
No	AP Index를 나타내며 AP 등록 순서대로 Index가 할당됨.
AP Name	AP의 CAPWAP 설정 시 입력한 AP Name이 표시되는데 컨트롤러에서 변경이 가능함. 컨트롤러에서 설정한 값은 AP에 반영되지 않음.
IP	AP의 IP 주소
MAC Address	AP의 MAC Address
F/W Version	AP의 Firmware Version
건물	AP가 위치한 건물명
층	AP가 설치된 층
2.4G 채널	서비스 중인 2.4GHz Channel이 표시됨. (P) : 고정 채널 설정, (A) 자동 채널 설정
5G 채널	서비스 중인 5GHz Channel이 표시됨. (P) : 고정 채널 설정, (A) 자동 채널 설정
접속 단말	AP에 접속한 단말 수가 표시됨.
연결 상태	AP와 컨트롤러의 연결 상태를 표시한다. RUN JOIN QUIT

MAC 주소 및 Index가 분홍색으로 표시된 경우 해당 AP는 개별 설정이 적용되었음을 표시한다.

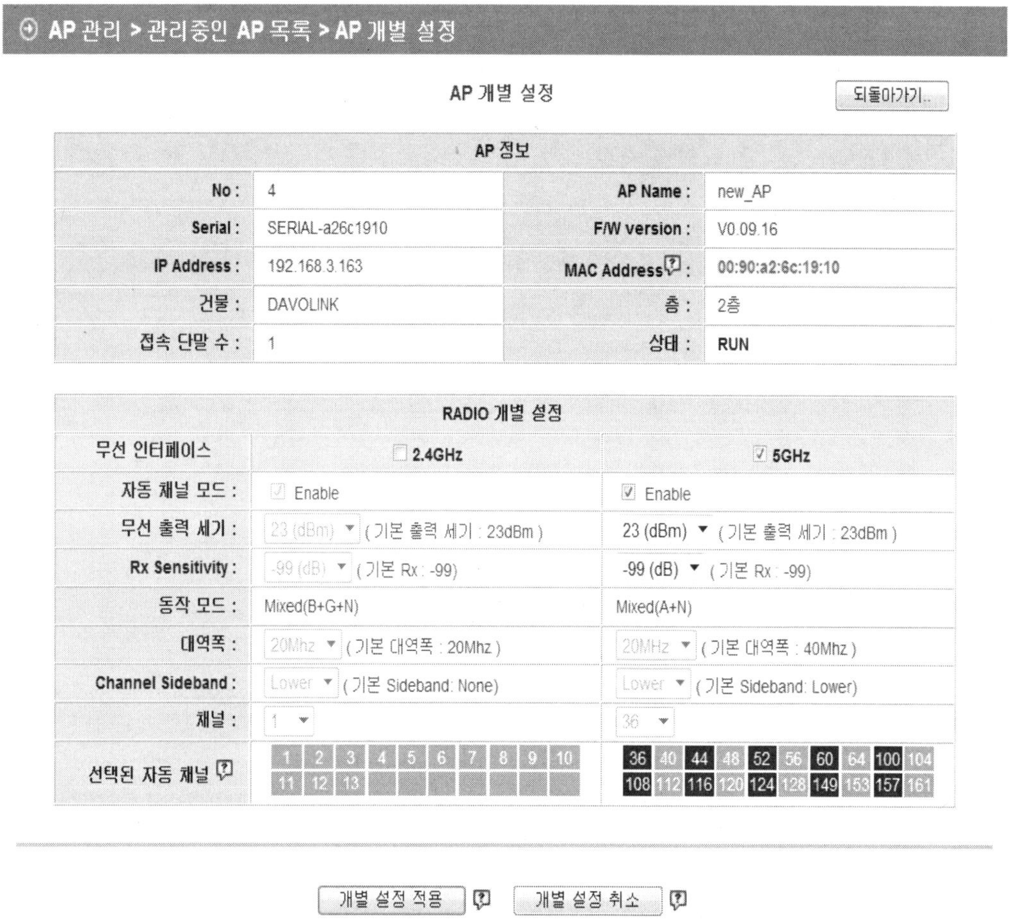

[그림 8.3] AP 개별 관리 설정

절차 2. No.의 Index를 클릭하면 해당 AP의 개별 설정값을 확인할 수 있다.
현재 Index_4 AP는 2.4GHz가 Disable 되어 있다.
관리 중인 AP 관리목록에서 2.4GHz 채널이 None으로 표시된다.

〈표 8.2〉 **개별 설정 목록**

항 목	설 명	
무선 인터페이스	2.4GHz	2.4GHz Radio 사용 여부 체크
	5GHz	5GHz Radio 사용 여부 체크
자동 채널 모드	부팅 및 운용 중 채널 설정 시 자동 채널 사용 설정 선택된 자동 채널 번호를 참고하여 채널을 선택 한다.	
무선 출력 세기	10dBm~23dBm까지 1dBm 단위로 조절 가능	
Rx Sensitivity	AP에서 측정된 무선 단말의 수신감도가 해당 레벨 이하일 경우 무선 연결을 해제한다. -60~-99까지 3dB 단위로 설정	
동작 모드	2.4GHz는 Mixed(B+G+N) 5GHz는 Mixed(A+N)	
대역폭	서비스 대역폭 설정 20MHz/ 40MHz 중 선택 2.4GHz (20MHz), 5GHz(40MHz) 사용 권장	
Channel Sideband	40MHz 설정 시 확장 20MHz 채널을 기본 20MHz 채널 아래쪽/위쪽에 위치 할 것인지 설정 2.4G 의 경우 40H, Lower 설정시 1~9ch 선택 가능 40H, Upper 설정시 5~13ch 선택 가능	
채널	자동 채널 모드를 사용하지 않을 경우 서비스하고자 하는 채널을 선택한다.	
선택된 자동 채널	자동 채널 선택 시 사용할 수 있는 채널을 복수로 선택한다. 선택한 채널번호에서 자동 채널 선택한다.	

Index 번호를 클릭하면 AP 개별 설정을 한다.

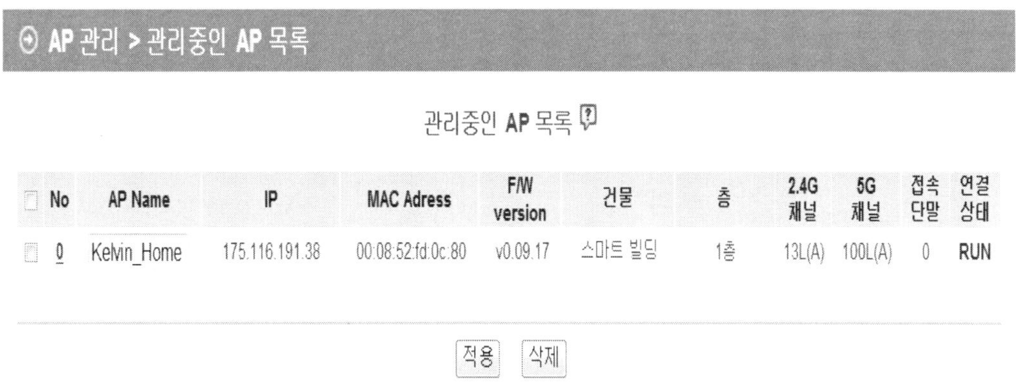

[그림 8.4] **관리 중인 AP 목록**

[그림 8.5] Radio **개별 설정**

- RTS 임계값(RTS threshold) : RTS 임계값은 요청/클리어(RTS/CTS) 채널 경쟁 메커니즘을 사용하는 송신 가능하도록 하는 바이트의 최소 크기이다. 상당한 무선 간섭 또는 프레임 손실을 줄이는 데 도움이 되는 RTS 임계값을 감소시키는 동일한 채널에서 무선장치의 수가 많은 네트워크에서 RTS 임계값은 최대값이 기본적으로 2347 바이트이다.

- 조각 임계값(fragmentation threshold) : 패킷 전에 패킷 내의 정보를 송신할 때 액세스 포인트가 도달할 최대 레벨. 사용자가 정보를 전송하는 문제가 발생하는 경우가 다른 트래픽이 네트워크에 있고 데이터가 충돌되어 송신되고 있기 때문에 일반적으로, 손실되는 정보에 의해 수정될 수 있다. 작은 패킷은 단순한 임계값으로 설정되어 있을 때의 손실우려가 작은 데이터가 손실되기 전에 이어야 한다. 최대값(2346)이 설정되어 있는 경우, 손실은 기본적으로 비활성화되어 있다. 고급 사용자의 경우에만 이 수준을 변경해야 한다.

절차 3. RADIO 기본설정하기

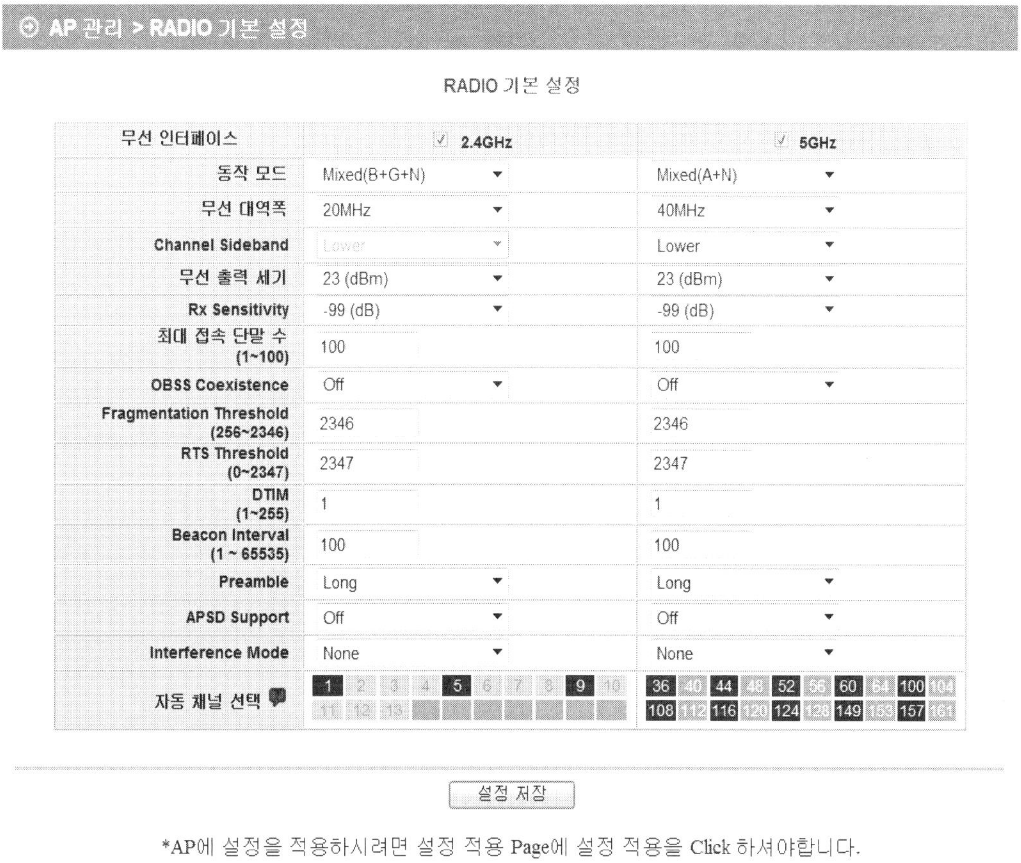

[그림 8.6] Radio 기본설정

〈표 8.3〉

항 목	내 용	
	2.4GHz	5GHz
무선 인터페이스	Radio별 무선 인터페이스 활성화/비활성화 체크 해제 시 해당 무선 인터페이스 꺼짐	
동작 모드	N Only 2.4GHz 802.11n 전용 Mixed(B+G+N) 802.11b/g/n 혼합 모드	N Only 5GHz 802.11n 전용 Mixed(A+N) 802.11a/n 혼합 모드
무선 대역폭	802.11n에서 지원하는 채널 대역폭 선택 20MHz : 최대 150Mbps 지원 40MHz : 최대 300Mbps 지원	

항 목	내 용	
	2.4GHz	5GHz
Channel Sideband	40MHz 사용 시 Bonding 채널 위치 40MHz 설정 시 확장 20MHz 채널을 기본 20MHz 채널 아래쪽/위쪽에 위치할 것인지 설정 2.4G의 경우 40H, Lower 설정 시 1~9ch 선택 가능 40H, Upper 설정 시 5~13ch 선택 가능	
무선 출력 세기	10~23dBm까지 1dbm 단위로 설정 가능 5GHz의 경우 ch 36~64는 최대 출력이 20dbm	
RX Sensitivity	AP에서 측정된 무선 단말의 수신감도가 해당 레벨 이하일 경우 무선 연결을 해제한다. −60~−99까지 3dB 단위로 설정	
최대 접속 단말 수 (1~100)	2.4G/5G Radio별로 1~100명씩 최대 접속자 수를 제한한다.	
OBSS Coexistence		
Fragmentation Threshold (256~2346)	패킷 전에 패킷 내의 정보를 송신할 때 액세스 포인트가 도달할 최대 레벨. 사용자가 정보를 전송하는 문제가 발생하는 경우가 다른 트래픽이 네트워크에 있고 데이터가 충돌되어 송신되고 있기 때문에 일반적으로, 손실되는 정보에 의해 수정될 수 있다. 작은 패킷은 단순한 임계값으로 설정되어 있을 때의 손실우려가 작은 데이터가 손실되기 전에 이어야 한다. 최대값(2346)이 설정되어 있는 경우, 손실은 기본적으로 비활성화되어 있다. 고급 사용자의 경우에만 이 수준을 변경해야 한다.	
RTS Threshold	RTS 임계값은 요청/클리어(RTS/CTS) 채널 경쟁 메커니즘을 사용하는 송신 가능하도록 하는 바이트의 최소 크기이다. 상당한 무선 간섭 또는 프레임 손실을 줄이는 데 도움이 되는 RTS 임계값을 감소시키는 동일한 채널에서 무선 장치의 수가 많은 네트워크에서 RTS 임계값은 최대값이 기본적으로 2347 바이트이다.	
DTIM		
Beacon Interval		
Preamble		
APSD Support		
Interference Mode	채널 간섭 발생 시 서비스 중인 채널을 변경 0 : none(간섭 정보만 보고) 1 : normal(기본적 대응) 2 : aggressive(RFI_ST_HIGH 상태에서 채널 변경)	
자동 채널 선택	자동 채널 선택 시 선택한 채널 내에서 자동으로 채널을 선택할 수 있음	

절차 4. SSID(2.4G) 설정하기

SSID는 Radio별로 4씩 설정 가능하며 2.4G, 5G 전체에 총 8개의 SSID 생성이 가능하다. SSID별로 다양한 인증 및 보안 정책을 통해 무선 사용자에게 편리하고 안전한 무선접속 정책을 제공한다.

[그림 8.7] SSID 2.4GHz 설정

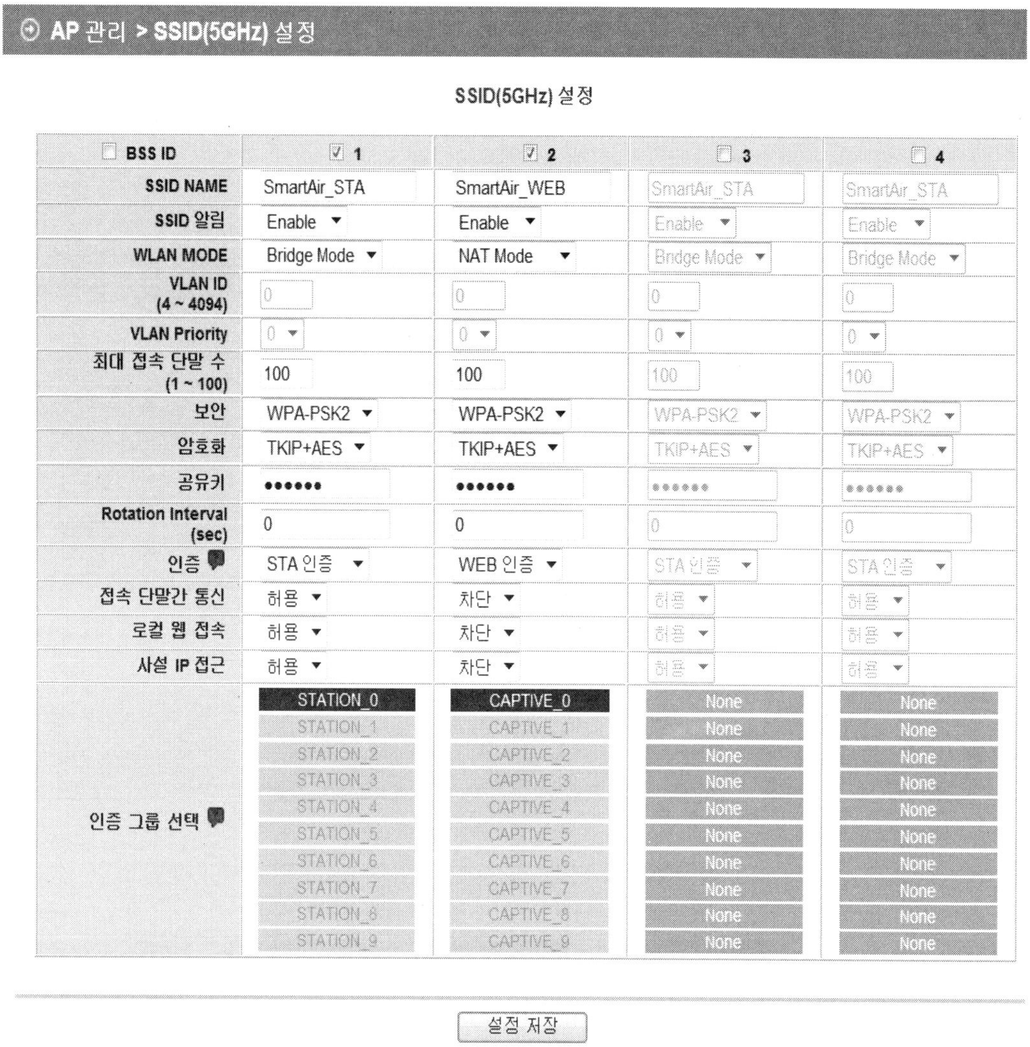

[그림 8.8] SSID 5GHz 설정

〈표 8.4〉

항 목	내 용	
	2.4GHz	5GHz
BSS ID	2.4GHz : 4개의 SSID 설정 가능 5GHz : 4개의 SSID 설정 가능 BSS ID 번호 선택 시 해당 SSID 활성화된다.	
SSID NAME	SSID 이름 설정	
WLAN MODE	Bridge Mode AP의 WAN 구간과 같은 IP 주소 대역을 무선 단말이 사용한다. NAT Mode AP에서 사설 IP를 무선 단말에 할당한다. VLAN Mode SSID별로 지정된 VLAN으로 연결된다.	
VLAN ID		
VLAN Priority		
최대 접속 단말 수	SSID별로 단말 접속 수를 제한한다. SSID별로 최대 100개의 단말을 설정할 수 있으나 SSID별 총합은 Radio 설정의 접속 단말 수를 초과할 수 없다.	
보안	None WPA-PSK WAP-PSK2	
암호화	TKIP AES TKIP+AES	
공유키		
Rotation interval		
인증	None : 무인증 STA 인증 : 무선 단말의 MAC Address 인증 WEB 인증 : 무선 단말의 ID/PW 인증	
인증 그룹 선택	STATION 그룹 : MAC Address 인증 그룹 CAPTIVE 그룹 : ID/PW 인증 그룹	

절차 5. SSID(5G) 설정하기

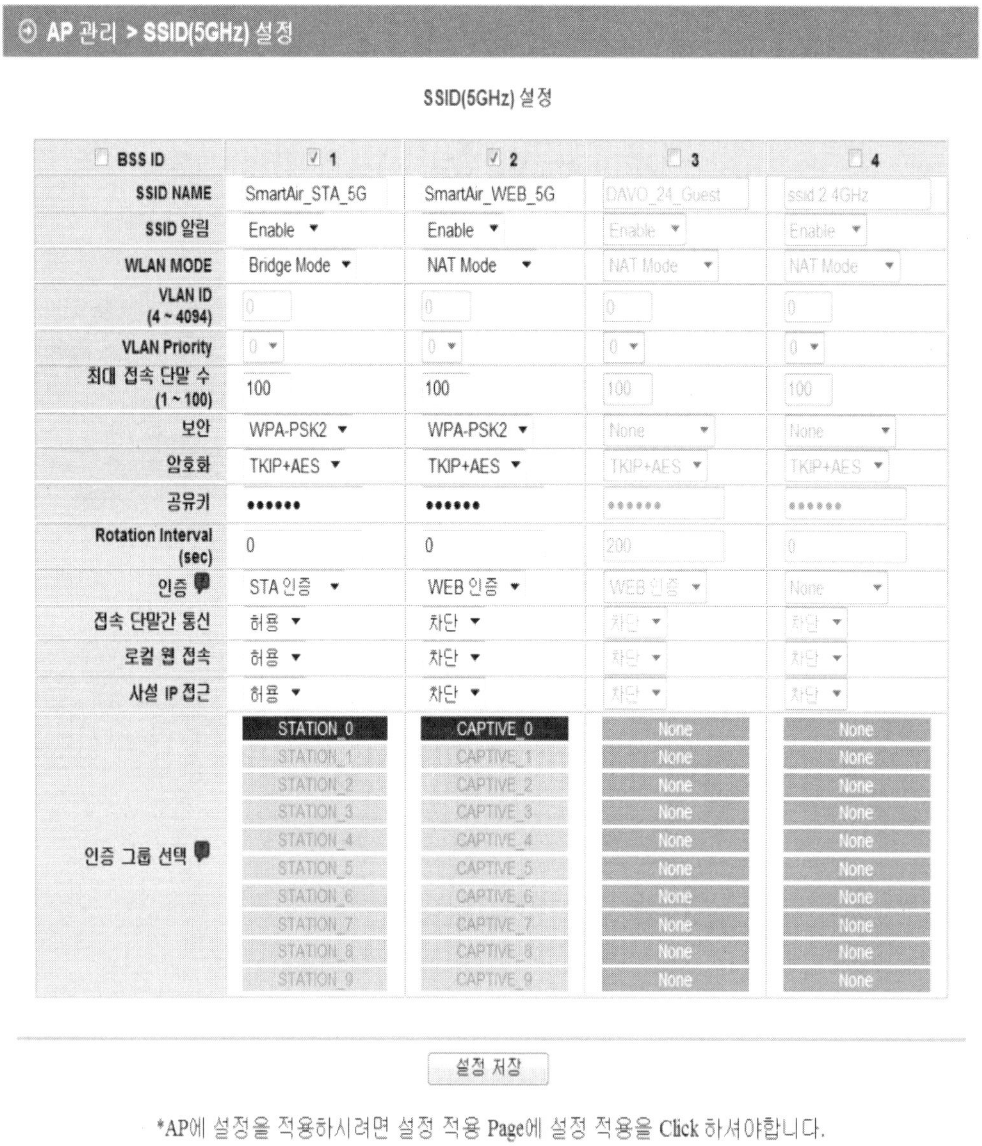

[그림 8.9] SSID 5GHz 설정

절차 6. SSID 설정(Band Steering 사용 시)하기

Band Steering 설정 시 2.4G/5G 설정이 통합되어 SSID 설정으로 단일화됨. 2.4GHz와 5GHz 설정이 동일하게 적용됨.

Band Steering 설정은 RRM → Load Share → LoadShare Bandsteering에서 Enable하여 설정 가능하다.

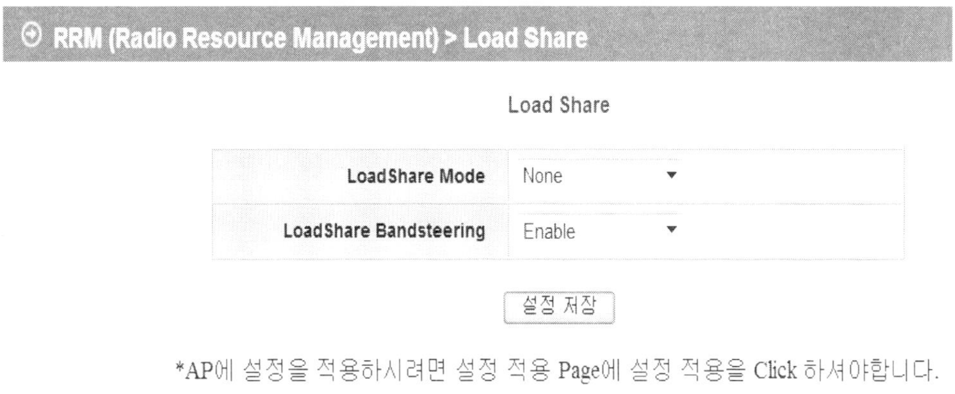

[그림 8.10] Band Steering 설정

[그림 8.11] Band Steering 적용 시 SSID 화면

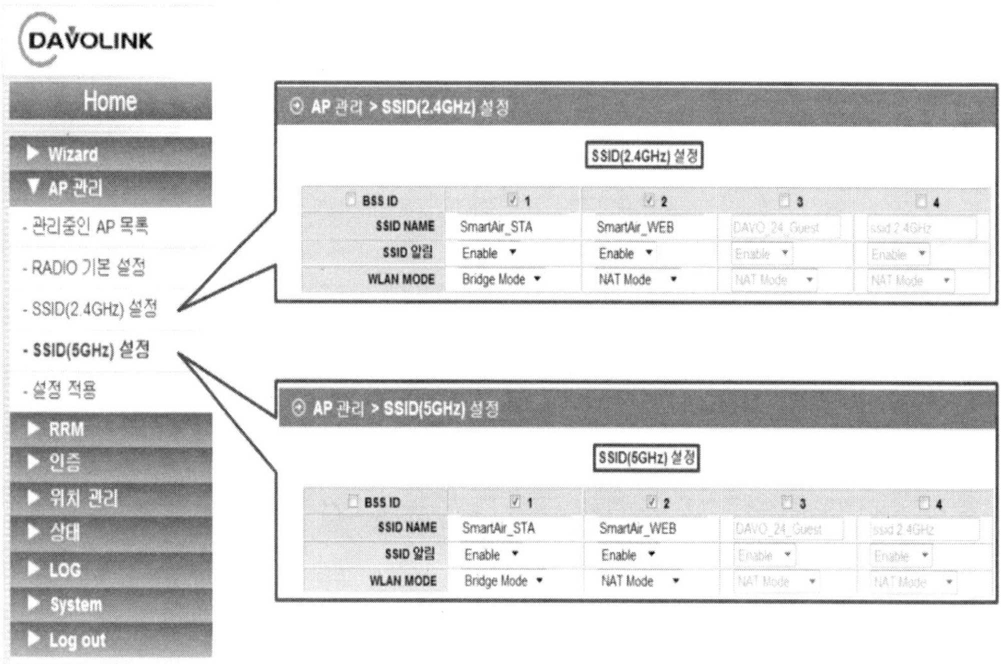

[그림 8.12] Band Steering 적용 전

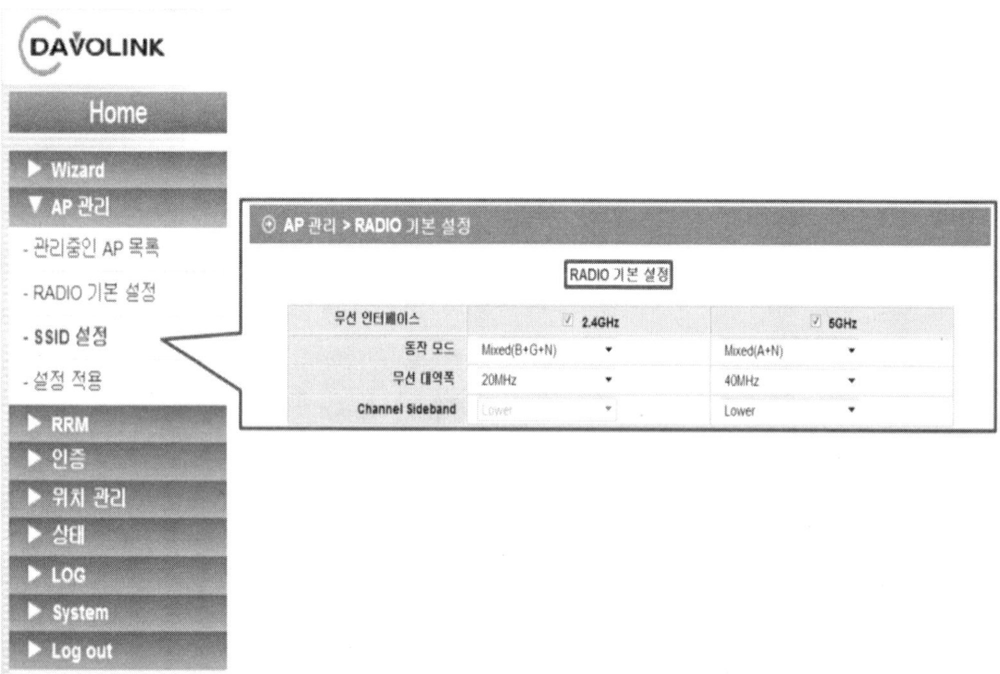

[그림 8.13] Band Steering 적용 후

절차 6. Load Share 설정하기

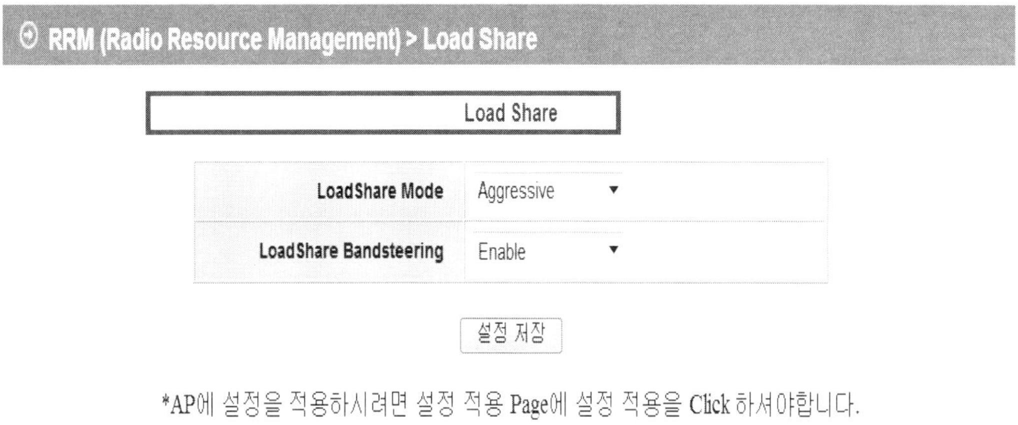

[그림 8.14] Load Share 설정

〈표 8.5〉 LoadShare Mode

None	동작하지 않음
Normal	Normal, Heavy load 상황에서 더 이상의 무선 단말 접속을 허용하지 않음.
Aggressive	Normal 모드에 추가하여 heavy load 상태에 진입할 때 RSSI가 낮은 단말의 접속을 해제한다.

절차 7. LoadShare Bandsteering

2.4GHZ와 5GHz를 모두 지원하는 dual mode 단말에 대해 간섭이 많고 혼잡한 2.4GHz 대역보다 5GHz 대역으로 접속을 유도하는 기술로 Band selection이라고도 한다.

일반적으로 2.4GHz와 5GHz SSID 및 암호화 등을 동일하게 설정하면 2.4G/5G를 동시에 지원하는 무선 단말의 경우 2.4GHz에 우선적으로 연결하게 되어 무선 간섭의 영향이 적은 5GHz로 접속을 유도하는 기술이 Band Steering이다.

〈표 8.6〉 LoadShare Bandsteering Mode

Disable	2.4G/5G SSID를 각각 설정한다.
Enable	2.4G/5G Dual Band 지원 단말을 5GHz로 우선 연결되도록 한다. SSID 설정이 2.4/5GHz로 구분되던 것이 통합되어 하나의 SSID로 2.4G/5G가 동일하게 설정됨

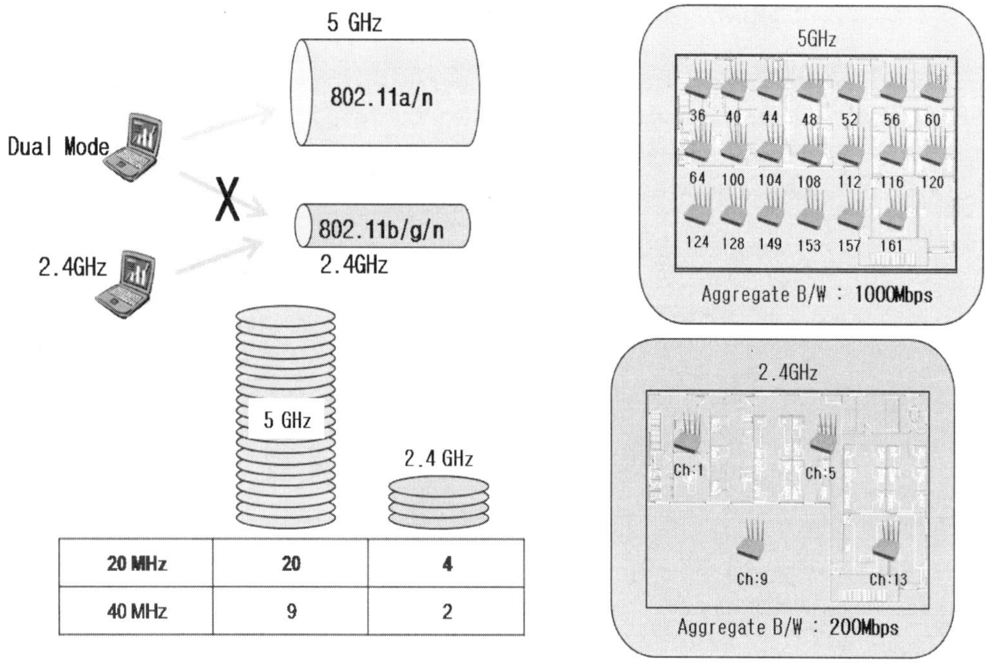

20 MHz	20	4
40 MHz	9	2

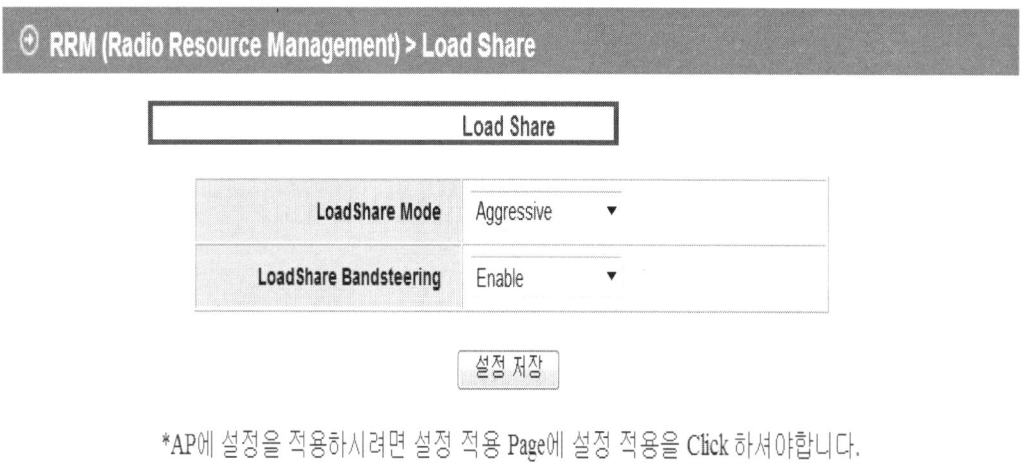

[그림 8.15] RRM Load Share

절차 8. QOS(DSCP) 설정

RRM (Radio Resource Management) > DSCP 설정

DSCP 설정

DSCP	WMM	DSCP	WMM	DSCP	WMM	DSCP	WMM
0	AC_BE	1	AC_BE	2	AC_BE	3	AC_BE
4	AC_BE	5	AC_BE	6	AC_BE	7	AC_BE
8	AC_BK	9	AC_BK	10	AC_BK	11	AC_BK
12	AC_BK	13	AC_BK	14	AC_BK	15	AC_BK
16	AC_BK	17	AC_BK	18	AC_BK	19	AC_BK
20	AC_BK	21	AC_BK	22	AC_BK	23	AC_BK
24	AC_BE	25	AC_BE	26	AC_BE	27	AC_BE
28	AC_BE	29	AC_BE	30	AC_BE	31	AC_BE
32	AC_VI	33	AC_VI	34	AC_VI	35	AC_VI
36	AC_VI	37	AC_VI	38	AC_VI	39	AC_VI
40	AC_VI	41	AC_VI	42	AC_VI	43	AC_VI
44	AC_VI	45	AC_VI	46	AC_VO	47	AC_VI
48	AC_VO	49	AC_VO	50	AC_VO	51	AC_VO
52	AC_VO	53	AC_VO	54	AC_VO	55	AC_VO
56	AC_VO	57	AC_VO	58	AC_VO	59	AC_VO
60	AC_VO	61	AC_VO	62	AC_VO	63	AC_VO

설정 저장

*AP에 설정을 적용하시려면 설정 적용 Page에 설정 적용을 Click 하셔야합니다.

[그림 8.16] QOS(DSCP) **설정**

절차 8. QOS(802.1P) 설정하기

RRM (Radio Resource Management) > 802.1p 설정

802.1p 설정

☐ Enable

802.1p	WMM
0	AC_BE
1	AC_BK
2	AC_BK
3	AC_BE
4	AC_VI
5	AC_VI
6	AC_VO
7	AC_VO

설정 저장

*AP에 설정을 적용하시려면 설정 적용 Page에 설정 적용을 Click 하셔야합니다.

[그림 8.17] QOS(802.1P) **설정**

절차 9. 설정 적용하기

AP 관리항목에서 설정한 값들은 설정 적용을 해야만 AP로 설정값이 전달된다.

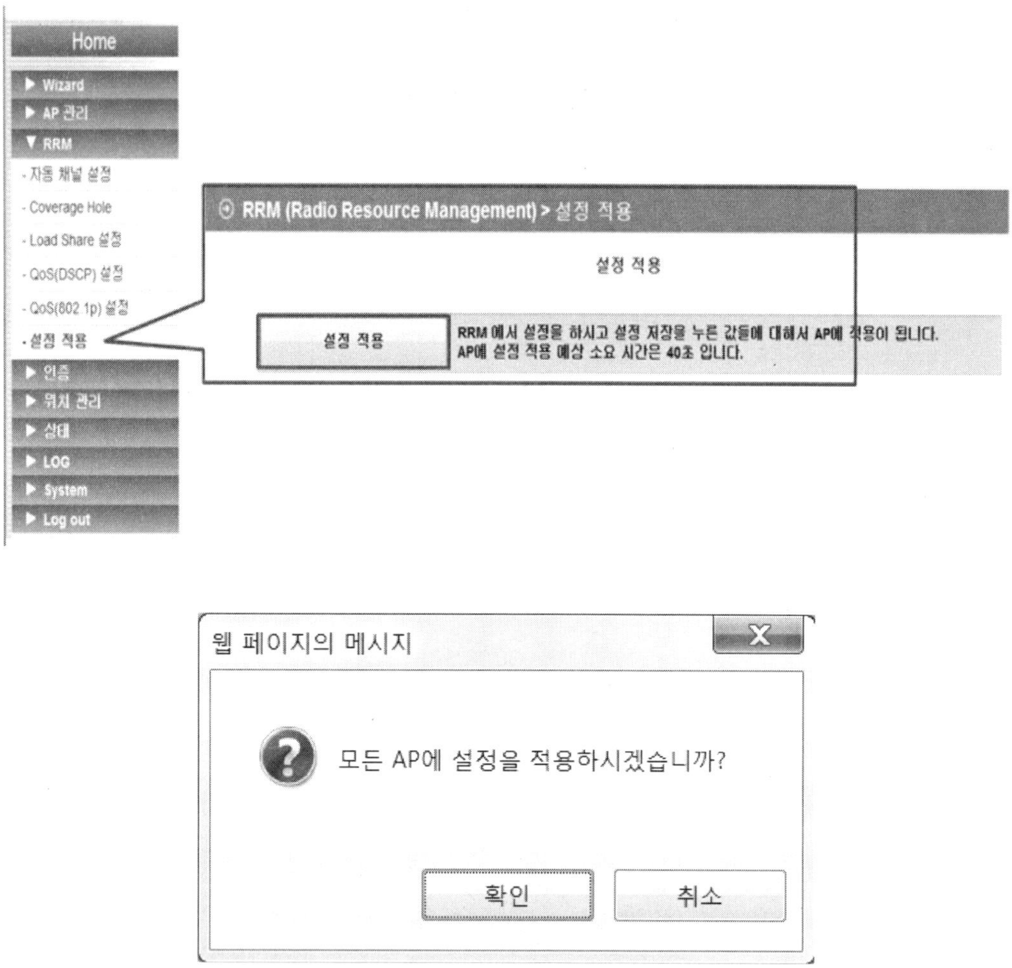

[그림 8.18] 설정 적용

설정 적용까지는 40초 정도 소요되며, 완료 후에 "AP 설정 적용 중" 페이지가 넘어간다. 설정 적용시간은 등록된 AP 수량에 관계없이 40초 정도 소요된다.

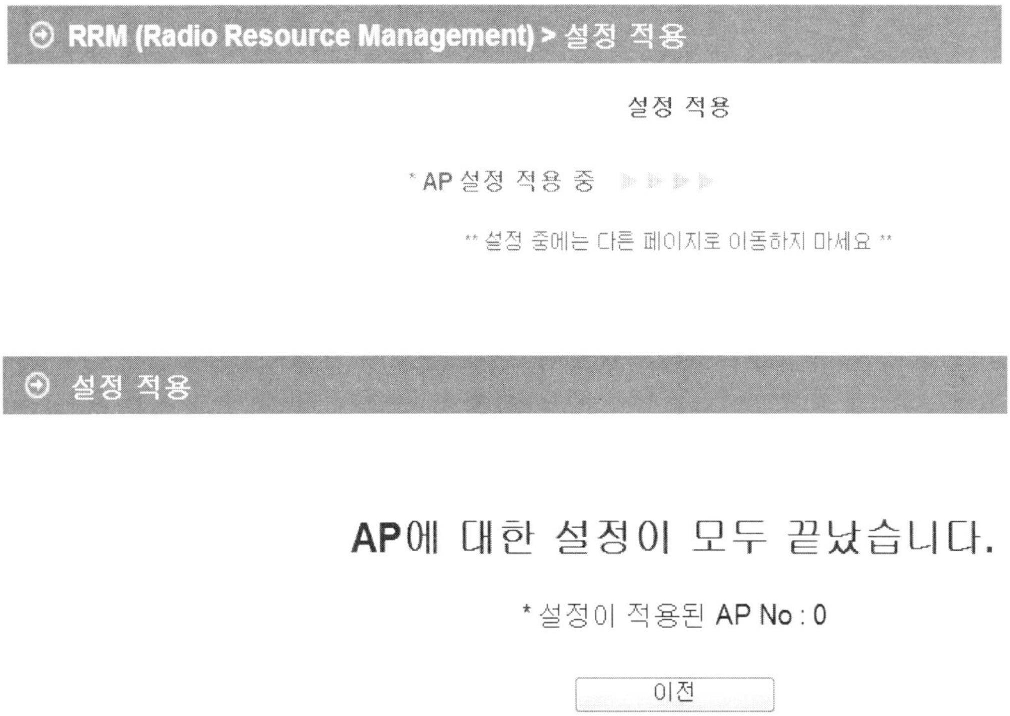

[그림 8.19] AP 설정 적용 예

절차 11. AP 관리 → 설정 적용 vs RRM → 설정 적용

컨트롤러에서의 설정 적용은 2가지로 구분된다.

1. AP의 Radio 및 SSID Parameter를 AP에 적용

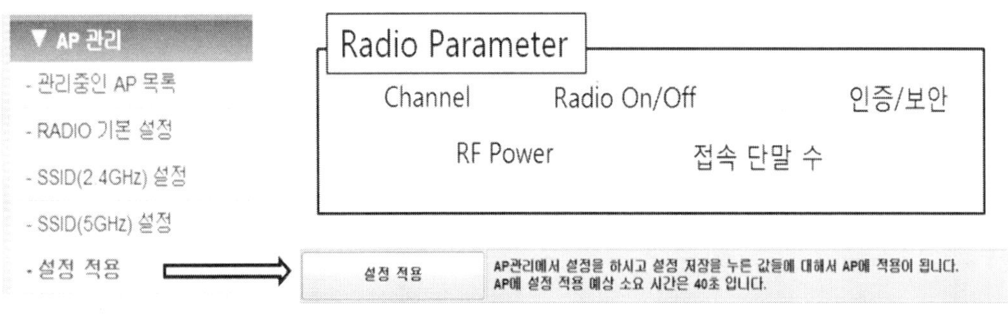

2. AP의 Radio 성능 향상을 위한 Algorithm 정책 적용

8.2 실험 결과 및 고찰

실험제목					평 가	
소 속						
실 험 조	조		인원		실험일자	
학 번						
성 명						

1. 2.4GHz에서 Channel을 자동 채널에서 11번 수동으로 변경하시오.
2. 5GHz에서 자동 채널을 수동 157 채널로 바꾸고, 대역폭도 40MHz에서 20MHz로 변경하시오.
3. 대역폭은 자동 채널 모드를 Disable한 후에 변경 가능하다.
4. UTP 케이블이 꼬여 있는 이유는 무엇인가?
5. WAN 접속 시 CSU /DSU의 역할은 무엇인가?
6. 라우터 설정 시 왜 콘솔하는가?
7. Packet Tracer를 이용하여 구성도와 같이 네트워크를 구성하시오.

• Workgroup 구성 사례

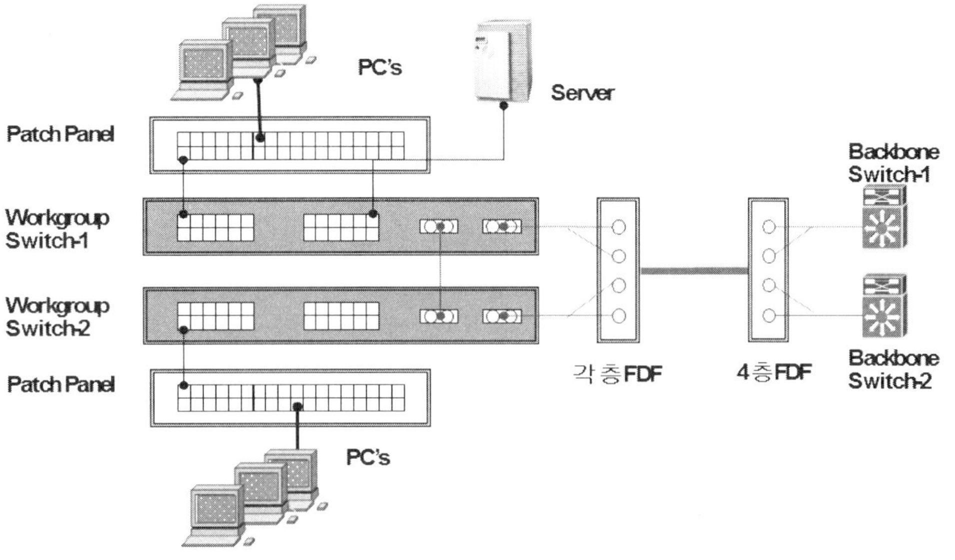

[그림 8.20] 구성도

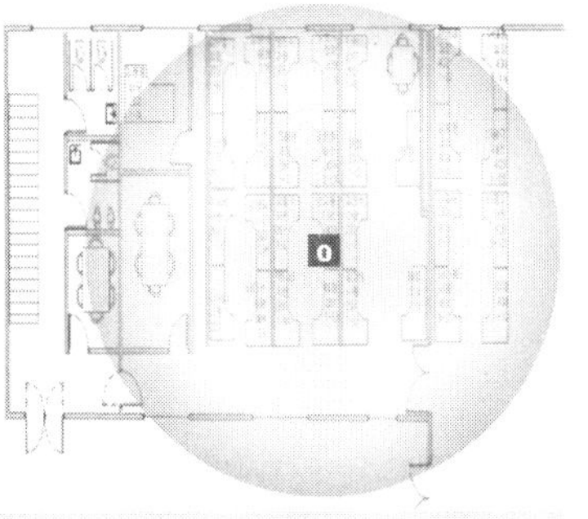

제 9 장

NMS 서버 관리 등록 및 인증

9.1 실험목적

외부망과 내부망 간의 IP 인증 및 보안을 관리하기 위한 등록 및 웹 관리자가 WEB Portal 인증을 통해 접속한 사용자의 사용정보와 인증정보 확인 감시 관리 방법에 목적이 있다.

9.2 용어정리

- NAT : 사설 IP 주소를 공인 IP 주소로 바꿔주는 데 사용하는 통신망의 주소변환기. NAT를 설정할 경우 라우터는 자신에게 할당된 공인 IP 주소만 외부로 알려지게 하고, 내부에서는 사설 IP 주소만 사용하도록 하므로 외부침입자로부터 보호할 수 있다.
- DRONE : 웹 관리자가 WEB Portal 인증을 통해 접속한 사용자의 사용정보와 인증정보 확인 감시 관리한다.
- DHCP : 동적 호스트 설정 프로토콜 할당 가능한 IP의 영역을 관리 DHCP 서버에서 설정되어 있는 IP 대역에서 IP를 자동으로 할당한다.
- NMS : 시스템 관리자나 시삽이 네트워크를 통제하는 데 사용되는 소프트웨어를 말한다. NMS는 하나의 프로그램 또는 일련의 프로그램들로 구성될 수 있는데, 옛날에는 필요한 세팅에 접근할 수 있도록 해주는 네트워크 계층 또는 프로토콜을 지칭하기도 하였다. SNMP가 바로 이러한 프로토콜 중 하나이다. 네트워크 제어의 필요성은 보통 대형 네트워크에서 발생하는데, 조정이 필요한 개개의 PC나 콘솔에 관리자가 일일이 앉아서 작업해야 하는 수고를 덜어준다.

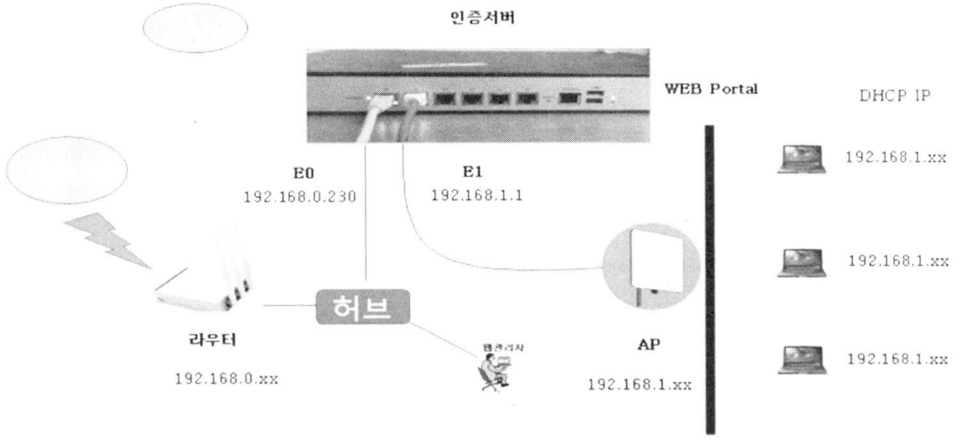

[그림 9.1] 서버 관리 시스템 구성도

9.3 WEB Portal 설정 방법

절차 1. NAT 설정

WEB Portal 서비스는 NAT 환경에서 제공되는 서비스로 인증 서버가 외부망과 연결되어 있어야 한다.

- DRONE 설정 : 웹 관리자가 WEB Portal 인증을 통해 접속한 사용자의 사용정보와 인증정보 확인 감시 관리.
- WEB Portal 설정 : 웹 관리자에 의해 인증 서버의 웹 인증 서비스 설정
- DHCP 설정 : 동적 호스트 설정 프로토콜. 할당 가능한 IP의 영역을 관리하며 DHCP 서버에서 설정되어 있는 IP대역에서 IP를 자동으로 할당한다.

절차 2. NAT 설정하기

- NAT 설정 : WEB Portal 서비스는 NAT 환경에서 제공되는 서비스로 인증 서버가 외부망과 연결되어 있어야 한다.
- 운영 : YES
- 인터페이스 : eth0

(외부에서 들어오는 케이블이 연결되어 있는 포트)

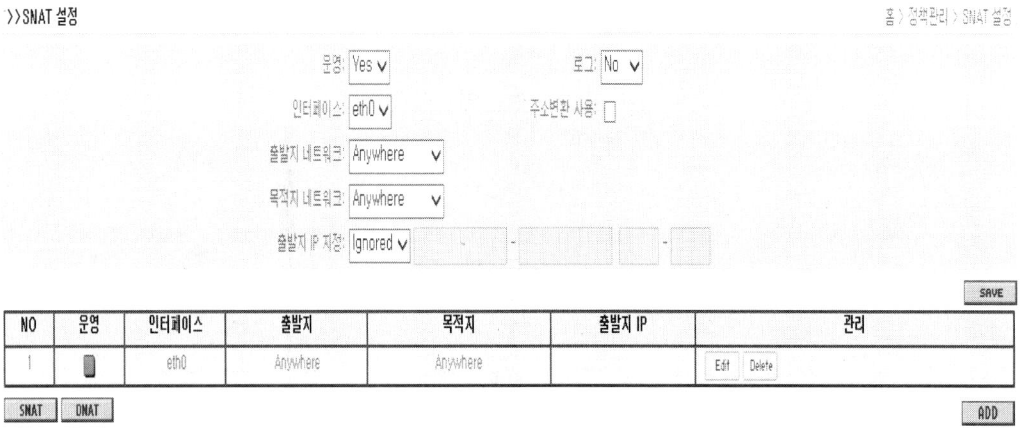

[그림 9.2] NAT 설정

절차 3. DRONE 설정하기

DRONE명별로 WEB Portal 인증을 통해 접속한 사용자의 사용정보와 인증정보 확인이 가능하며 관리할 수 있는 기능이다.

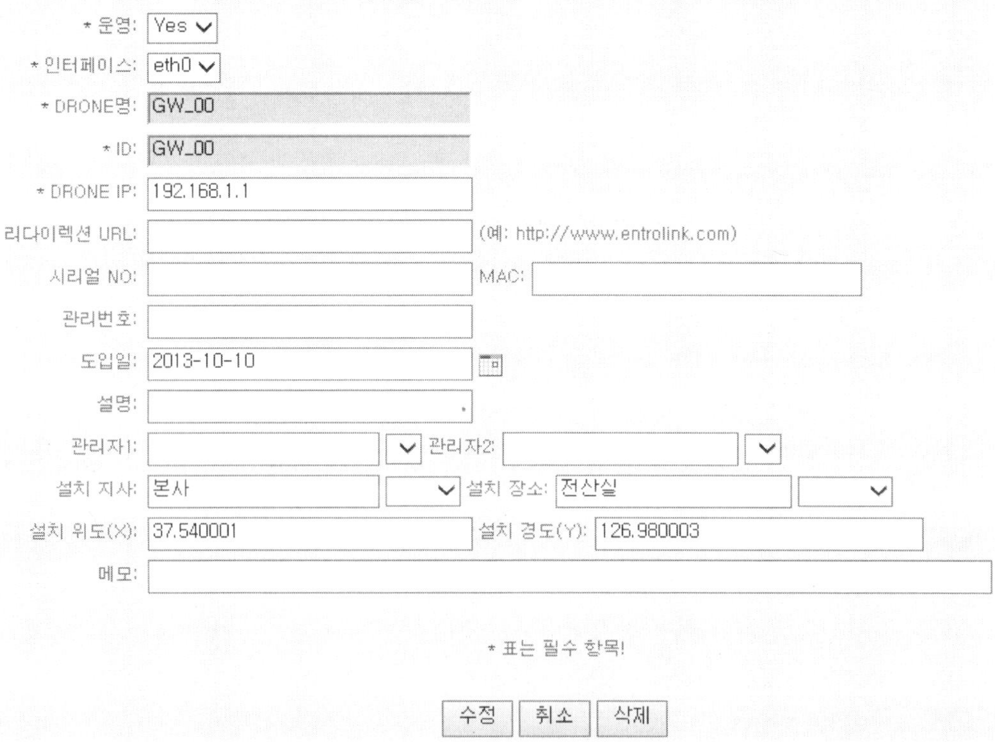

[그림 9.3] DRONE 설정

[그림 9.4] WEB Portal 설정 창

- 인터페이스 : NMS 장비에서 외부망과 연결된 케이블이 꽂혀 있는 인터페이스 포트
- DRONE명 : DRONE에서 관리하기 위한 ID 입력
- DRONE IP : NMS 장비에서 인증 서버를 만들기 위해 케이블을 꽂아 사용
- 인터페이스 IP : 외부 인터페이스와 내부 인터페이스, WEB Portal 서비스를 할 IP를 설정하는 기능
- eth0 : 외부 인터페이스
- eth1 : 내부 인터페이스

[그림 9.5] WEB Portal 서비스를 할 IP를 설정

절차 4. DHCP 설정하기

AP에 접속될 단말의 IP를 내부 인터페이스 대역으로 자동 할당해 주는 기능으로 임대 시작 IP, 임대 종료 IP, 임대 시간(초), 갱신 시간(초), 메인 DNS, 보조 DNS를 설정해 주어야 한다.

[그림 9.6] DHCP 설정

ID와 password는 NMS 인증 서버에 사용자설정에 등록된 ID와 password를 입력해 주어야 한다.

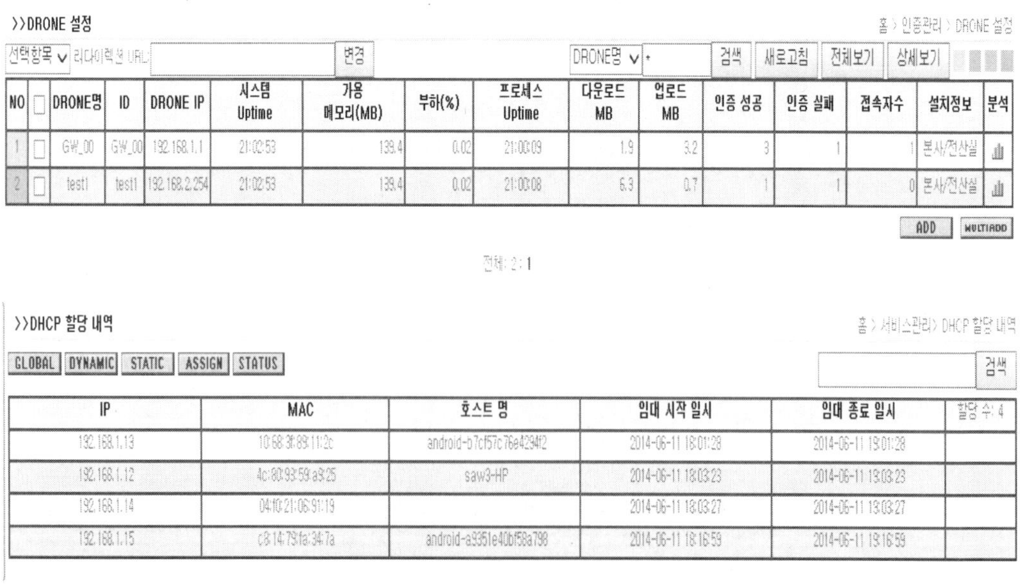

>>DRONE 설정

홈 > 인증관리 > DRONE 설정

NO		DRONE명	ID	DRONE IP	시스템 Uptime	가용 메모리(MB)	부하(%)	프로세스 Uptime	다운로드 MB	업로드 MB	인증 성공	인증 실패	접속자수	설치정보	분석
1		GW_00	GW_00	192.168.1.1	21:02:53	139.4	0.02	21:00:09	1.9	3.2	3	1	1	본사/전산실	
2		test1	test1	192.168.2.254	21:02:53	139.4	0.02	21:00:08	6.3	0.7	1	1	0	본사/전산실	

전체: 2 : 1

>>DHCP 할당 내역

홈 > 서비스관리> DHCP 할당 내역

IP	MAC	호스트 명	임대 시작 일시	임대 종료 일시	할당 수: 4
192.168.1.13	10:68:3f:89:11:2c	android-b7cf57c76e4294f2	2014-06-11 18:01:28	2014-06-11 19:01:28	
192.168.1.12	4c:80:93:59:a9:25	saw3-HP	2014-06-11 18:03:23	2014-06-11 13:03:23	
192.168.1.14	04:f0:21:06:91:19		2014-06-11 18:03:27	2014-06-11 13:03:27	
192.168.1.15	c8:14:79:fa:34:7a	android-a9351e40bf58a798	2014-06-11 18:16:59	2014-06-11 19:16:59	

[그림 9.7] 접속한 접속자 정보 확인

웹 포탈 로그인 페이지를 통해 접속한 접속자 수, 인증정보 등 확인 후 접속된 단말의 MAC과 할당된 IP와 접속 시간을 확인한다.

9.4 실험 결과 및 고찰

실험제목					평 가	
소 속						
실 험 조	조		인원		실험일자	
학 번						
성 명						

1. IOS에 대해 설명하시오.
2. 라우터의 시동순서와 시동 모드에 대해 설명하시오.
3. 라우터가 정상적으로 부팅될 때의 레지스터값은 무엇인가?
4. Packet Tracer를 이용하여 구성도와 같이 네트워크를 구성하여 통신실험을 해 보시오.

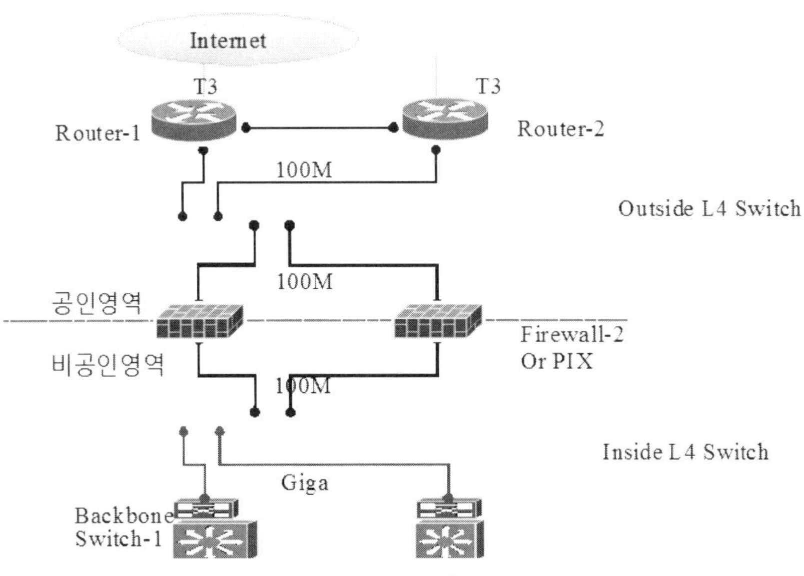

[그림 9.8] 네트워크 구성도

다음과 같이 IP 프로토콜을 설정하고 명령 프롬프트 창에서 Ping을 이용하여 통신을 확인한다.

<table>
<tr><th>PC</th><th>IP</th><th>서브넷</th><th>게이트웨이</th><th>DNS</th></tr>
<tr><td>PC0</td><td>192.168.1.10</td><td rowspan="4">255.255.255.0</td><td rowspan="2">192.168.1.1</td><td rowspan="4">설정 안함.</td></tr>
<tr><td>PC1</td><td>192.168.1.20</td></tr>
<tr><td>PC2</td><td>192.168.2.10</td><td rowspan="2">192.168.2.1</td></tr>
<tr><td>PC3</td><td>192.168.2.20</td></tr>
</table>

<table>
<tr><th colspan="6">라우터 인터페이스 설정하기</th></tr>
<tr><td>라우터</td><td>Etherne 0/0</td><td>Serial 0/0</td><td>Serial 0/1</td><td>서브넷 마스크</td><td>비고</td></tr>
<tr><td>라우터 1</td><td>192.168.1.1</td><td>설정 안함</td><td>설정 안함</td><td>255.255.255.0</td><td></td></tr>
<tr><td>라우터2</td><td>192.168.1.2</td><td>설정 안함</td><td>설정 안함</td><td>255.255.255.0</td><td></td></tr>
</table>

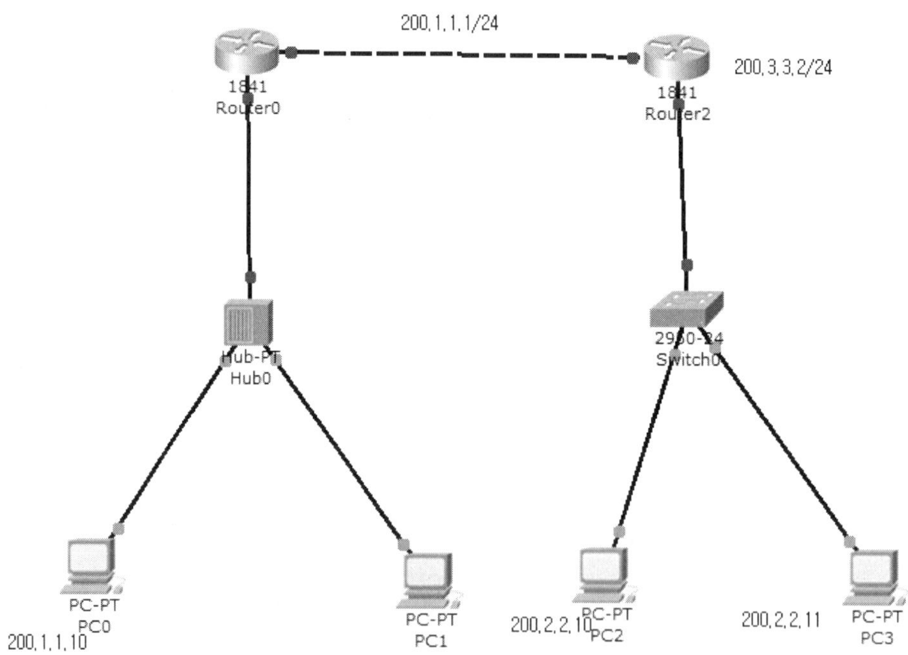

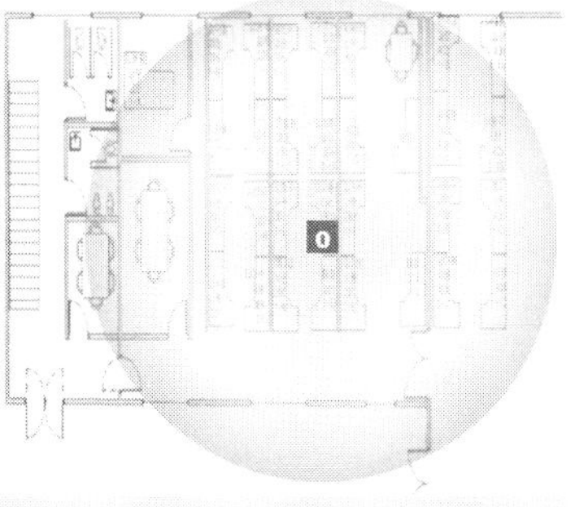

제 10 장

스마트폰을 이용한 AP 신호 및 속도 측정

10.1 실험목적

RSSI(Received Signal Strength Indicator)의 잡음을 포함하여 수신되는 모든 신호의 전파 세기의 정도를 이동통신 수신측에서 간단하게 측정할 수 있는 수신 전파 신호의 세기를 측정한다.

10.2 시험절차

다음은 AP에서 속도 측정을 하기 위한 설정 방법이다.

절차 1. 5GHz에서의 link rate 변화에 따른 속도를 비교하기 위하여 다음과 같이 설정한다.

- 속도 : 1,300Mbps
- 대역폭 : 80MHz
- 연결할 PC의 IP를 입력한다.
- Endpoint 1 address : 192.168.11.2
- Endpoint 2 address : 192.168.11.6

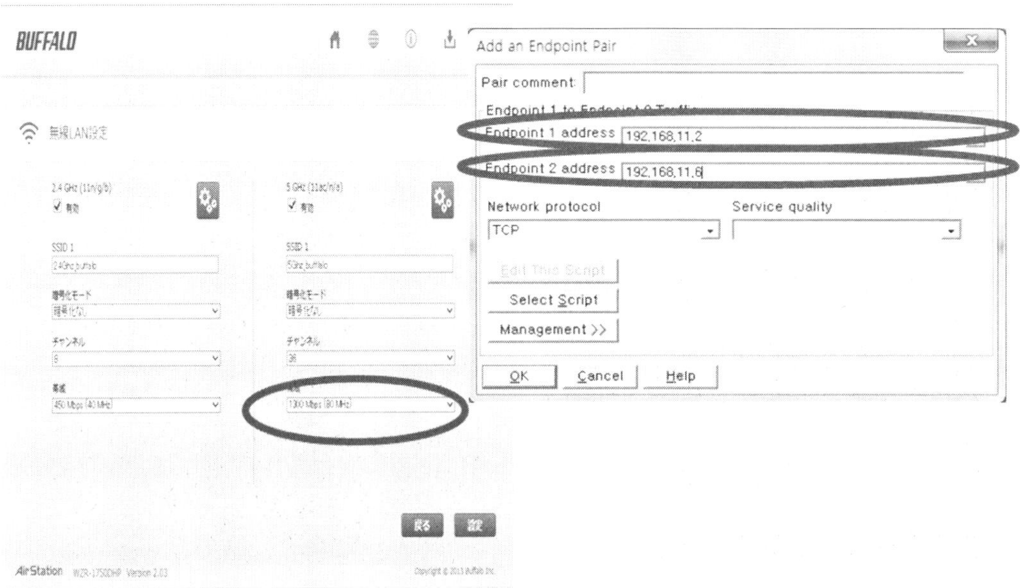

[그림 10.1] link rate 변화에 따른 속도 비교

절차 2. 스마트폰이 AP에 접속되어 있는 것을 확인하는 과정을 위해 다음과 같이 설정한다.

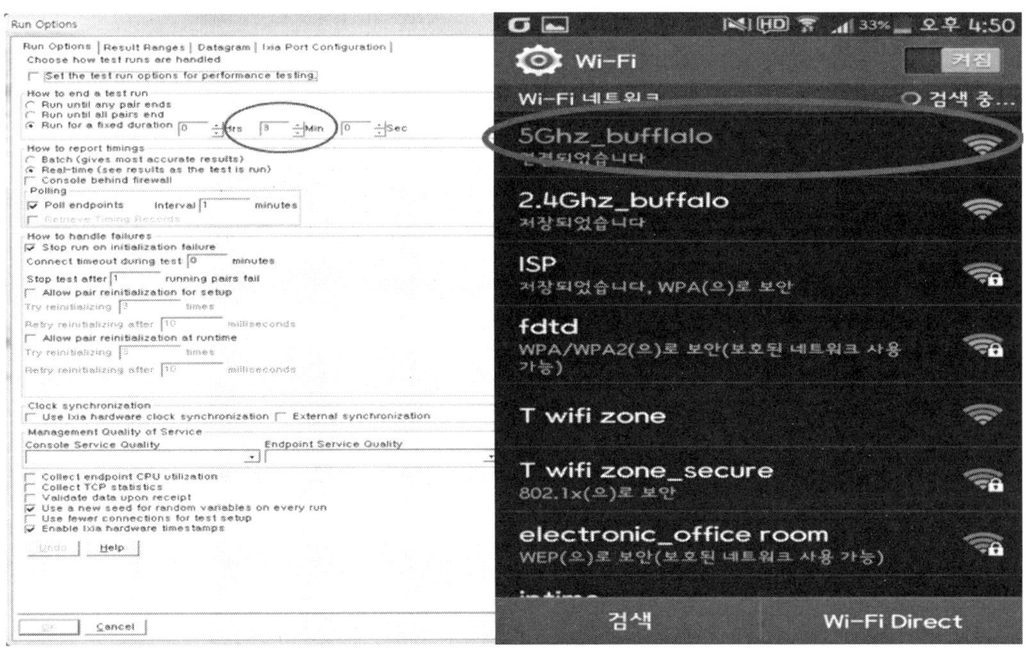

[그림 10.2] AP에 접속 확인

절차 3. 네트워크가 연결되어 있다는 것을 PING 테스트로 확인한다.

[그림 10.3] IP 192.168.11.1/ 192.168.11.4 Ping test

절차 4. 스마트폰에서 AP 신호의 주파수 및 강도 확인과정을 위해 다음과 같이 설정한다.

- Linkspeed : 150Mbps
- RSSI : −55dbm
- 손실률 : 63%

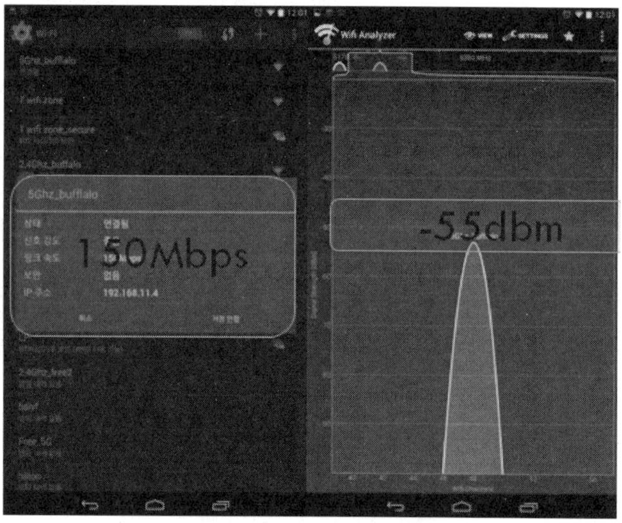

[그림 10.4] AP 신호의 주파수

절차 5. 채리엇을 이용하여 네트워크상의 실제 속도(스루풋)를 측정한다.

Group	Pair Group Name	Run Status	Timing Records Completed	95% Confidence Interval	Average (Mbps)	Minimum (Mbps)	Maximum (Mbps)	Measured Time (sec)	Relative Precision
All Pairs			251		109,443	7,370	21,733		
Pair 1	No Group	Finished	30	-0,590 : +0,590	13,904	9,810	15,674	180,398	4,495
Pair 2	No Group	Finished	34	-0,503 : +0,503	14,835	13,491	21,733	183,345	3,393
Pair 3	No Group	Finished	31	-0,692 : +0,692	13,523	9,094	17,770	183,394	5,117
Pair 4	No Group	Finished	32	-0,669 : +0,669	13,958	10,115	20,222	183,410	4,795
Pair 5	No Group	Finished	32	-0,424 : +0,424	14,035	10,637	16,113	182,395	3,020
Pair 6	No Group	Finished	30	-1,015 : +1,015	13,082	7,915	18,740	183,456	7,762
Pair 7	No Group	Finished	31	-0,725 : +0,725	13,686	8,004	15,842	181,206	5,300
Pair 8	No Group	Finished	31	-0,904 : +0,904	13,570	7,370	16,824	182,761	6,659

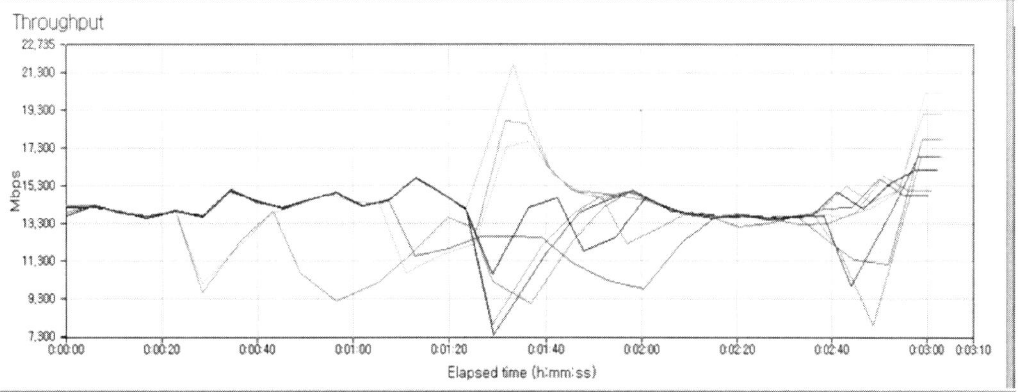

[그림 10.5] 네트워크상의 실제 속도

절차 6. 스루풋(throughput)=109.4Mbps

단말기에서 신호를 받는 링크 속도가 150Mbps인데 이것을 채리엇 프로그램을 사용하여 실제 속도를 측정했을 때 원신호보다 약한 것을 알 수 있다.

그 이유는 5G대역을 사용하는 장비가 주변에 있어서 간섭의 영향을 받기 때문이다.

10.3 실험 결과 및 고찰

실험제목					평 가	
소 속						
실 험 조	조		인원		실험일자	
학 번						
성 명						

1. 라우팅 프로토콜에 대해 설명하시오.
2. 라우팅 메트릭에 대해 설명하시오.
3. 라우티드 프로토콜에 대해 설명하시오.
4. 정적 라우팅에 대해 설명하시오
5. Firewall/ISP 구성도와 같이 구축하시오

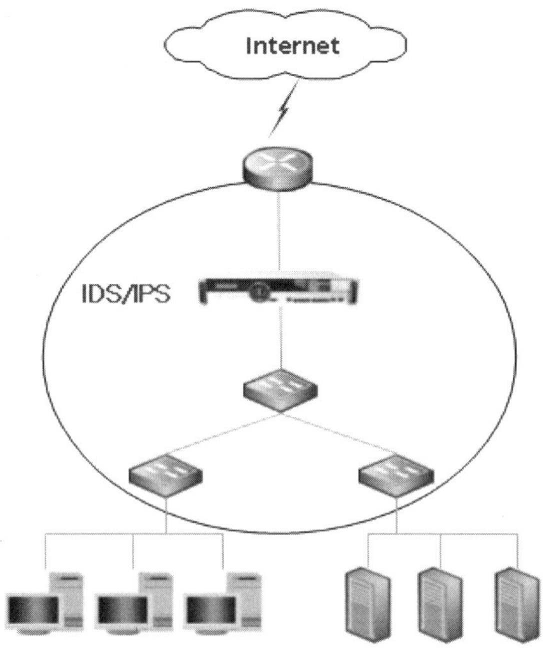

[그림 10.6] 네트워크 구성도

① 구성 설명

- IPS의 상하단 네트워크를 동일한 서브 네트워크로 구성
- 내부 전체 전산자원에 대한 DoS, DDoS 등의 공격 차단 및 Signature 기반의 공격 방어

② 장점

- IP 주소체계의 변경 없이 구성 가능
- 현재 사용 중인 라우팅 프로토콜 또는 네트워크 설정 변경 없이 사용 가능
- IPS 장애 시 장애 복구가 용이

③ 단점

- IPS를 중심으로 자유로운 네트워크(DMZ, Secure Zone 등)의 구성 불가

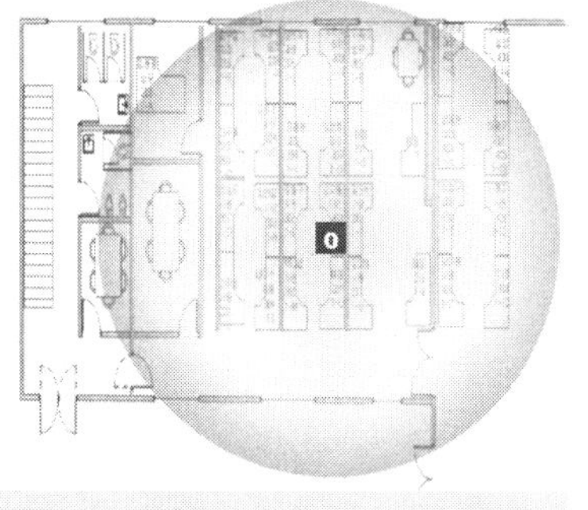

제 11 장

AP 거리에 따른 속도 측정

11.1 실험목적

RSSI(Received Signal Strength Indicator)는 잡음을 포함하여 수신되는 모든 신호의 전파 세기의 거리와 장애물에 대한 신호세기를 수학적으로 이용한 것이다. 따라서 수신신호의 세기는 거리가 멀어질수록 신호가 약해지는 것을 응용한 것으로 수신 전파신호의 세기를 측정하고 데이터의 업로드 · 다운로드 속도를 측정한다.

11.2 속도차이

장애물(문)을 열고 닫았을 때와 거리에 따른 속도차이를 알아보자.

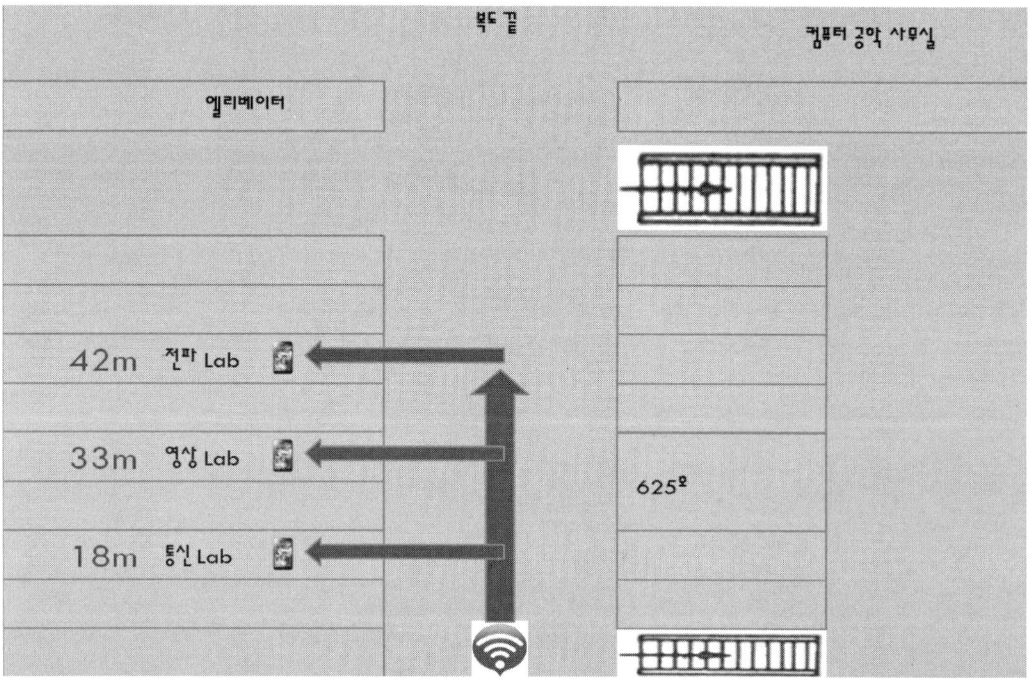

[그림 11.1] 거리에 따른 속도차이

〈표 11.1〉 속도차이 실험결과

위치	문 상태	거리	S/N (dBm)	MCS	업로드 속도 (Mbps) 측정값	업로드 속도 (Mbps) 이론값	오차 (Mbps)
전파	OPEN	42m	10	10	47.9	81	33.1
	CLOSE	42m	x		X	x	x
영상	OPEN	33m	16	11	68.6	108	39.4
	CLOSE	33m	10	10	38.9	81	42.1
통신	OPEN	18m	22	12	105.7	180	74.3
	CLOSE	18m	13	10	51.8	81	29.2

위 실험결과를 보면 문을 열고 닫았을 때와 거리에 따른 속도차이가 있음을 확인할 수 있다.

거리에 따른 장애물의 간섭을 확인하기 위해 각 랩에서 문을 개폐하였을 때 그에 따른 속도의 변화가 얼마만큼 나타나는지 확인하였다.

채리엇(스루풋) 결과값을 보면 가까울수록 속도값은 양호하게 나왔으며, 각 랩에서 문을 개폐했을 때 약 두 배의 속도차를 확인할 수 있었다.

이는 신호가 철 속성의 문을 통과할 때 세기가 반으로 줄어든다는 것을 알려주고 있다. 신호는 장애물에 따라서 간섭을 받는다는 것을 알 수 있다.

각 실험실 속도 측정

위치	문상태	5G업로드속도 (Mbps)	2G업로드속도 (Mbps)
전파	OPEN	47.9	19.1
	CLOSE	X	11.2
영상	OPEN	68.6	28.7
	CLOSE	38.9	16.4
통신	OPEN	105.7	33
	CLOSE	51.8	27.2

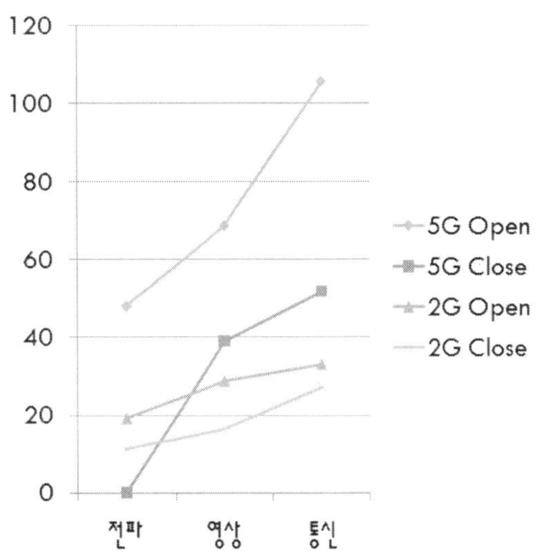

[그림 11.2] 통신속도 측정

〈표 11.2〉 WLAN Channel 요약

2.4GHz		5GHz					
채널	주파수 [MHz]	채널	주파수 [MHz]	채널	주파수 [MHz]	채널	주파수 [MHz]
1	2412	36	5180	100	5500	149	5745
2	2417	40	5200	104	5520	153	5765
3	2422	44	5220	108	5540	157	5785
4	2427	48	5240	112	5560	161	5805
5	2432	52	5260	116	5580		
6	2437	56	5280	120	5600		
7	2442	60	5300	124	5620		
8	2447	64	5320				
9	2452						
10	2457						
11	2462						
12	2467						
13	2472						

1) 802.11b Data Rate

- DSSS(Direct Sequence Spread Spectrum)
  - 1Mbps = 1 bit × 1 Msps
  - 2Mbps = 2 bits × 1 Msps
- CCK(Complementary Code Keying)
  - 5.5Mbps = 4 bits × 1.375 Msps
  - 11Mbps = 8 bits × 1.375 Msps

2) 802.11a/g Data Rate

Data Rate (Mbit/s)	Modulation	Coding rate(R)	Coded bits per subcarrier	RAW Data Rate	250k × 48 × bit	
6	BPSK	1/2	1	12 Mbps	× 1/2	= 6
9		3/4			× 3/4	= 9
12	QPSK	1/2	2	24 Mbps	× 1/2	= 12
18		3/4			× 3/4	= 18
24	16-QAM	1/2	4	48 Mbps	× 1/2	= 24
36		3/4			× 3/4	= 36
48	64-QAM	2/3	6	72 Mbps	× 2/3	= 48
54		3/4			× 3/4	= 54

▶ 802.11ac의 Data Rate 계산 방법

- 433Mbps (1×1, 80MHz)
  : Maximum MAC data rate with 1stream 80MHz channel in 11ac (MCS9, 256QAM 5/6)
- 4μsec symbol length
  : 250ksymbol/sec
- 234 data carriers
  : 242 carriers − 8 pilot carriers,
- 256QAM
  : 8bit/symbol
- 5/6 channel cording
- Short GI

: 800ns

250ksymbols

250 × 234 = 58500ksymbols

58500ksymbol × 8 = 468000kbits

468000kbits × 5/6 = 390000kbits(400n GI)

433000kbists(800n GI)

11.3 실험 결과 및 고찰

실험제목					평 가	
소 속						
실 험 조	조		인원		실험일자	
학 번						
성 명						

1. IP 주소의 Class에 대해 설명하시오.

2. 클래스별 사설 IP 주소범위는 어떻게 되는가?
3. IP 주소의 구성 형식에 대하여 설명하시오.
4. 서브넷을 사용하는 이유는 무엇인가?
5. 무선 AP 네트워크 구성도와 같이 구성하여 데이터 통신을 해 보시오.
6. 채널 간 간격이 4 또는 5 이상이면 간섭이 어느 정도인지 측정해 보시오.

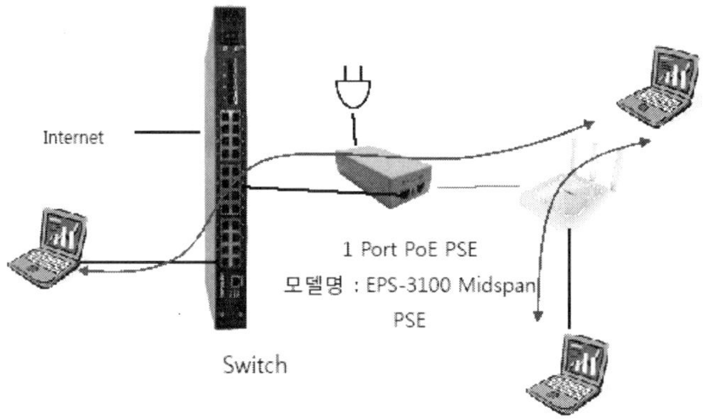

[그림 11.3] 무선 네트워크 구성도

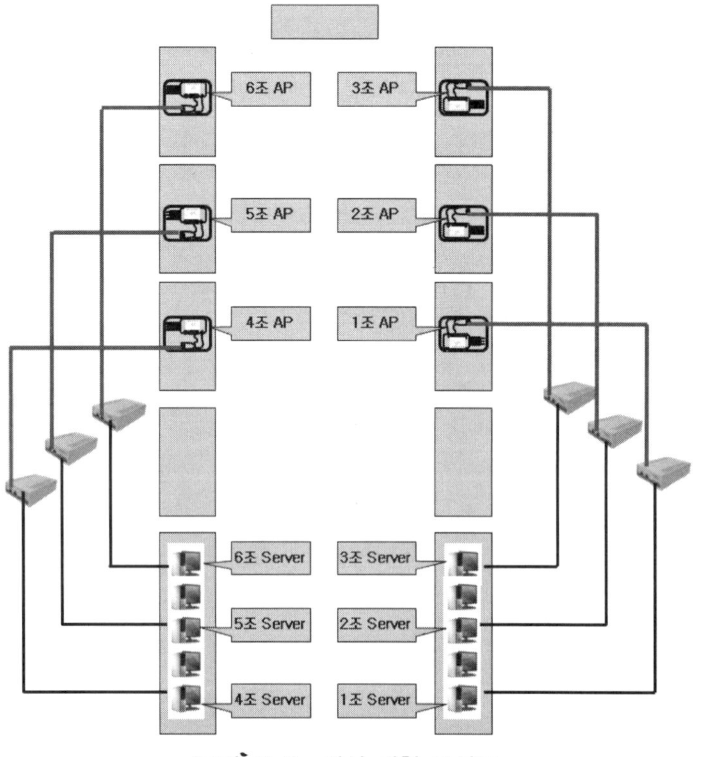

[그림 11.4] 간섭 시험 구성도

동일 지역에서 2개의 AP 사용 시 주의사항은 다음과 같다.

- 채널 간 간격이 4 또는 5 이상이면 간섭이 없는 것으로 인식
- 동일 공간(교실)에서 ch1, ch6 AP를 동시 사용할 경우에 간섭을 일으킬 수 있다. AP의 출력을 50% 줄이면 간섭이 덜하다.

① 간섭 시험 결과

2011. 3.11일 시험 결과

	개별측정 (Down Stream)	동시측정 (Down Stream)		동시측정, TX Power 50% (Down Stream)		
Channel	1회	1회	2회	1회	2회	
1	19.5	2.26	2.59	20.4	16.6	802.11g
6	20.2	3.71	0.9	13.2	16.6	
11	19.0	7.14	7.93	19.1	19.5	
1	43.1	12.5	11.1	21.3	15.0	802.11n
6	47.6	20.1	19.9	32.6	40.0	
11	64.5	68.8	72.3	60.7	62.4	

11g는 개별 채널 측정 시 20Mbps지만 1, 6, 11 채널 동시 측정 시 속도 감소가 심함을 알 수 있다.

11n는 개별 채널 측정 시 평균 50Mbps지만 1, 6, 11 채널 동시 측정 시 ch1, ch6에서 속도 저하가 발생한다.

② 원인 분석

- ch 간격이 5ch 이격되도 서로 간섭을 일으킬 수 있다.
- 해외 옥외형 제품은 channel filter를 별도로 사용한다.

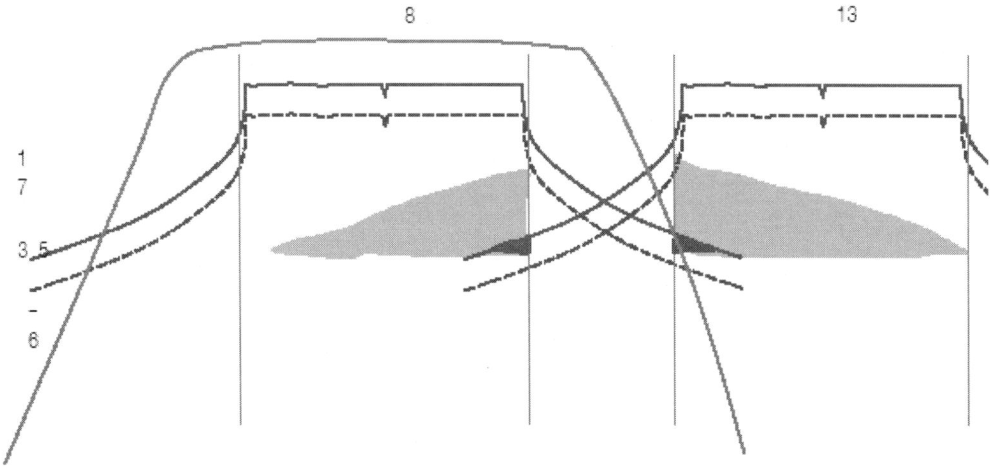

[그림 11.5] 간섭범위

• ch8, ch13의 AP 출력이 높아질수록 상대 AP에 대한 간섭범위가 커짐을 알 수 있다.

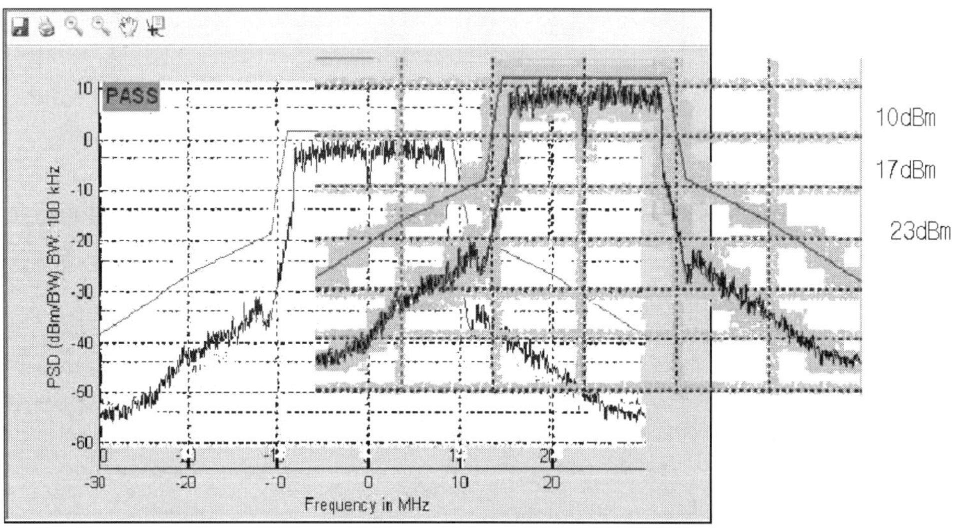

[그림 11.6] 간섭도 측정

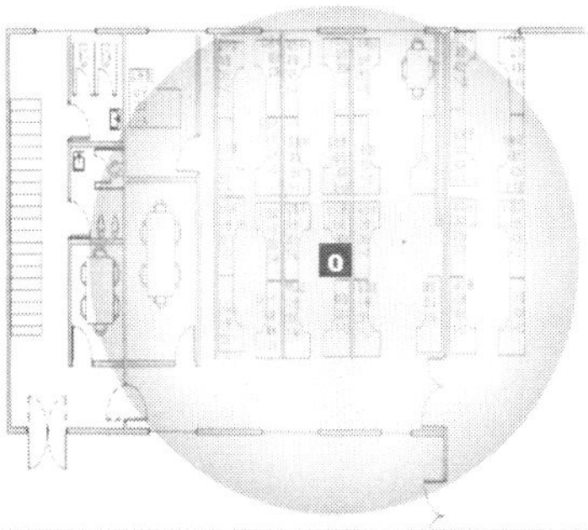

제 12 장

VPN 서버 관리 등록 인증

12.1 실험목적

VPN(Virtual Private Network : 가상사설망)의 원 개념은 자체 정보통신망을 보유하지 않은 사용자도 공중 데이터 통신망을 이용해 마치 개인이 구축한 통신망과 같이 이를 집적 운용, 관리할 수 있는 것을 말한다.

현재 VPN은 기업의 본사와 지사 또는 지사 간에 전용회선 대신 인터넷을 이용해 연결하는 통신수단의 하나로, 전용회선의 대여보다 훨씬 저렴한 비용으로 원거리통신망(WAN)을 구축할 수 있는 네트워크 솔루션을 의미한다.

VPN과 유사한 네트워크 솔루션으로 프레임 릴레이가 있다. 프레임 릴레이가 대용량의 데이터를 고속으로 전송할 수 있는 대신 비용이 많이 든다는 점 때문에 LAN 등의 근거리 접속에 유용한 반면 인터넷을 이용한 VPN은 원거리나 세계 각지에 떨어져 있는 지사와의 통신에 적합하다는 평이다.

이 VPN은 특히 본사와 중소 규모의 위성사무실 간에 대량의 데이터를 전송해야 하거나 재택근무제를 운용하고 있는 업체의 경우 효과가 크다.

그러나 VPN은 인터넷의 표준 프로토콜을 기반으로 하고 있기 때문에 보안상의 취약점이 결정적인 약점으로 지적되고 있다. 외부망과 내부망 간의 IP 인증 및 보안을 관리하기 위한 등록 및 웹 관리자가 WEB Portal 인증을 통해 접속한 사용자의 사용정보와 인증정보 확인 감시 관리 방법에 목적이 있다.

12.2 VPN 서버 설정하기

절차 1. AnyVPN 서버 설정

① 서비스 관리의 설정권한이 있는 관리자만이 수행할 수 있다.

② 서비스 관리 → AnyVPN 설정 → 서버 모드

③ 서비스 IP : AnyVPN 서비스를 운영할 IP(유효범위 : 숫자, ".", 1~15자)

④ 포트 : AnyVPN이 사용할 포트 입력(유효범위 : 숫자, 1~5자)

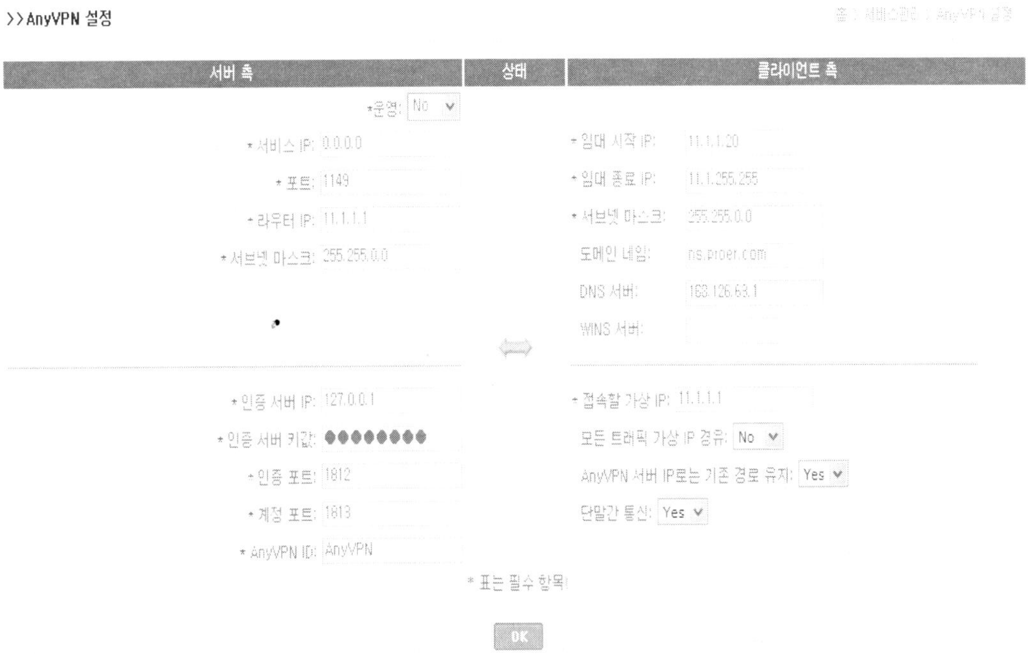

[그림 12.1] VPN 설정

⑤ 라우터 IP : 사용할 AnyVPN IP 주소(유효범위 : 숫자, ".", 1~15자)
⑥ 서브넷 마스크 : 서브넷 마스크 주소(유효범위 : 숫자, ".", 1~15자)
⑦ 인증 서버 IP : 인증 서버 IP 주소 입력(유효범위 : 영문, 숫자, ".", 1~30자)
⑧ 인증 서버 키값 : 인증 서버 키값 입력(유효범위 : 문자, 1~30자)
⑨ 인증 포트 : 인증 포트 번호 입력(유효범위 : 숫자, 1~5자)
⑩ 계정 포트 : 계정 포트 번호 입력(유효범위 : 숫자, 1~5자)
⑪ AnyVPN ID : AnyVPN명(유효범위 : 문자, 1~30자)
⑫ 임대 시작 IP : AnyVPN에 접속할 사용자의 임대 시작 IP(유효범위 : 숫자, ".", 1~15자)
⑬ 임대 종료 IP : AnyVPN에 접속할 사용자의 임대 마지막 IP(유효범위 : 숫자, ".", 1~15자)
⑭ 서브넷 마스크 : 사용자 서브넷 마스크(유효범위 : 숫자, ".", 1~15자)
⑮ 도메인 네임 : 사용자가 부여받을 도메인 네임(유효범위 : 문자, 1~30자)

⑯ DNS 서버 : 사용자가 부여받을 DNS 서버 IP(유효범위 : 숫자, ".", 1~15자)
⑰ WINS 서버 : 사용자가 부여받을 WINS 서버 IP(유효범위 : 숫자, ".", 1~15자)
⑱ 접속할 가상 IP : 사용자가 접속할 가상 IP 주소(유효범위 : 숫자, ".", 1~15자)
⑲ 모든 트래픽 가상 IP 경유 : 사용자 트래픽 경유 선택
⑳ AnyVPN 서버 IP로 기존 경로 유지 : 경로 선택
㉑ 클라이언트 간 통신 허용 : 선택

절차 2. 라우팅 테이블 설정

① 서비스 관리의 설정권한이 있는 관리자만이 수행할 수 있다.
② 서비스 관리 → AnyVPN 설정 → 라우팅 테이블
③ 목적지 네트워크 : AnyVPN 접속자의 목적지 라우팅 정보를 입력한다(유효범위 : 숫자, ".", 1~15자).
④ 서브넷 마스크 : 서브넷 마스크를 입력한다(유효범위 : 숫자, ".", 1~15자).
⑤ 라우터 IP : 라우터 IP를 입력한다(유효범위 : 숫자, ".", 1~15자).
⑥ Apply 버튼을 눌러 적용한다.

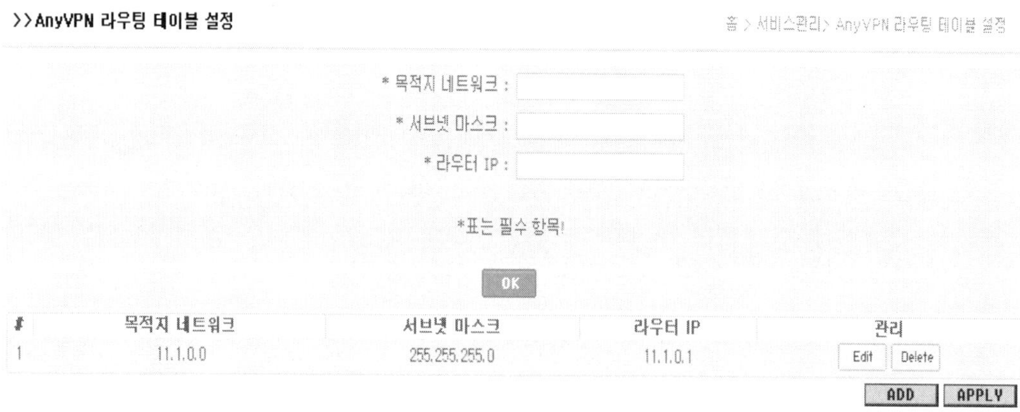

[그림 12.2] VPN 라우팅 테이블 설정

절차 3. VPN 서버를 이용한 클라이언트 관리 및 보안 방법

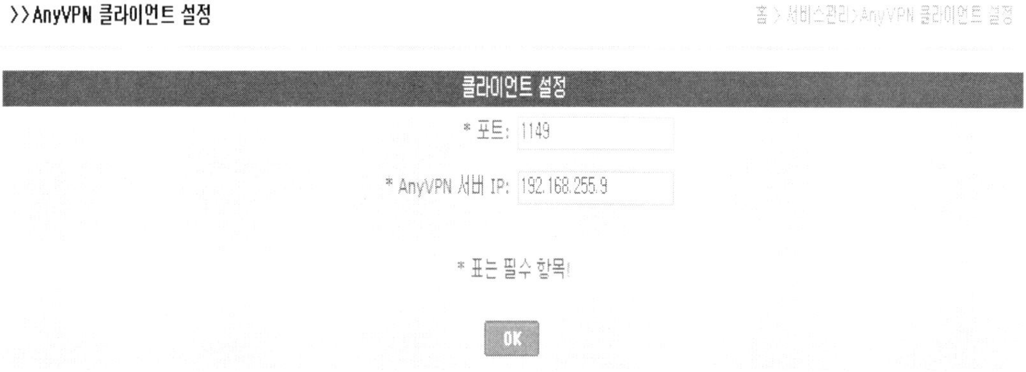

절차 4. VPN 클라이언트 테이블 설정

절차 5. AnyVPN 클라이언트 설정

① 서비스 관리의 설정권한이 있는 관리자만이 수행할 수 있다.
② 서비스 관리 →AnyVPN 설정 → 클라이언트 설정
③ 포트 : 클라이언트 포트 번호를 입력한다(유효범위 : 숫자, 1~5자).
④ AnyVPN 서버 IP : AnyVPN 접속 서버 IP를 입력한다(유효범위 : 숫자, ".", 1~15자).

절차 6. AnyVPN 보안키 설정

① 서비스 관리의 설정권한이 있는 관리자만이 수행할 수 있다.
② AnyVPN의 보안키 설정 메뉴이다.
③ 메인 AnyVPN 서버와 클라이언트 AnyVPN 간 암호화 터널을 생성하기 위한 인증키(CA.CRT, CLI.CRT, CLI.CSR, CLI.KEY)를 설정한다.
④ 메인 서버와 클라이언트 서버의 인증서는 같아야 한다.
⑤ AnyVPN의 인증서는 로컬 관리자로 접속하여 생성한다.

12.3 실험 결과 및 고찰

실험제목				평 가	
소 속					
실 험 조	조		인원	실험일자	
학 번					
성 명					

1. 실험의 목적
2. 각 기능에 대한 이해력(사용한 기능키에 대해 설명하시오)
3. Firewall/IPS를 아래와 같이 구성하시오.
4. 구성 설명
   - Dual G/W : 각 라우터와 방화벽 인터페이스 사이에 위치하여 라인별 서브 네트워크로 구성
   - FW에서 Dual Default GW를 설정하거나 HSRP(VRRP)를 이용 WAN 라우터와 방화벽 사이는 모두 동일한 서브 네트워크로 구성
   - 내부 전체 전산자원에 대한 외부의 DoS, DDoS 등의 공격 차단 및 Signature 기반의 공격 방어
   - 장점
     - 1대의 IPS로 Multi Segment 통합 가능
     - IP 주소체계의 변경 없이 구성 가능
   - 단점
     - Segment별로 각각 차별된 보안정책으로 설정 불가

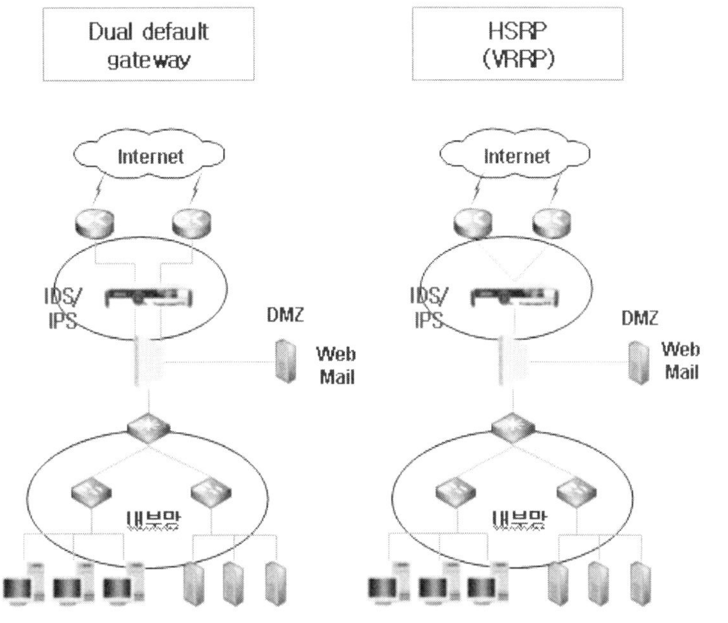

[그림 12.3] Firewall/IPS 구성도

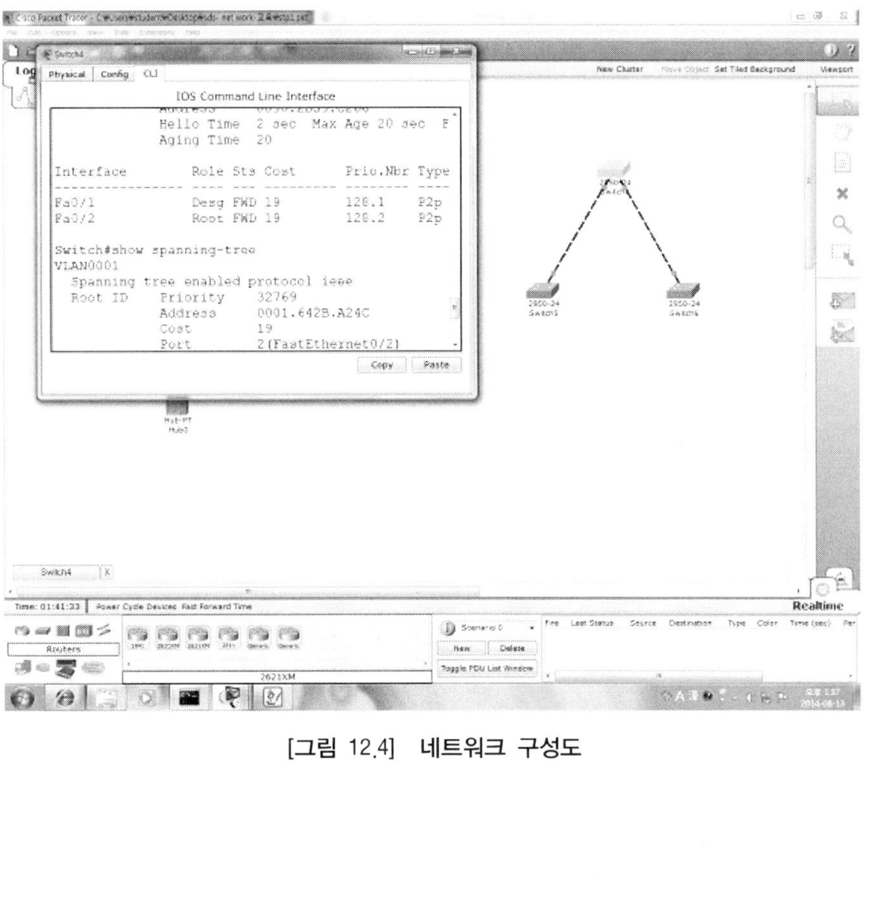

[그림 12.4] 네트워크 구성도

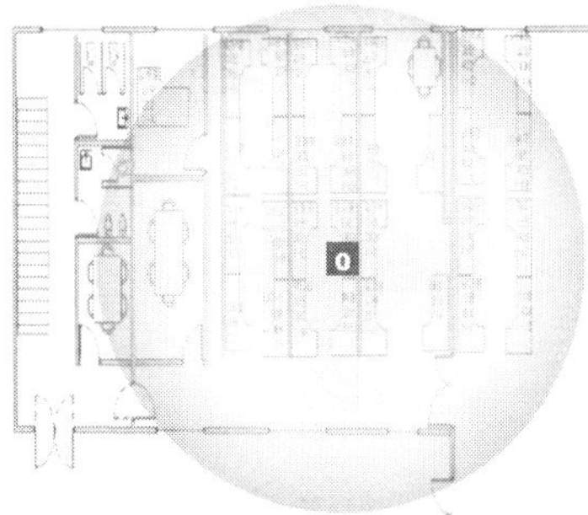

제 13 장

무선 네트워크 CCTV 구축

- 13.1 실험목적
- 13.2 무선망 구축
- 13.3 실험 결과 및 고찰

13.1 실험목적

AP와 무선 브리지를 연결하여 NMS, AAA, VPN을 통합한 이동통신망을 구축하여 무선으로 동영상 및 데이터를 전송하도록 구축관리 방법에 목적이 있다.

13.2 무선망 구축

AP와 무선 브리지를 연결하여 NMS, AAA, VPN을 통합한 무선망 구축을 알아보자.

절차 1. 브리지를 통해 연결하고 장거리 통신을 개통한 후 허브를 통해 다시 AP와 NMS 장비를 연결하여 통신망을 구축한다.

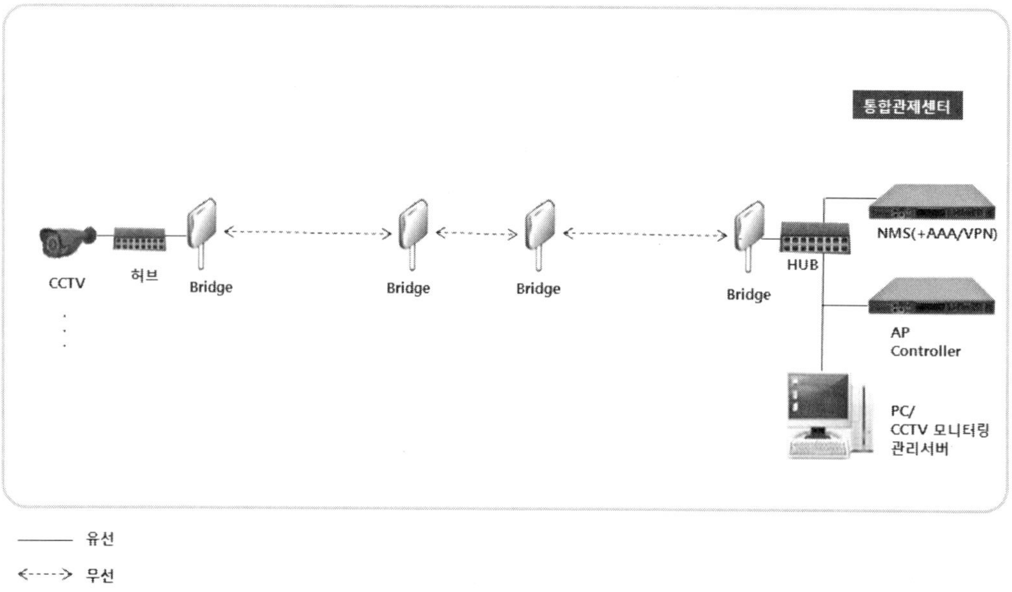

[그림 13.1] AP와 무선 브리지 구성도

절차 2. CCTV 통신이 가능하게 무선망을 구축한다.

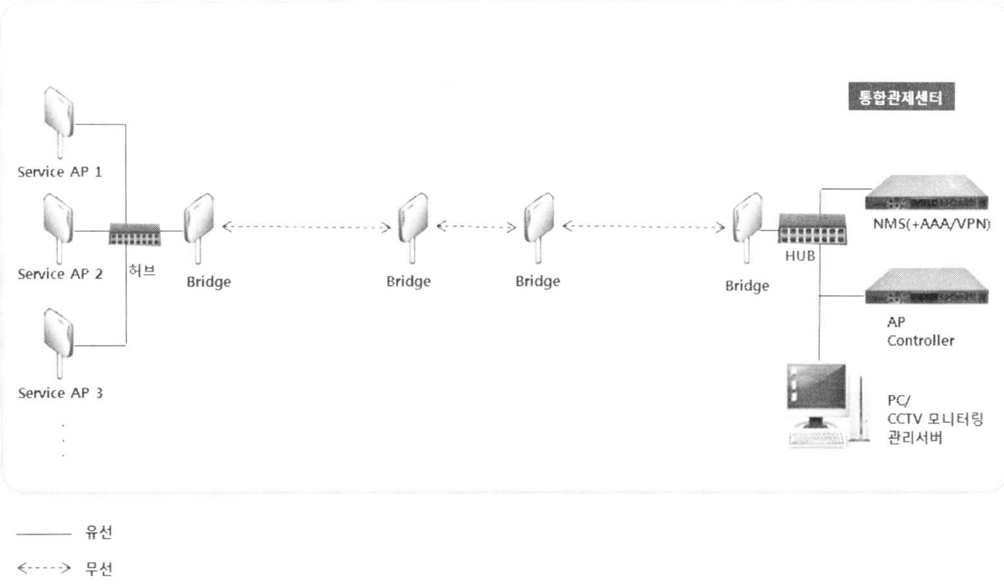

[그림 13.2] CCTV 통신이 가능하게 무선망 구축

절차 3. 마찬가지로 브리지 통신으로 허브에 AP 장비를 3개 연결하여 구축한다.

[그림 13.3] 4대의 AP 장비와 3대의 CCTV 구축도

위 시스템을 적용하여 도심지에 적용한 모습이다.

CCTV 통신망을 구축한 모습이며 총 4대의 AP 장비와 3대의 CCTV를 사용하여 구축하였다.

13.3 실험 결과 및 고찰

<table>
<tr><td>실험제목</td><td colspan="4"></td><td>평 가</td><td></td></tr>
<tr><td>소 속</td><td colspan="4"></td><td></td><td></td></tr>
<tr><td>실 험 조</td><td>조</td><td></td><td>인원</td><td></td><td>실험일자</td><td></td></tr>
<tr><td>학 번</td><td colspan="6"></td></tr>
<tr><td>성 명</td><td colspan="6"></td></tr>
</table>

1. 구성도와 같이 네트워크를 구성하고 전송실험을 통해 전송신호세기를 측정한다.

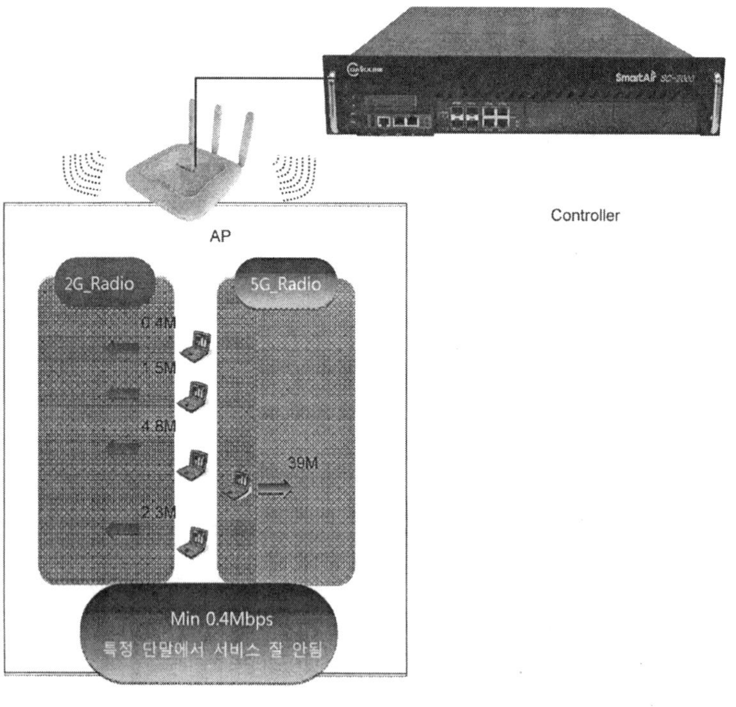

[그림 13.4] 네트워크 구성도 1

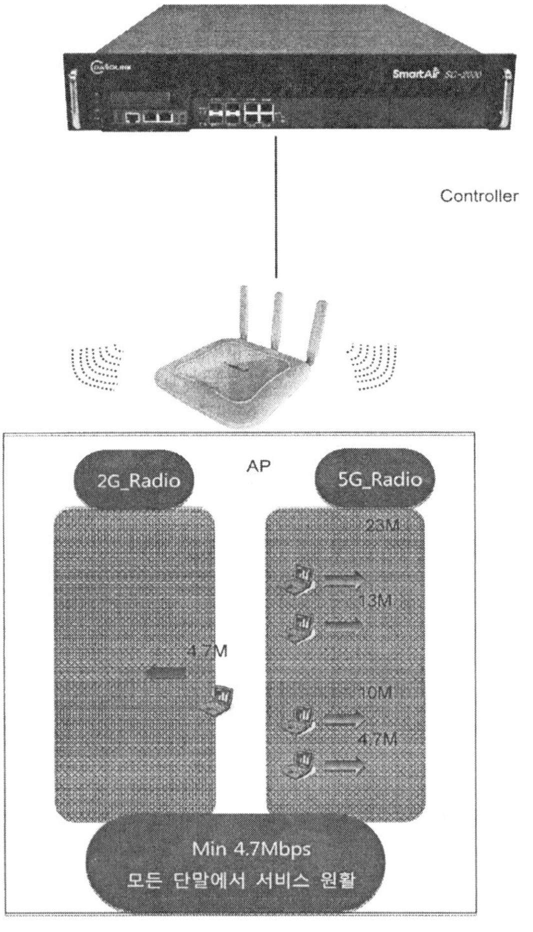

[그림 13.5] 네트워크 구성도 2

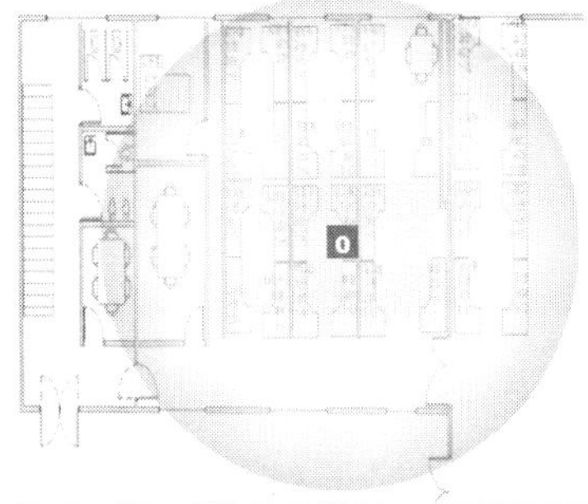

제 14 장

DHCP 서버 관리

14.1 실험목적

DHCP 서버는 흔히 말하는 공유기를 생각하면 된다. DHCP(유동)으로 IP를 LAN 포트(혹은 무선)에 연결된 단말들에게 부여하는 역할을 하는 기능으로 DHCP 서버 메시지인 Offer / Ack의 Option Field 확인과 Discover 메시지 63가지 Case에 대하여 확인을 한다.

14.2 실험절차

다음의 구성도와 같이 기본구성 상태에서 시험을 진행한다.

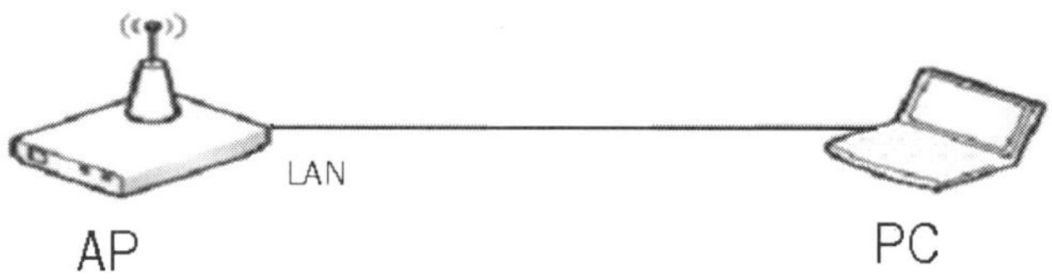

[그림 14.1] 기본구성도

절차 1. Offer / Ack의 Option Field 확인

Wireshark 프로그램 실행 중인 PC의 Ethernet 포트에 AP의 LAN 포트에 연결하여 PC에서 올리는 Discover / Request 메시지에 대해서 AP의 Offer / Ack 응답 메시지를 확인한다.

절차 2. Discover 메시지 63가지 Case에 대하여 확인(NAK를 보내는 Case 63가지 확인)

Wireshark로 캡처한 PC의 dhcp 메시지를 저장한 파일을 Colasoft로 로드하여 해당 필드를 변경하면서 63가지 case에 대해서 AP로 패킷을 송출하여

AP의 응답을 확인한다. AP의 응답은 ACK / NAK / 무응답 이렇게 3가지로 확인된다.

■ **시험에 필요한 부가적인 명령어**

- 도스 창에서 명령
- ipconfig / release(PC에서 DHCP로 수신한 IP를 해제하는 명령어)
- ipconfig / renew(PC에서 DHCP로 IP를 새로 얻거나 갱신하는 명령어)

14.1.1 DHCP 서버 메시지 확인(Offer/Ack 확인 NAK는 별도로 확인)

절차 1. 먼저 확인할 수 있는 프로그램을 다운받아 실행한다.

1) Wireshark **실행**

① PC에서 Wireshark를 실행시킨다.

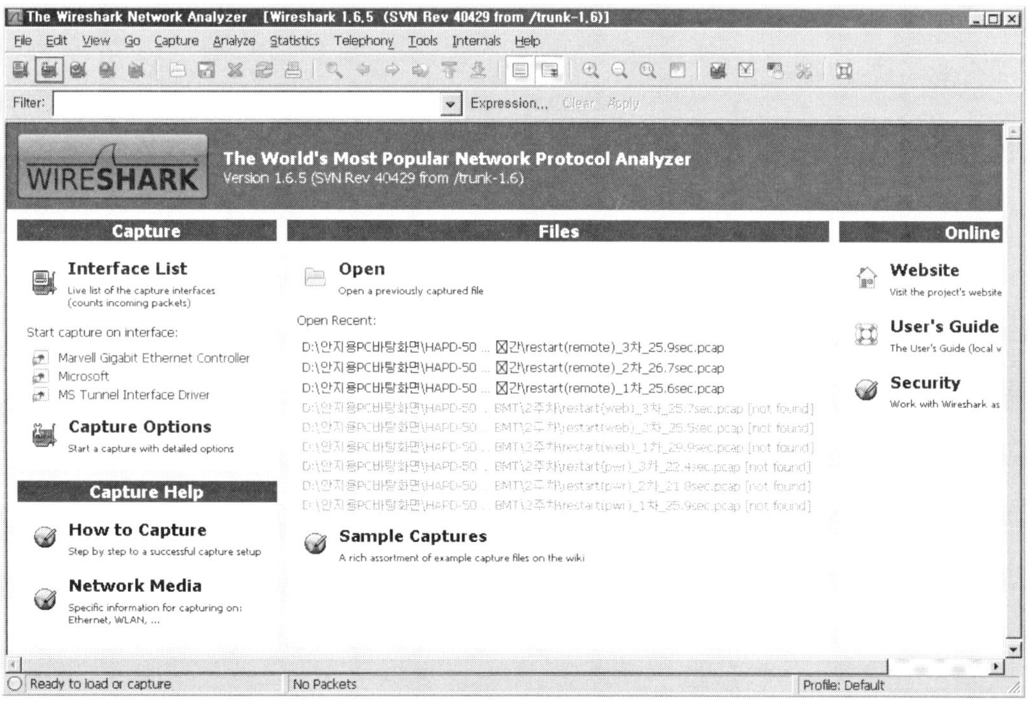

② 실행 시 위와 같은 화면이 출력된다. 메뉴의 Edit 밑에 있는 Capture Options 아이콘(빨간색 네모)을 클릭한다.

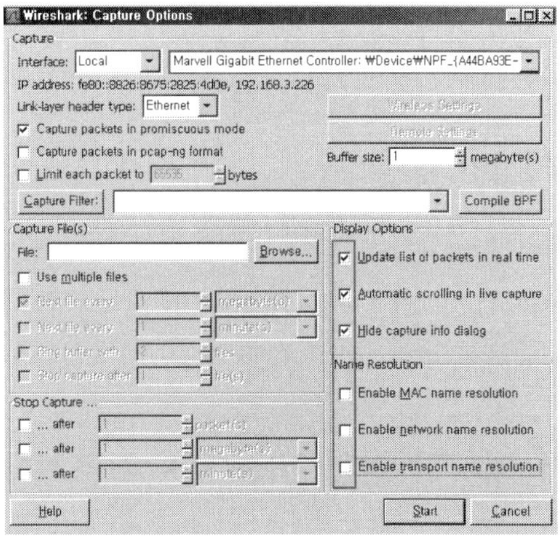

③ Capture Option을 클릭하면 위와 같은 창이 뜨는데, 위쪽의 빨간 네모 풀다운 선택 옵션에서 PC의 LAN Card(Wireshark로 패킷 캡처)를 선택한다.

④ 아래쪽의 빨간색 마킹 Display Options은 본인의 취향에 맞게 설정하며 이에 대한 설명은 생략한다.

2) Wireshark **캡처 화면**

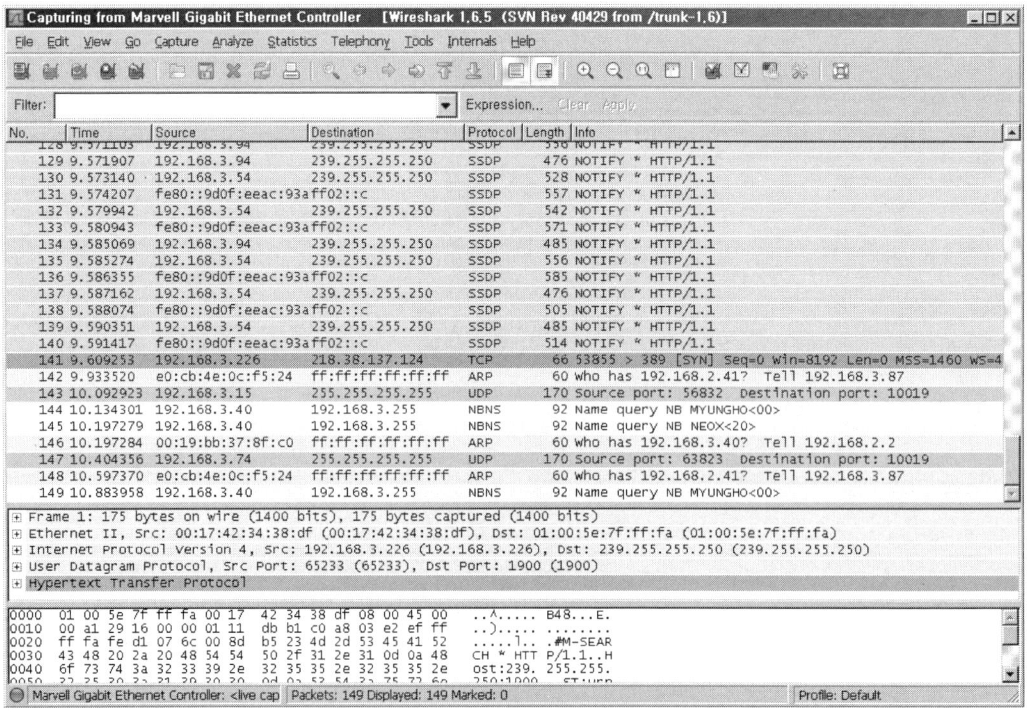

1번 항목의 절차를 완료하면 바로 Wireshark에서는 Packet Capture가 진행된다. Filter Option을 주지 않은 상태이기 때문에 PC에서 보이는 모든 패킷들에 대해서 출력이 된다. DHCP 관련된 Filter Option인 bootp로 필터링을 한다.

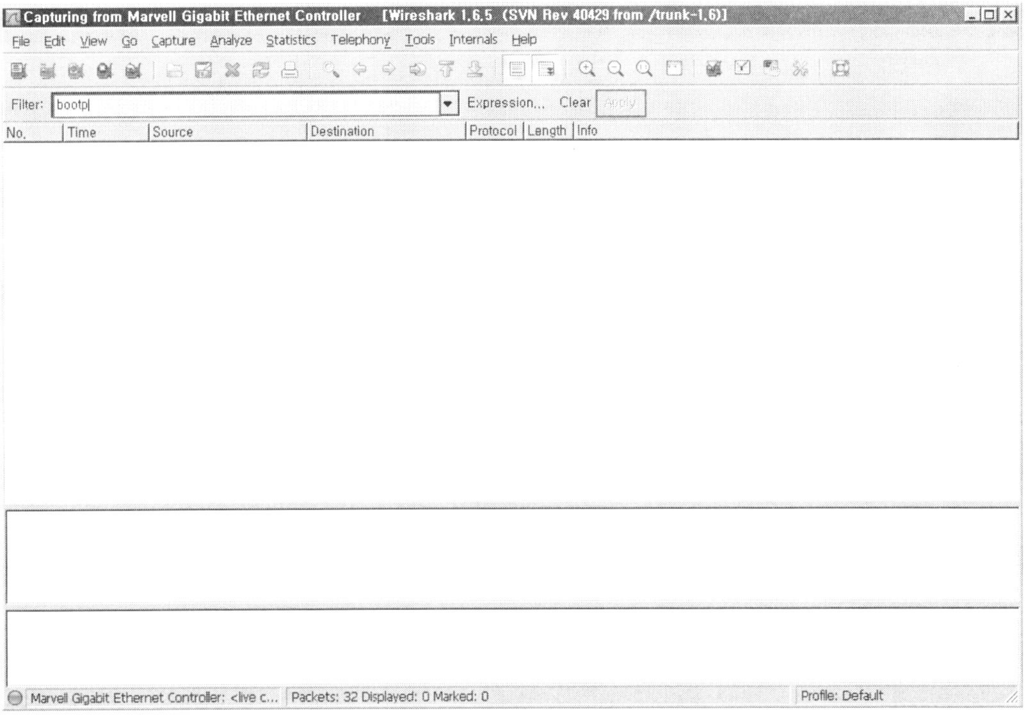

Filter 항목(빨간색 네모)에 bootp를 타이핑한 후에 엔터를 두 번 누르거나 Clear 오른쪽에 있는 Apply를 클릭하여 필터를 적용한다. 적용 시 bootp에 대한 내용을 제외한 모든 패킷은 보이지 않는다.

3) AP의 DHCP 서버 메시지(Offer/Ack) 확인

먼저 AP에 연결된 PC가 DHCP(자동으로 IP받기)로 설정되어 있는지 확인하고, 수동으로 IP 설정으로 되어 있으면, 자동으로 IP받기를 설정한 뒤, Wireshark에서 Capture되는 DHCP 메시지를 확인한다.

AP에 연결된 PC가 이미 DHCP로 설정된 경우에는 이미 AP로부터 IP를 수신한 상태이기 때문에 기존의 IP를 Release(도스 창에서 ipconfig/release)한 후에 다시 Discover 요청(도스 창에서 ipconfig/renew 혹은 PC에 연결된 LAN선을 탈부착)하여야 한다.

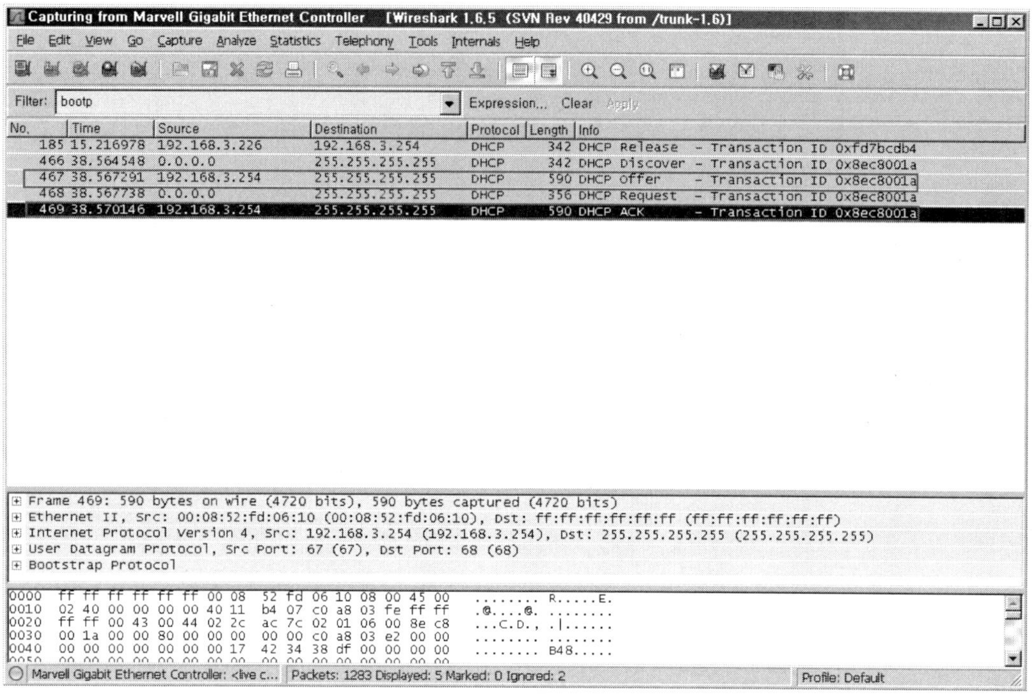

위와 같은 메시지를 확인할 수 있다. 이제 DHCP Offer 메시지와 Ack 메시지의 필드 값을 확인한다.

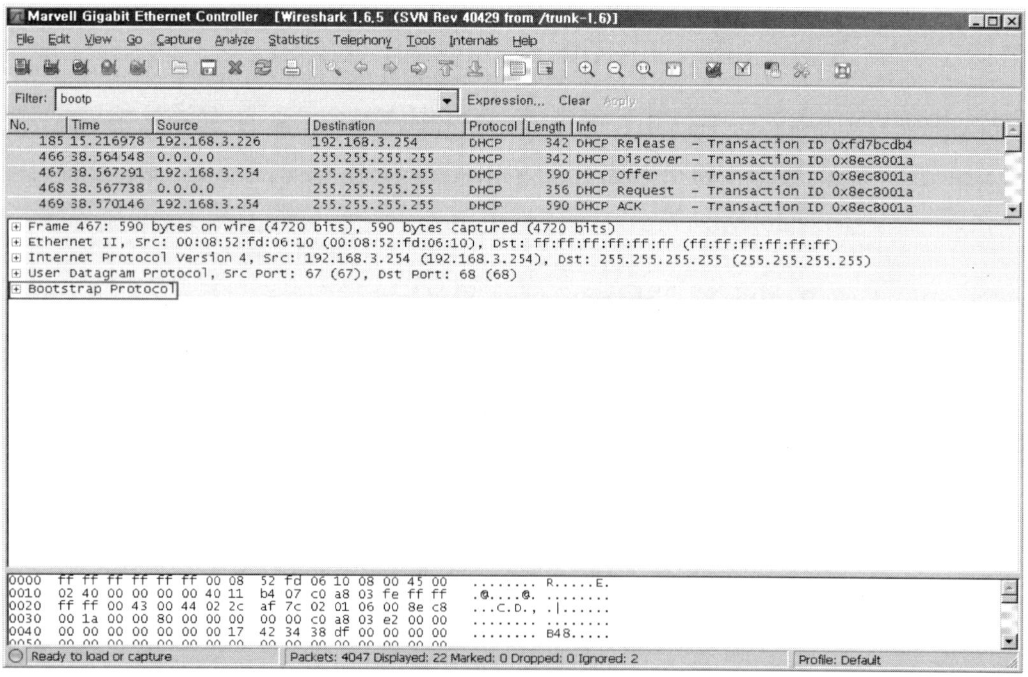

Offer 메시지를 클릭하여 아래쪽 창에 Bootstrap Protocol의 + 표시를 클릭하여 디테일한 내용을 확인한다.

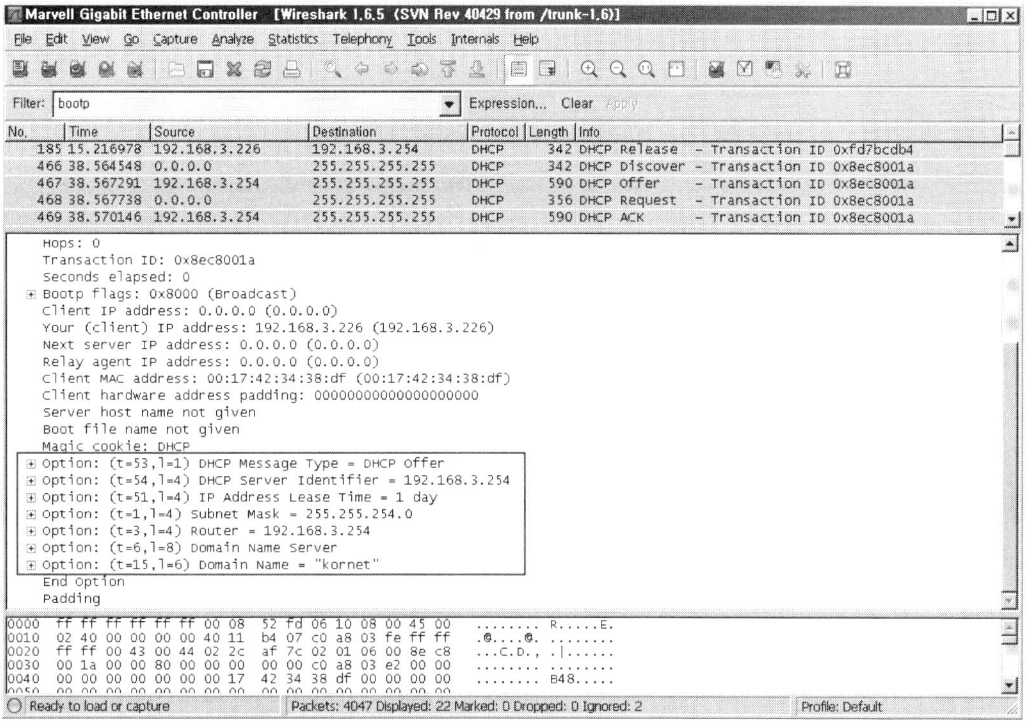

AP가 내려주는 Offer 메시지의 Option 값은 53, 54, 51, 1, 3, 6, 15임을 알 수 있다(참고로 Option 15의 경우에는 상위단에서 받았기 때문에 LAN 쪽으로 내려주는 것으로 항상 나오는 것이 아니며 위의 옵션 내용도 단말이 올리는 Discover 메시지의 옵션에 따라 변경될 수도 있다).

- ACK 메시지의 Option 값도 동일한 방법으로 확인한다.

14.2.2 Discover 메시지 63가지 Case에 대하여 확인

AP의 LAN 포트에 연결된 단말에서 Discover 메시지를 보낼 때, 다음 경우에 대해서 어떻게 동작하는지 각각 확인하는 내용이다.

- 조건 1 : lease 정보의 유무(lease 정보는 AP의 DHCP 할당정보에 등록된 MAC을 의미함)

(위 WEB UI 화면은 Wireshark Capture 내용과 관계가 없음)

- 조건 2 : Client IP(IP Address Known By Client)의 유무

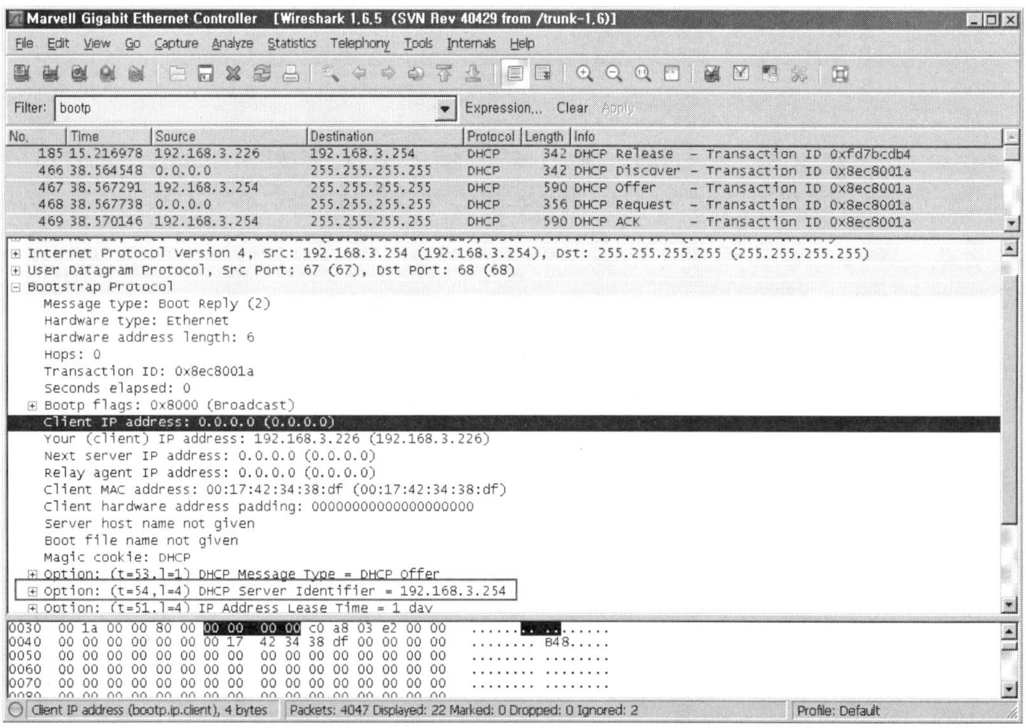

위 화면에서 파란색으로 마킹된 부분은 Client IP address에 해당한다. 기존에 IP를 수신한 적이 있는 단말의 경우에는 위 항목이 기존에 AP가 내려주었던 IP로 되어 있을 수 있다.

- 조건 3 : Server ID 유무, 위 캡처 화면에서 빨간색 네모 안의 내용(Option 54번 DHCP 서버 Identifier임)과 Server ID가 다른 경우(DHCP 서버 IP 주소를 다른 주소로 입력한 경우)
- 조건 4 : Request IP의 여부에 따른 동작

  ① Lease 정보가 있는 case의 경우에는 다음과 같은 4가지로 나누어서 시험
  - Request IP가 0.0.0.0인 경우
  - Request IP가 없는 경우(해당 필드 없음)
  - 기존 lease 정보에 있는 IP와 동일한 경우
  - 기존 lease 정보에 있는 IP와 다른 경우

  ② Lease 정보가 없는 경우에는 다음과 같이 3가지 case를 시험
  - Request IP가 0.0.0.0인 경우
  - Request IP가 없는 경우(필드 자체가 없음)
  - Request IP가 있는 경우(임의의 IP)

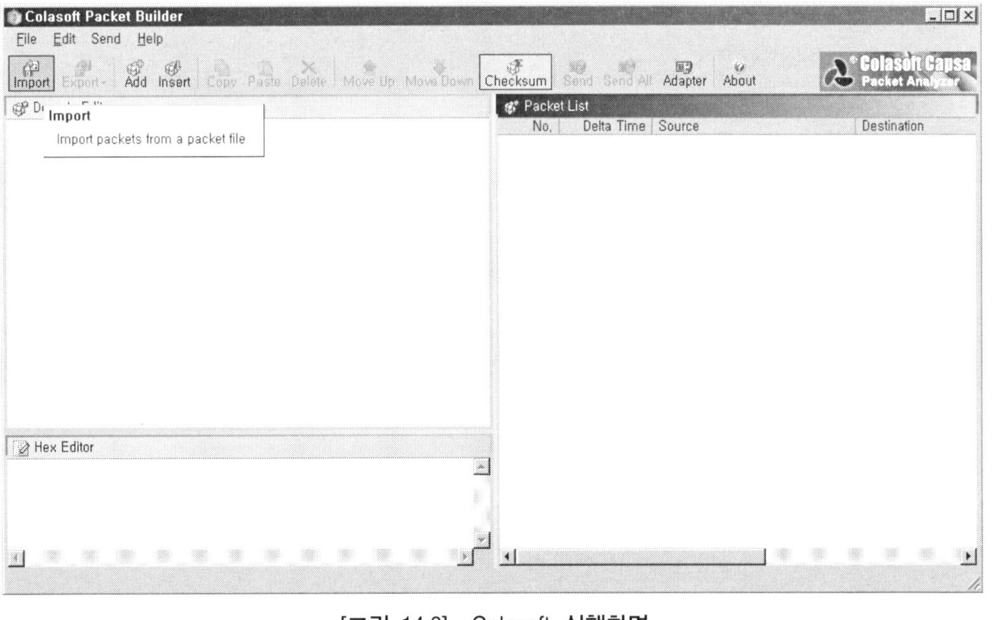

[그림 14.2] Colasoft 실행화면

조건 4가지에 따른 모든 경우의 수가 63가지이다. Discover 패킷 하나로 63가지를 일일이 만들어서 시험하기에는 많은 시간이 소요되므로, 기존에 만들어놓은 Colasoft용 패킷을 현재 PC와 테스트하는 AP에 맞도록 MAC Address만 수정하여 한 번에 테스트를 진행한다.

- Import 아이콘을 클릭하여 기존에 저장되었던 파일을 로드한다. Wireshark 캡처 파일인 pcap 파일도 로드가 가능

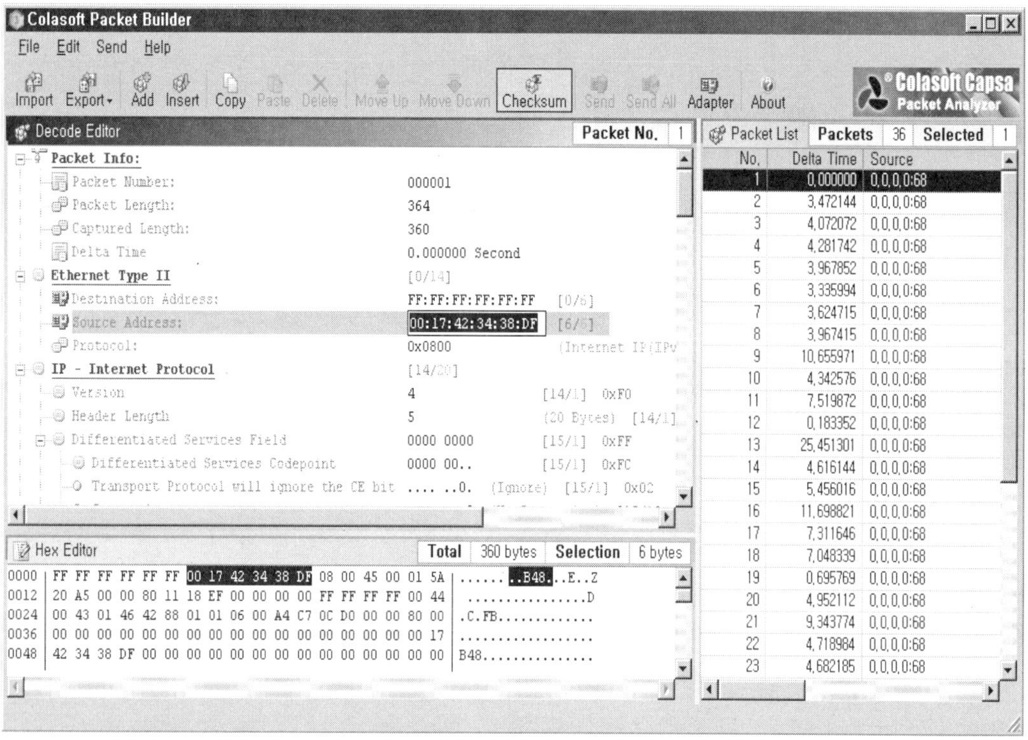

[그림 14.3] lease 정보 있는 case_36가지 파일 로드 화면

기존 시험 파일 로드 시 위와 같은 화면을 볼 수 있다. Discover 메시지는 Broadcast인 경우로 시험하므로 Destination Address는 그냥 두고 Source Address는 현재 사용하고 있는 PC의 MAC에 맞추어 변경한다. 패킷 하나당 Source Address 3곳을 변경하여야 한다.

(위 작업이 번거로우면 mac address 변경 프로그램으로 PC의 LAN 카드의 MAC Address를 00:17:42:34:38:DF로 변경한다.)

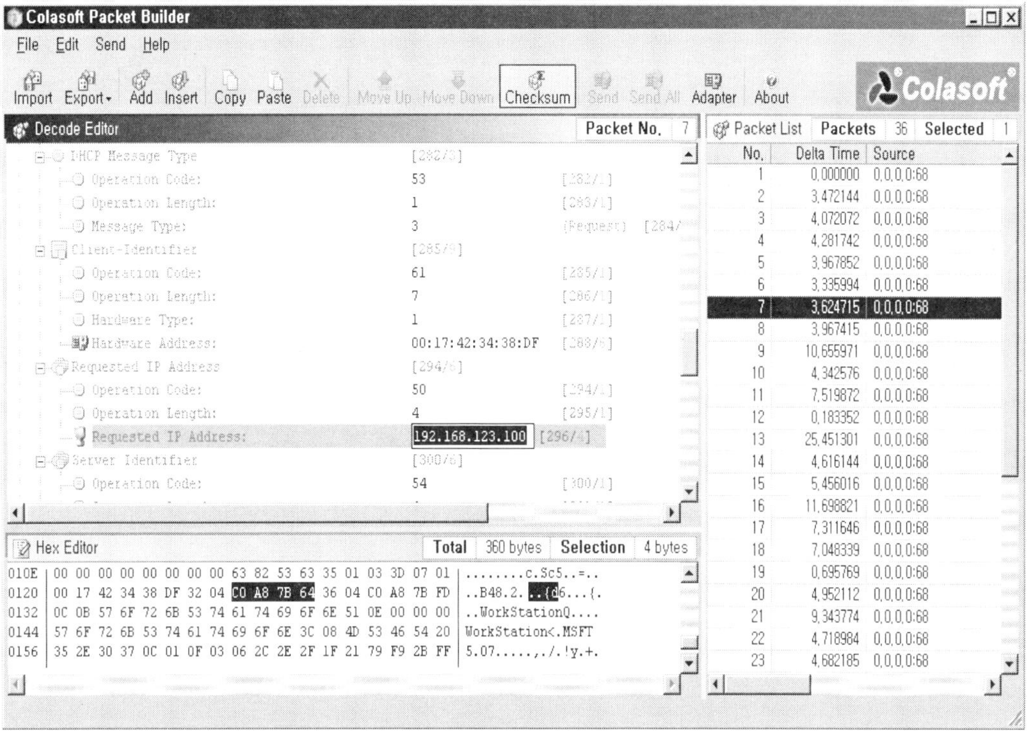

[그림 14.4] lease 정보가 있는 case 36가지 파일 로드 화면

해당 시험 패킷은 PC가 IP 192.168.123.100을 수신한 상태에서 시험을 진행한 것이기 때문에, 현재 PC가 192.168.123.100을 수신한 것이 아니라면 AP를 리셋하여 PC가 192.168.123.100을 수신하게 한다.

(그렇지 않게 진행하려면 192.168.123.100을 현재 PC가 수신한 IP로 모두 바꾸어야 한다.)

즉 기존 시험 패킷으로 테스트를 수월하게 진행하기 위해서는 다음과 같다.

① 현재 사용 중인 PC의 MAC Address를 00:17:42:34:38:DF로 변경

② PC는 자동으로 IP 받기로 설정된 상태에서 AP에서 192.168.123.100을 수신(다른 IP가 내려오는 경우 AP 리셋)

다음은 패킷 송출 방법이다.

① Packet List 창에서 마우스 우측 버튼을 클릭한 후 Send All Packets을 클릭한다.

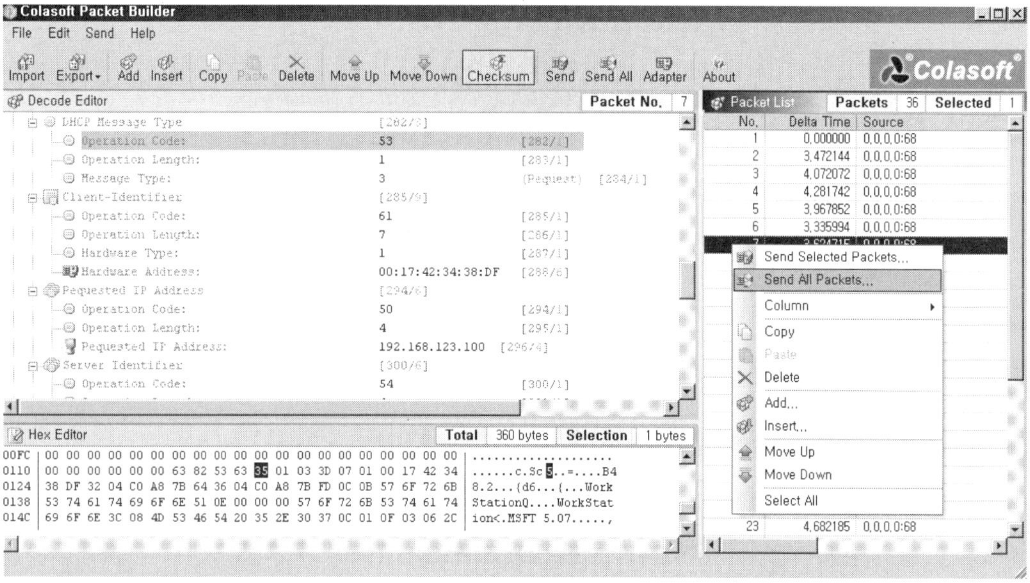

② 다음과 같은 창이 나오면 Adapter 항목의 Select 버튼을 클릭하여 패킷을 송출할 LAN Card를 선택한다.

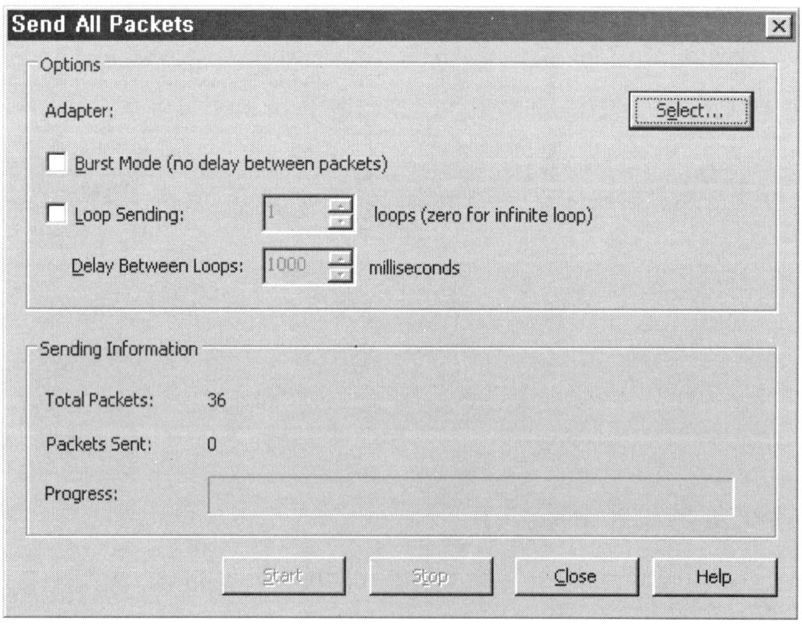

③ Adapter 선택 후 해당하는 LAN Card명이 표시됨을 확인할 수 있다.

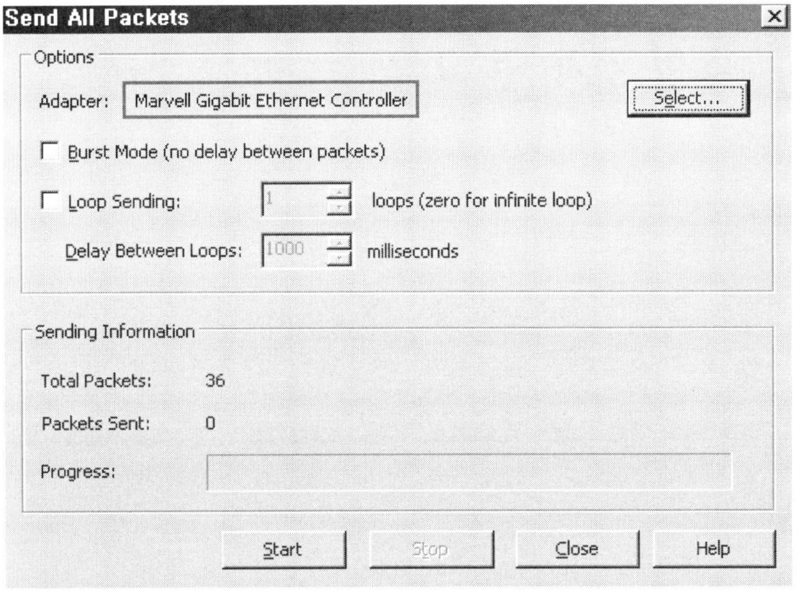

④ 마지막으로 Start 버튼을 클릭한다.

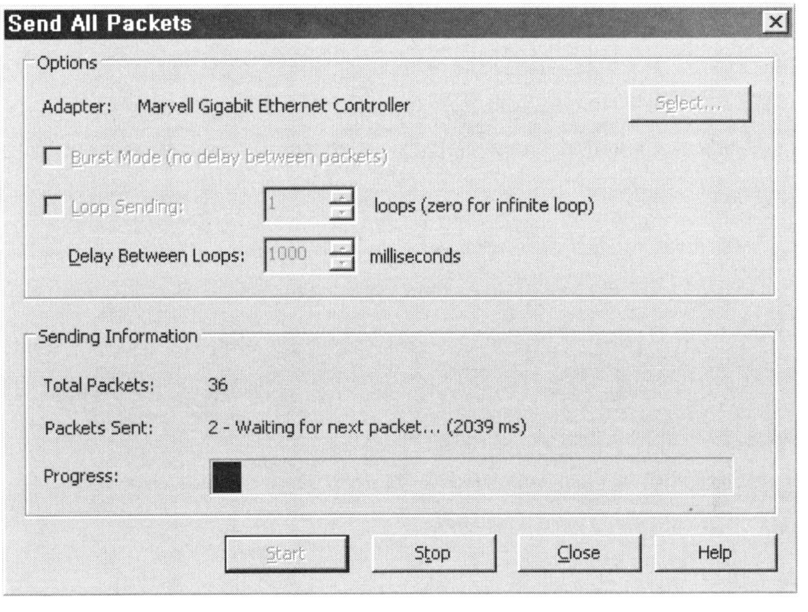

⑤ 패킷 송신 진행상황이 표시되며, 각 패킷은 Packet List에 있는 Delta Time의 간격대로 보내지게 된다(Delta Time이 너무 짧은 경우에는 AP에서 응답을 할 수 없는 경우도 있기 때문에 Delta Time은 너무 짧게 주지 않는다).

위 패킷 송출 이전 Wireshark를 먼저 실행하여 결과내용을 캡처하여야 한다.

14.3 실험 결과 및 고찰

실험제목				평 가	
소 속					
실 험 조	조		인원		실험일자	
학 번					
성 명					

1. 용어를 알아보시오.
   - DHCP : Dynamic Host Configuration Protocol의 약어
   - Discover : 단말이 DHCP 서버를 찾는 메시지로 DHCP 서버는 단말에서 Discover 수신 시 Offer 메시지를 내려준다.
   - Offer : DHCP 서버에서 Discover 메시지 수신 후 내려주는 메시지로 단말이 올리는 Discover의 내용에 따라 자신이 내려줄 수 있는 IP Pool의 범위 안에서 IP를 내려주며, 해당 내용에는 lease time 및 dns 주소를 포함한다.
   - Request : DHCP 클라이언트에서 DHCP 서버로부터 Offer를 수신 시 이에 따라 서버로 응답하는 메시지와, lease time의 1/2시점이 되어서 IP를 갱신하는 경우 두 가지의 경우가 있다. 일반적으로 클라이언트는 서버에서 Offer로 내려온 내용을 그대로 실어서 Request 메시지를 송신하는 것이 보통이다. Request 메시지가 잘못된 경우에는 DHCP 서버는 NAK를 보내거나 응답을 하지 않게 된다. DHCP 서버가 NAK를 보내는 경우에는 클라이언트는 Discover를 다시 DHCP 서버로 송신하여 서버로 하여금 새롭게 Offer를 받게 된다.
   - Ack : 클라이언트의 Request에 대해서 서버가 응답한 내용으로 클라이언트에서 송신한 Request 내용이 적합한 경우에는 ack로 confirm 한다.
   - Release : 클라이언트가 DHCP 서버로 IP를 release하는 메시지

2. 네트워크 구성도와 같이 구성하시오.

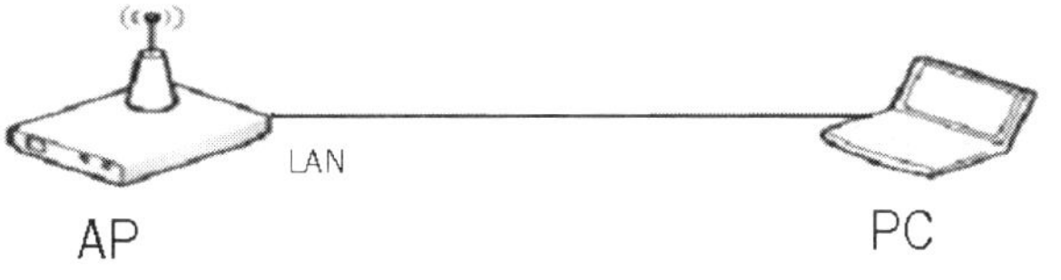

[그림 14.5] 구성도

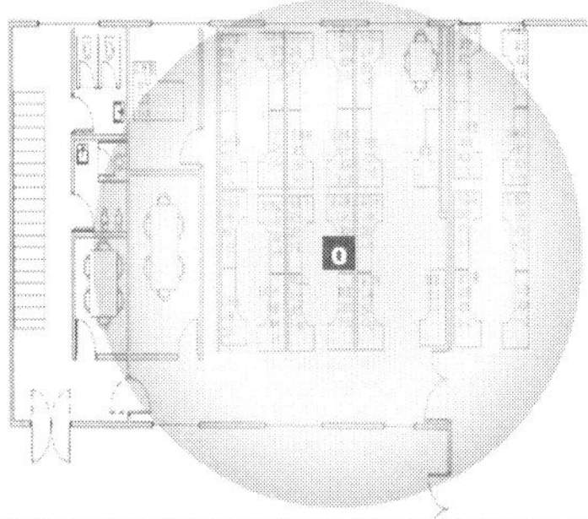

제 15 장

DHCP Transaction ID 관리

- 15.1 실험목적
- 15.2 실험절차
- 15.3 실험 결과 및 고찰

15.1 실험목적

DHCP 서버는 흔히 말하는 공유기를 생각하면 된다. DHCP(유동)으로 IP를 LAN 포트(혹은 무선)에 연결된 단말들에게 부여하는 역할을 하며, Transaction ID가 동일한 단말이 여러 대 접속을 요청하는 경우, MAC Address가 다른 경우 모두 각각 다른 IP를 내려주어야 한다.

15.2 실험절차

다음의 구성도와 같이 기본구성 상태에서 시험을 진행한다.

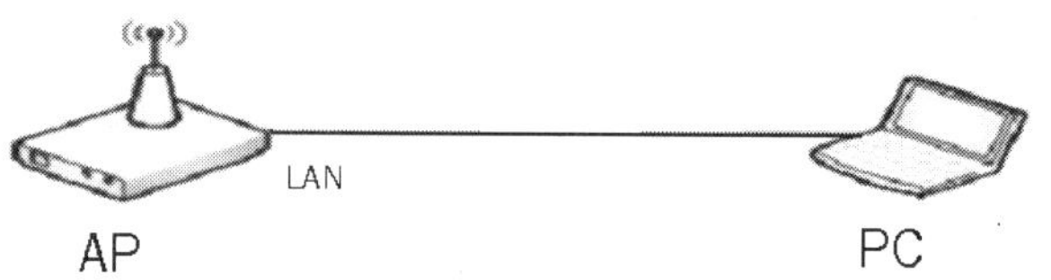

[그림 15.1] 기본구성도

절차 1. 유선으로 시험 시에는 위와 같은 심플한 구성

절차 2. 무선으로 시험하는 경우에는 2대 이상(Transaction ID수만큼)의 PC가 필요하므로, 초기 진행은 유선으로 진행(무선의 경우에는 최초 무선접속된 단말의 MAC Address로 오는 메시지만 AP에서 응답하므로 하나의 PC에서 MAC 주소를 달리하면서 패킷을 송신할 수 없기 때문)

절차 3. 실험과 환경조건

HAPD-5000H의 경우에는 LAN 포트가 HUB 모드이기 때문에 PC를 무선으로 연결하여 진행하여야 하나, 먼저 유선으로 하는 방법을 완전히 터득한 이후 무선으로 테스트를 진행한다.

- (NAPD-5000/CAPD-6000으로 시험하거나 HAPD-5000H의 LAN 포트를 NAT로 변경 후 시험 진행) 시험에 필요한 부가적인 명령어

15.1.1 MAC Address는 각각 다르나 Transaction ID가 동일한 Discover 메시지 송출

절차 1. ① PC에서 Wireshark를 실행시켜 PC가 DHCP 서버로 올리는 Discover 메시지를 캡처한다.

- 빨간색 박스 안의 부분이 Transaction ID이다. 네트워크상에서 수많은 DHCP Packet들이 오고가기 때문에 해당하는 이를 구분하기 위해서 Transaction ID가 있다. DHCP 클라이언트에서는 자신이 송출한 Discover, Request에 대해서 동일한 Transaction ID로 DHCP 서버 응답(Offer, Ack)하여야 이를 인지한다.

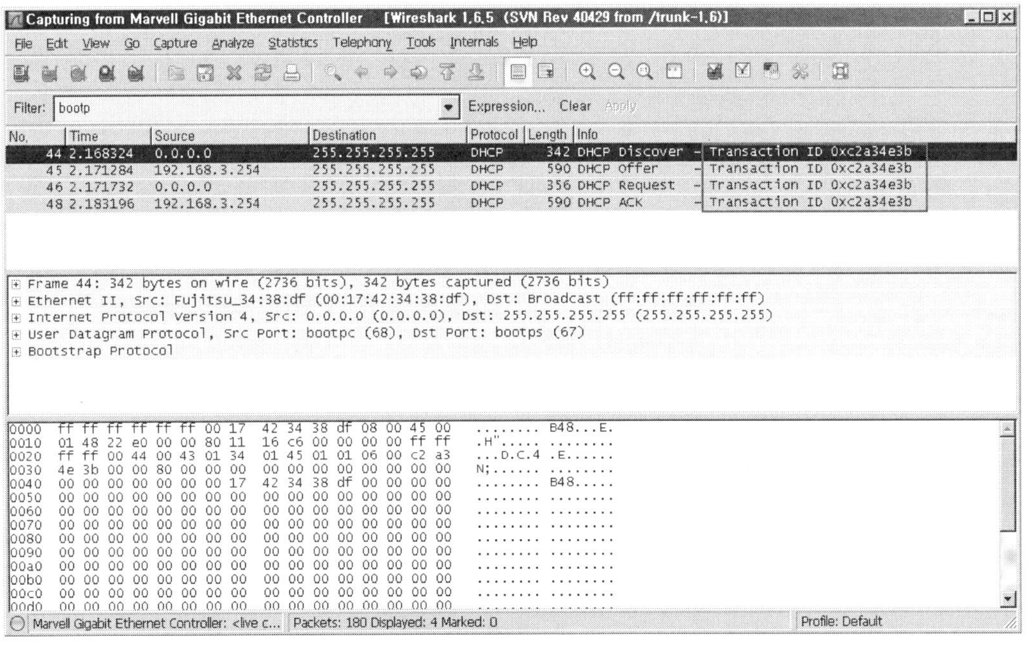

② 저장된 패킷을 Colasoft로 로드한다.

- Colasoft의 Packet List에 Discover 메시지 하나만 남기고 불필요한 다른 패킷은 모두 삭제한다.
- 해당 Discover Packet을 선택한 후 ctrl+c, ctrl+v 명령으로 4~5개 정도 복사한다.

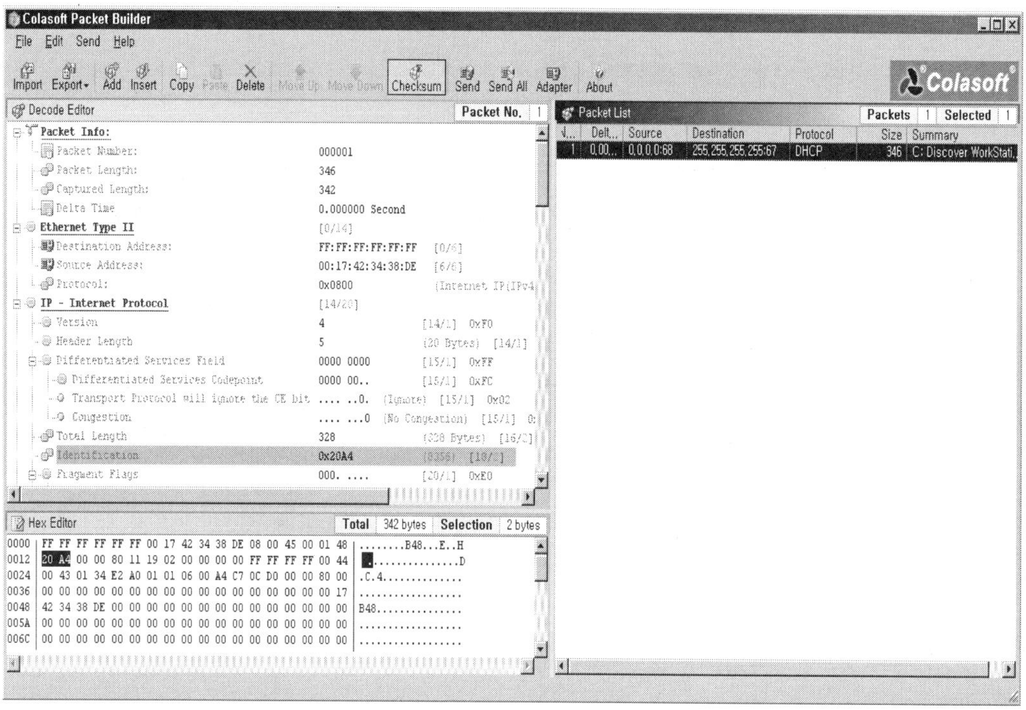

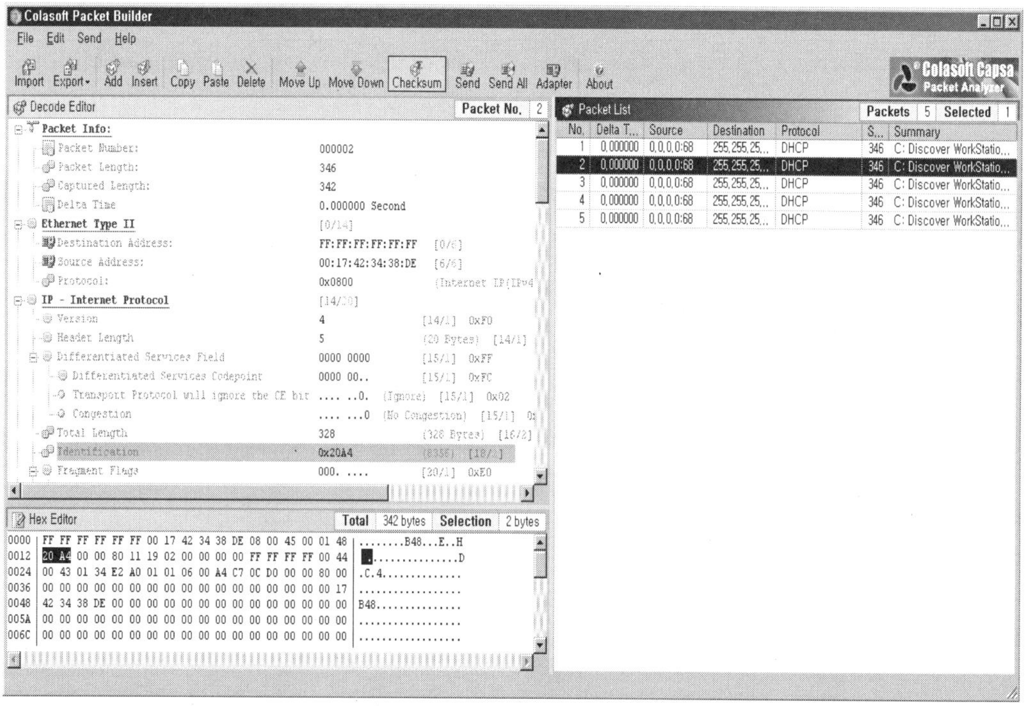

하나의 Discover 패킷에서 복사하였기 때문에 위 화면의 5개의 Discover 메시지는 모두 동일한 Transaction ID에 동일한 Source MAC Address를 가지고 있는 상태이다.

이 상태로 패킷을 그냥 보내면 AP에서는 동일한 단말에서 보낸 것으로 간주(클라이언트의 Discover 재전송과 차이가 없음)하기 때문에 시험에 의미가 없다. 따라서 두 번째 Discover부터 MAC Address를 다른 것으로 바꾸어 준다.

15.1.2 MAC Address를 변경하는 부분

1) Ethernet Type II의 Source Address

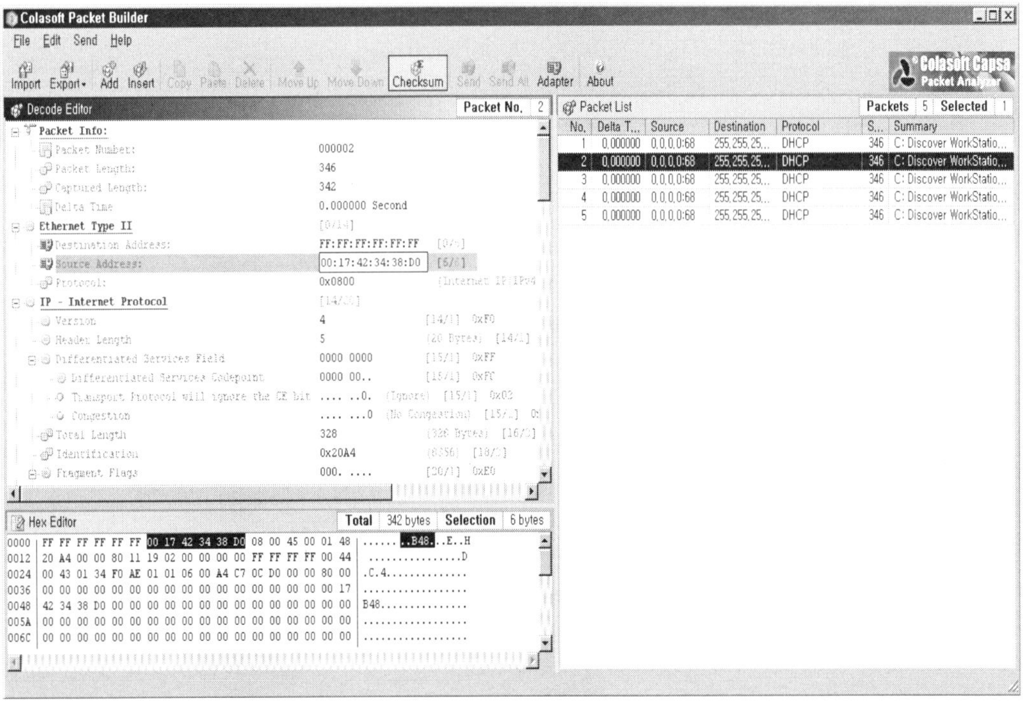

2) Client Hardware Address(BootpStrap Protocol)

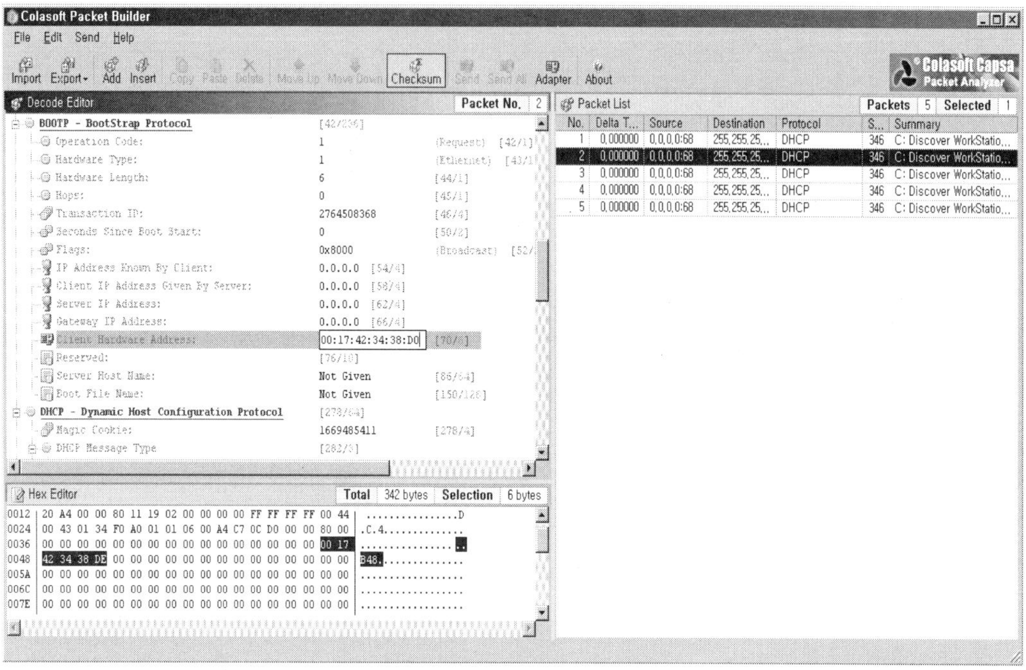

3) Hardware Address(Client-Identifier)

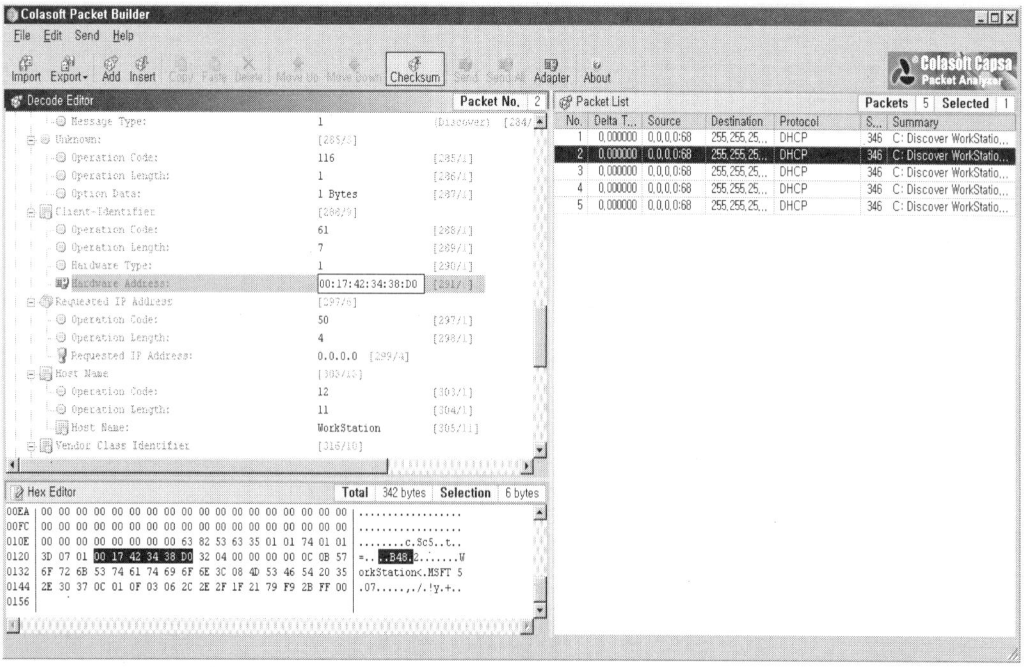

- Discover 하나당 3군데의 MAC Address를 변경하여야 한다.
- 동일한 과정으로 나머지 3개 패킷에 대해서도 각각 다른 MAC Address를 입력한다.
- 주의사항으로는 위의 화면과 같이 Delta Time이 모두 0인 경우에는 패킷 간의 송출되는 간격이 없기 때문에 AP에서 이에 대해서 모두 응답하지 못한다. 따라서 패킷을 하나씩 선택하여 5개를 각각 송출하여야 한다(각 패킷의 Delta Time이 충분히 간격이 있으면 전체보내기를 하여도 무방하다).

15.3 실험 결과 및 고찰

실험제목				평 가	
소 속					
실 험 조	조		인원	실험일자	
학 번					
성 명					

1. Transaction ID가 동일한 단말이 여러 대 접속을 요청하는 경우, MAC Address가 다른 경우 모두 각각 다른 IP를 내려주어야 한다.
2. 네트워크 구성도와 같이 구성하시오.

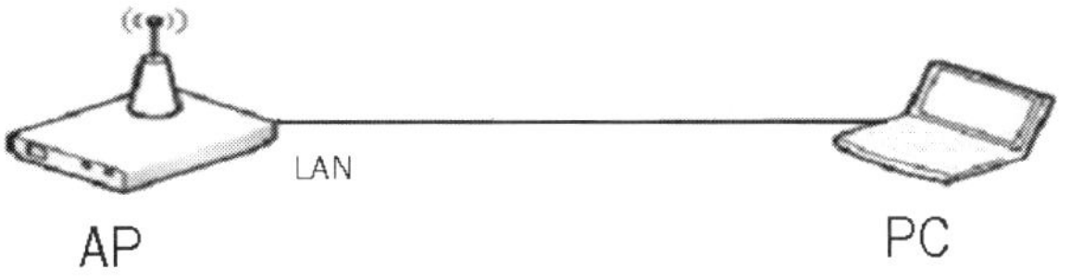

[그림 15.2] 구성도

3. 위의 절차서대로 시험한 결과는 각각의 Discover에 대해서 Offer가 모두 내려오는 것을 패킷으로 확인하여 Offer 메시지 내에서 DHCP 서버가 클라이언트로 내려주는 IP가 각각 다른 주소를 주는지 확인한다.

4. AP의 WEB UI의 DHCP 할당정보에 Colasoft로 송신한 패킷의 MAC Address와 할당된 IP를 확인한다.
   - 참고로 Offer 메시지로 내려온 IP의 유효기한은 60sec이다. Offer로 내려온 IP를 단말이Request 메시지에 실어서 서버로 요청한 후 서버에서 ack가 내려와야 DHCP lease time(IP 만료기한)이 적용된다.

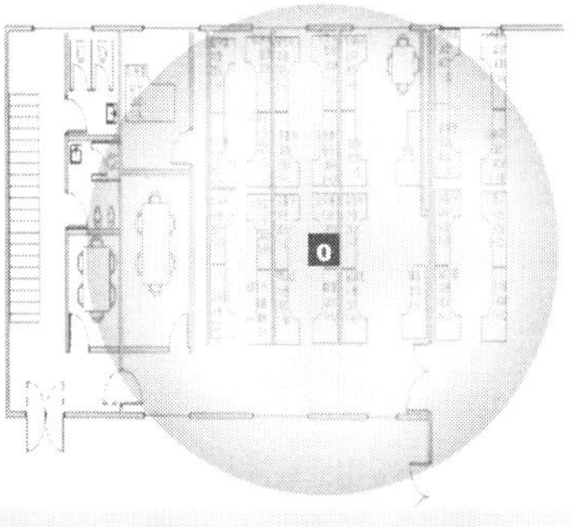

제 16 장

DHCP 서버에 접속 유동 IP

- 16.1 실험목적
- 16.2 실험절차
- 16.3 실험 결과 및 고찰

16.1 실험목적

DHCP 클라이언트는 DHCP 서버에 접속하여 유동으로 IP를 수신하는 모든 단말을 지칭한다. AP의 경우에는 WAN 포트에 해당된다(상위단 장비에 연결하여 인터넷 사용).

AP의 DHCP 클라이언트 메시지(Discover, Request, Release) 확인과 DHCP lease time $\frac{1}{2}$ 시점에 Request 메시지를 올리는지 등을 확인하는 데 목적이 있다.

DHCP는 Dynamic Host Configuration Protocol의 약어로서 윈도 NT를 기본으로 하는 근거리망(LAN)에 접속하는 컴퓨터에 IP 주소를 할당하는 마이크로소프트사의 기술이다. 컴퓨터가 네트워크에 접속하면 DHCP 서버가 자신의 목록에서 IP 주소를 선택하여 할당해 주는 것을 말한다.

네트워크에서 DHCP 서버를 배포할 때 클라이언트 컴퓨터나 다른 TCP/IP 기반 네트워크 장치에 유효한 IP 주소를 자동으로 제공할 수 있다. 또한 이러한 클라이언트와 장치가 필요로 하는 추가구성 매개변수(DHCP 옵션)를 제공하여 해당 클라이언트와 장치가 DNS 서버, WINS 서버 및 라우터와 같은 다른 네트워크 리소스에 연결하도록 허용할 수 있다.

DHCP 서버에서 제공하는 기능에 대해 알아보면 다음과 같다.

DHCP는 클라이언트 서버 기술로 DHCP 서버에서 DHCP 클라이언트로 사용하도록 설정된 컴퓨터 및 기타 장치에 IP 주소를 할당하거나 임대할 수 있도록 한다. DHCP를 사용하여 다음을 수행할 수 있다.

- DHCP 클라이언트에 특정 기간 동안 IP 주소를 임대한 다음 클라이언트에서 갱신을 요청하는 경우 IP 주소를 자동으로 갱신한다.
- 모든 DHCP 클라이언트에서 개별적으로 작업을 수행하는 대신 DHCP 서버에서 서버 또는 범위 옵션을 변경하여 DHCP 클라이언트 매개변수를 자동으로 업데이트한다.
- 특정 컴퓨터나 다른 장치에 대해 IP 주소를 예약하여 항상 같은 IP 주소가 부여되고 최신 DHCP 옵션도 받게 한다.
- DHCP 서버별 배포에서 IP 주소 또는 주소 범위를 제외하여 서버, 라우터 및 고정 IP 주소가 필요한 다른 장치를 정적으로 구성하는 데 이러한 IP 주소와 범위를 사용할 수 있다.

- 서비스를 제공하려는 서브넷과 DHCP 서버 간의 모든 라우터를 DHCP 메시지로 전달하도록 구성한 경우 DHCP 서비스를 여러 서브넷에 제공한다.
- DHCP 서버를 구성하여 DHCP 클라이언트에 대한 DNS 이름 등록 서비스를 수행한다.
- 멀티캐스트 주소 할당을 IP 기반 DHCP 클라이언트에 제공한다.

16.2 실험절차

[그림 16.1]의 구성도와 같이 기본구성 상태에서 시험을 진행한다.

그림의 구성과 같이 DHCP 서버(공유기)의 LAN 포트에 미러링이 가능한 스위치 혹은 더미허브를 연결한 후, 더미허브의 다른 포트에 AP의 WAN 포트와 패킷을 캡처할 PC(Wireshark)를 연결한다.

LAN 포트에는 AP의 WEB UI를 제어할 PC를 연결한다(만일 AP의 설정이 원격접속이 가능하도록 되어 있다면 LAN 포트에 연결되는 PC 필요 없이 더미허브에 연결된 패킷캡처 PC에서 원격접속으로 WEB UI에 접근할 수 있다).

- PC : 2ea(원격접속으로 WEB UI 접근 시 1ea)
- AP : 1ea(LG U+향 어느 단말도 상관없음)
- Dummy HUB(Mirring용 스위치)

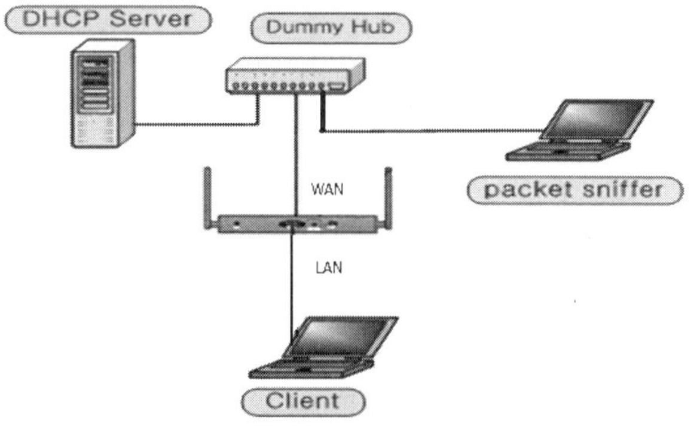

[그림 16.1] 기본구성도

- DHCP 서버(공유기 혹은 AP, 만일 LG U+향 AP를 DHCP 서버로 사용하는 경우 반드시 LAN IP 주소를 192.168.123.254가 아닌 다른 주소로 설정)
- Wireshark(wireshark.org/download.html에서 다운로드)
- Colasoft(colasoft.com에서 packet builder 1.1을 다운로드)

16.1.1 DHCP 클라이언트 메시지 확인(Discover, Request, Release)

절차 1. 시험환경과 같이 구성한다.

- DHCP 서버(공유기)에 접속해서 DHCP lease time을 120sec로 변경한다.
- PC에서 Wireshark를 실행시켜 AP가 DHCP 서버로 올리는 메시지를 캡처한다.
- AP의 전원을 OFF/ON한 후에 AP에서 DHCP 서버로 올리는 Discover, Request 메시지를 확인한다.

1) Discover

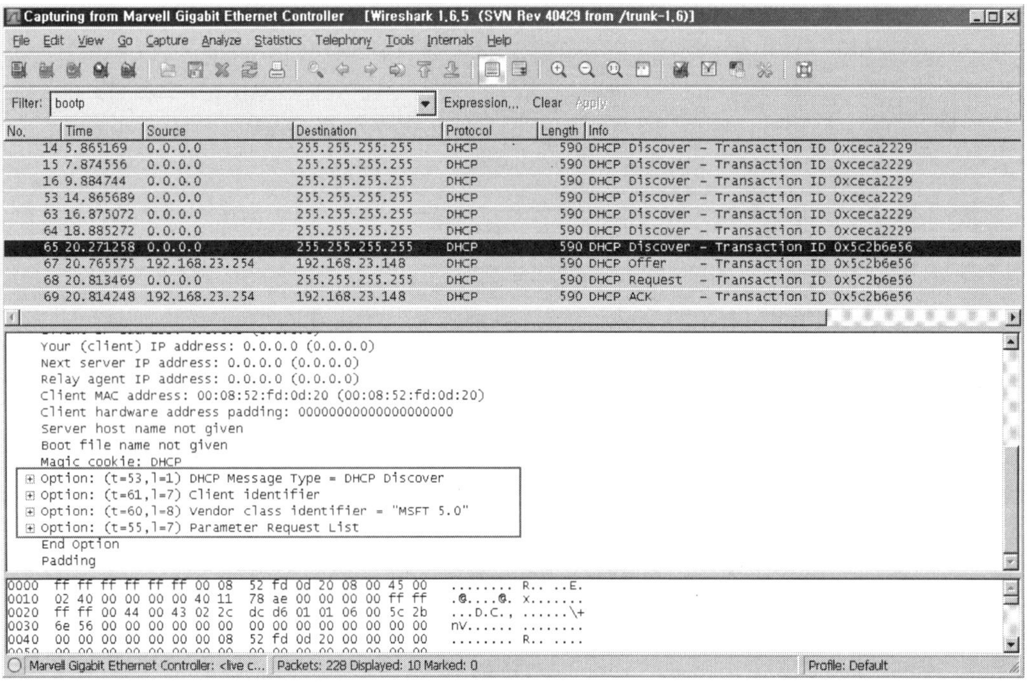

AP의 전원을 OFF/ON 했을 경우의 Discover 메시지에는 Option 53, 61, 60, 55가 확인된다.

Option은 경우에 따라서 변경되며, 만일 AP의 전원을 OFF/ON하지 않고, WEB UI상의 IP 갱신 버튼을 클릭하는 경우에는 다음과 같다.

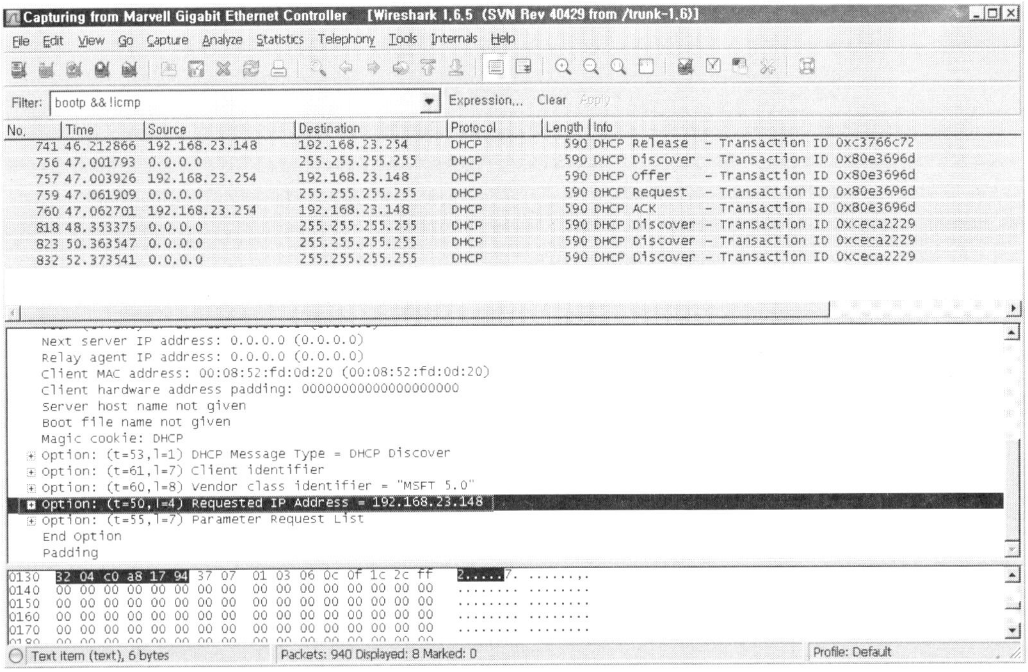

전원을 OFF/ON했을 경우와는 다르게 Option 50번 Requested IP 항목이 있음을 확인할 수 있다. 이는 AP가 IP Release 하기 전의 IP를 192.168.23.148로 수신하였기 때문이다.

LG U+ 시험 시 Discover, Request 메시지를 보여줄 때는 바로 위와 같이 WEB UI에서 IP 갱신 버튼을 클릭하여, Release, Discover, Request의 Option 값을 확인한다.

2) Request

Option 53, 61, 60, 50, 54, 55가 확인된다.

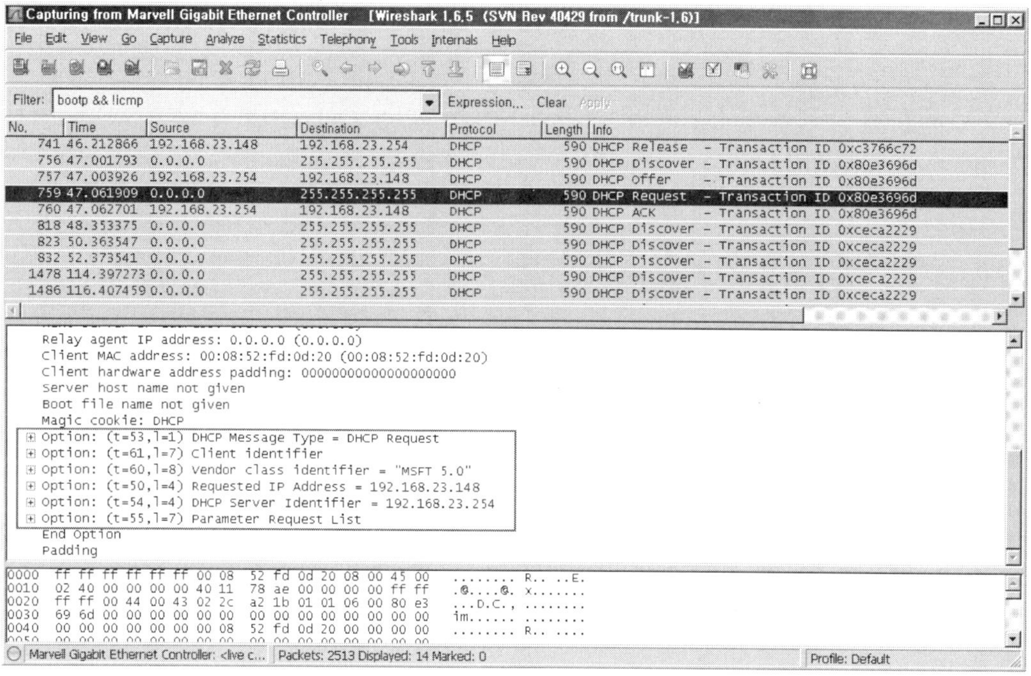

3) Release

Option 53, 61, 54번이 확인된다.

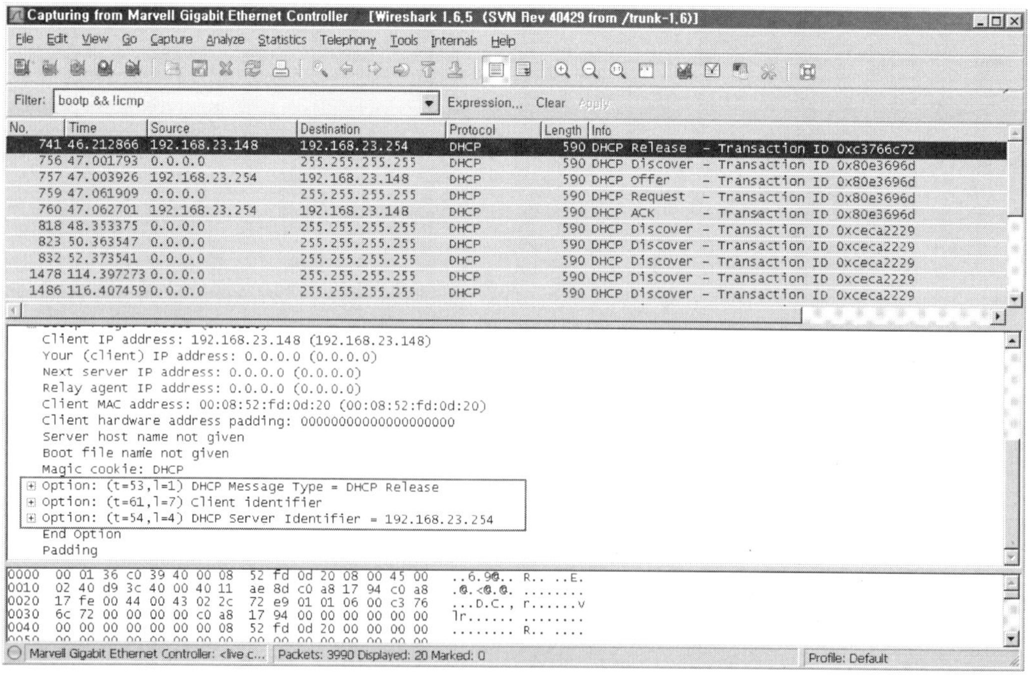

4) Request(Renew)

Request(Renew) 메시지는 DHCP lease time 1/2 시점에 클라이언트가 서버로 송신하여 IP를 갱신하는 메시지이다. 따라서 최초 IP수신 시 Discover, Offer 이후의 Request 메시지와 다른 부분이 있다

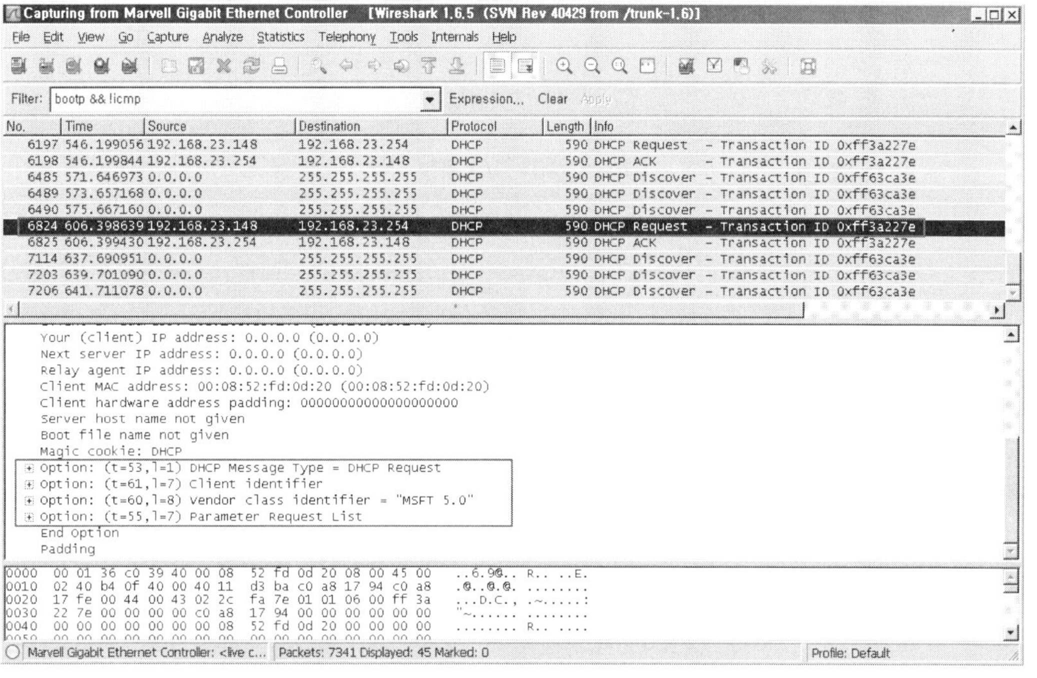

Option 값은 53, 61, 60, 55로 AP의 전원을 OFF/ON 했을 때 Offer 수신 이후의 Request와 내용이 다르며 위쪽 빨간색 네모 안을 보면 Unicast(192.168.23.148에서 192.168.23.254)로 패킷을 송신함을 알 수 있다(Discover, Offer 이후의 Request는 Broadcast로 송신)

16.1.2 DHCP Renew(Request) 및 Discover 재전송 주기

절차 2. DHCP renewal time : 상위단 DHCP 서버에서 내려오는 DHCP lease time의 1/2 시점에 Request(renew) 메시지를 올리는지 직접 패킷 캡처하면서 확인한다(상위단 DHCP 서버의 lease time을 120sec와 같이 짧게 조정 필요).

Request에 대한 ack 메시지에 대해서 마우스 우측 버튼을 클릭하여 Set Time Reference를 선택하여 이 시점에서부터 시간을 계산하도록 한다.

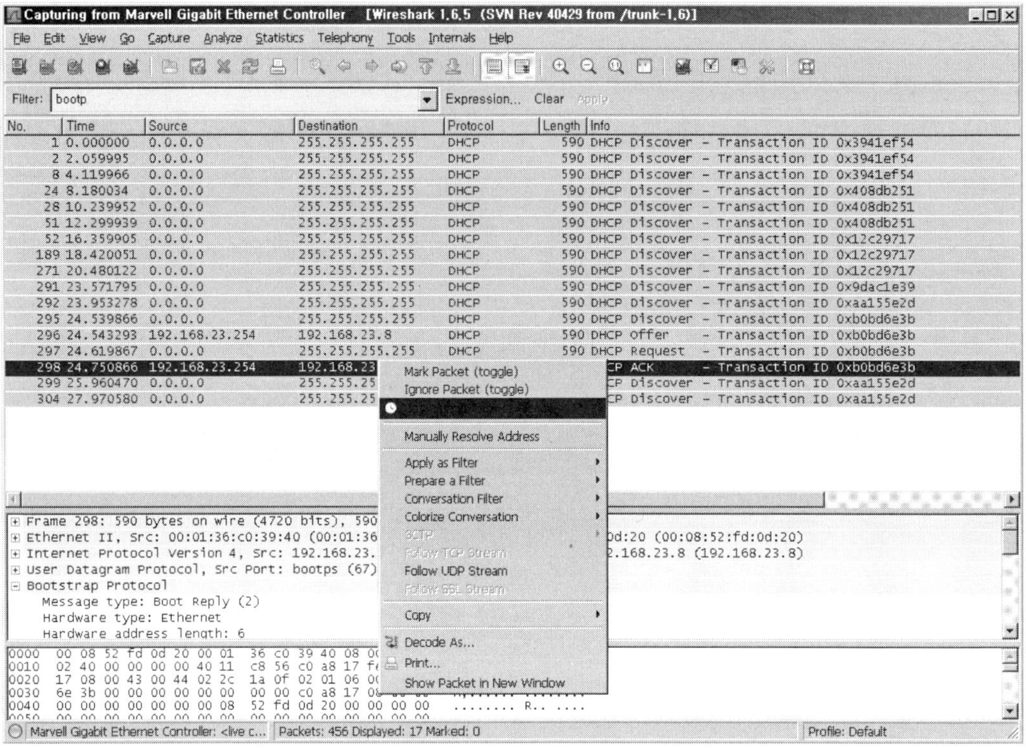

Capturing from Marvell Gigabit Ethernet Controller [Wireshark 1.6.5 (SVN Rev 40429 from /trunk-1.6)]
File Edit View Go Capture Analyze Statistics Telephony Tools Internals Help
Filter: bootp
Expression... Clear Apply
No. Time Source Destination Protocol Length Info
1 0.000000 0.0.0.0 255.255.255.255 DHCP 590 DHCP Discover - Transaction ID 0x3941ef54
2 2.059995 0.0.0.0 255.255.255.255 DHCP 590 DHCP Discover - Transaction ID 0x3941ef54
8 4.119966 0.0.0.0 255.255.255.255 DHCP 590 DHCP Discover - Transaction ID 0x3941ef54
24 8.180034 0.0.0.0 255.255.255.255 DHCP 590 DHCP Discover - Transaction ID 0x408db251
28 10.239952 0.0.0.0 255.255.255.255 DHCP 590 DHCP Discover - Transaction ID 0x408db251
51 12.299939 0.0.0.0 255.255.255.255 DHCP 590 DHCP Discover - Transaction ID 0x408db251
52 16.359905 0.0.0.0 255.255.255.255 DHCP 590 DHCP Discover - Transaction ID 0x12c29717
189 18.420051 0.0.0.0 255.255.255.255 DHCP 590 DHCP Discover - Transaction ID 0x12c29717
271 20.480122 0.0.0.0 255.255.255.255 DHCP 590 DHCP Discover - Transaction ID 0x12c29717
291 23.571795 0.0.0.0 255.255.255.255 DHCP 590 DHCP Discover - Transaction ID 0x9dac1e39
292 23.953278 0.0.0.0 255.255.255.255 DHCP 590 DHCP Discover - Transaction ID 0xaa155e2d
295 24.539866 0.0.0.0 255.255.255.255 DHCP 590 DHCP Discover - Transaction ID 0xb0bd6e3b
296 24.543293 192.168.23.254 192.168.23.8 DHCP 590 DHCP Offer - Transaction ID 0xb0bd6e3b
297 24.619867 0.0.0.0 255.255.255.255 DHCP 590 DHCP Request - Transaction ID 0xb0bd6e3b
298 24.750866 192.168.23.254 192.168.23 CP ACK - Transaction ID 0xb0bd6e3b
299 25.960470 0.0.0.0 255.255.25 CP Discover - Transaction ID 0xaa155e2d
304 27.970580 0.0.0.0 255.255.25 CP Discover - Transaction ID 0xaa155e2d
Mark Packet (toggle)
Ignore Packet (toggle)
Manually Resolve Address
Apply as Filter
Prepare a Filter
Conversation Filter
Colorize Conversation
SCTP
Follow TCP Stream
Follow UDP Stream
Follow SSL Stream
Copy
Decode As...
Print...
Show Packet in New Window
Frame 298: 590 bytes on wire (4720 bits), 590
Ethernet II, Src: 00:01:36:c0:39:40 (00:01:36 0d:20 (00:08:52:fd:0d:20)
Internet Protocol Version 4, Src: 192.168.23. 2.168.23.8 (192.168.23.8)
User Datagram Protocol, Src Port: bootps (67)
Bootstrap Protocol
Message type: Boot Reply (2)
Hardware type: Ethernet
Hardware address length: 6
Marvell Gigabit Ethernet Controller: <live c... Packets: 456 Displayed: 17 Marked: 0 Profile: Default

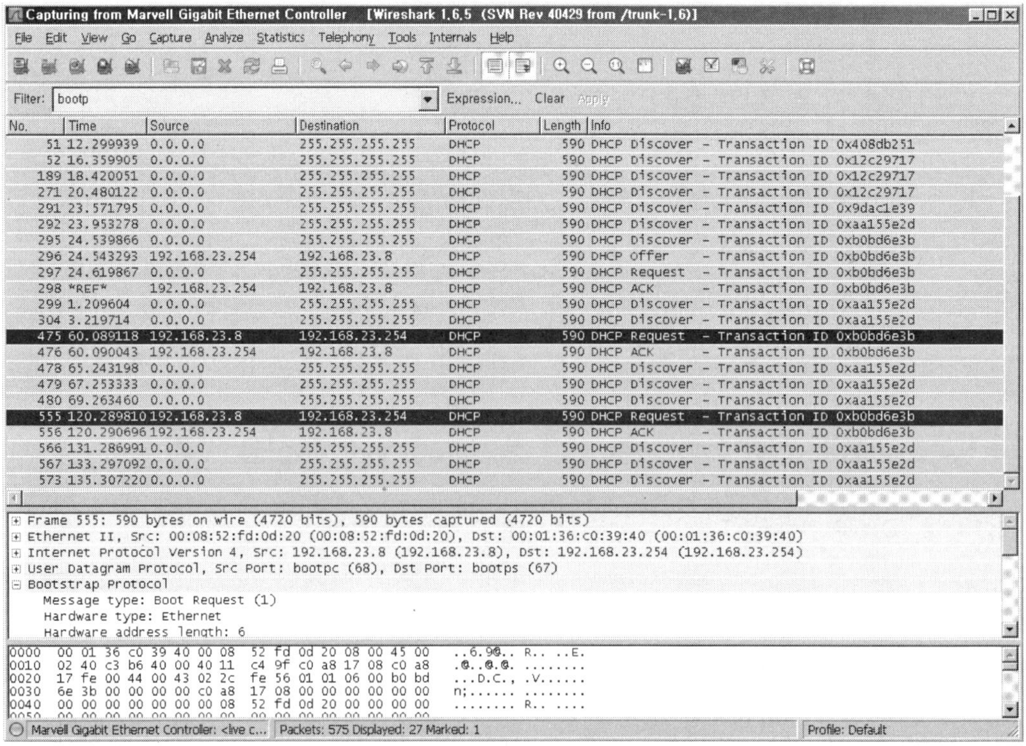

Capturing from Marvell Gigabit Ethernet Controller [Wireshark 1.6.5 (SVN Rev 40429 from /trunk-1.6)]
File Edit View Go Capture Analyze Statistics Telephony Tools Internals Help
Filter: bootp
Expression... Clear Apply
No. Time Source Destination Protocol Length Info
51 12.299939 0.0.0.0 255.255.255.255 DHCP 590 DHCP Discover - Transaction ID 0x408db251
52 16.359905 0.0.0.0 255.255.255.255 DHCP 590 DHCP Discover - Transaction ID 0x12c29717
189 18.420051 0.0.0.0 255.255.255.255 DHCP 590 DHCP Discover - Transaction ID 0x12c29717
271 20.480122 0.0.0.0 255.255.255.255 DHCP 590 DHCP Discover - Transaction ID 0x12c29717
291 23.571795 0.0.0.0 255.255.255.255 DHCP 590 DHCP Discover - Transaction ID 0x9dac1e39
292 23.953278 0.0.0.0 255.255.255.255 DHCP 590 DHCP Discover - Transaction ID 0xaa155e2d
295 24.539866 0.0.0.0 255.255.255.255 DHCP 590 DHCP Discover - Transaction ID 0xb0bd6e3b
296 24.543293 192.168.23.254 192.168.23.8 DHCP 590 DHCP Offer - Transaction ID 0xb0bd6e3b
297 24.619867 0.0.0.0 255.255.255.255 DHCP 590 DHCP Request - Transaction ID 0xb0bd6e3b
298 *REF* 192.168.23.254 192.168.23.8 DHCP 590 DHCP ACK - Transaction ID 0xb0bd6e3b
299 1.209604 0.0.0.0 255.255.255.255 DHCP 590 DHCP Discover - Transaction ID 0xaa155e2d
304 3.219714 0.0.0.0 255.255.255.255 DHCP 590 DHCP Discover - Transaction ID 0xaa155e2d
475 60.089118 192.168.23.8 192.168.23.254 DHCP 590 DHCP Request - Transaction ID 0xb0bd6e3b
476 60.090043 192.168.23.254 192.168.23.8 DHCP 590 DHCP ACK - Transaction ID 0xb0bd6e3b
478 65.243198 0.0.0.0 255.255.255.255 DHCP 590 DHCP Discover - Transaction ID 0xaa155e2d
479 67.253333 0.0.0.0 255.255.255.255 DHCP 590 DHCP Discover - Transaction ID 0xaa155e2d
480 69.263460 0.0.0.0 255.255.255.255 DHCP 590 DHCP Discover - Transaction ID 0xaa155e2d
555 120.289810 192.168.23.8 192.168.23.254 DHCP 590 DHCP Request - Transaction ID 0xb0bd6e3b
556 120.290696 192.168.23.254 192.168.23.8 DHCP 590 DHCP ACK - Transaction ID 0xb0bd6e3b
566 131.286991 0.0.0.0 255.255.255.255 DHCP 590 DHCP Discover - Transaction ID 0xaa155e2d
567 133.297092 0.0.0.0 255.255.255.255 DHCP 590 DHCP Discover - Transaction ID 0xaa155e2d
573 135.307220 0.0.0.0 255.255.255.255 DHCP 590 DHCP Discover - Transaction ID 0xaa155e2d
Frame 555: 590 bytes on wire (4720 bits), 590 bytes captured (4720 bits)
Ethernet II, Src: 00:08:52:fd:0d:20 (00:08:52:fd:0d:20), Dst: 00:01:36:c0:39:40 (00:01:36:c0:39:40)
Internet Protocol Version 4, Src: 192.168.23.8 (192.168.23.8), Dst: 192.168.23.254 (192.168.23.254)
User Datagram Protocol, Src Port: bootpc (68), Dst Port: bootps (67)
Bootstrap Protocol
Message type: Boot Request (1)
Hardware type: Ethernet
Hardware address length: 6
0000 00 01 36 c0 39 40 00 08 52 fd 0d 20 08 00 45 00
0010 02 40 c3 b6 40 00 40 11 c4 9f c0 a8 17 08 c0 a8
0020 17 fe 00 44 00 43 02 2c fe 56 01 01 06 00 b0 bd
0030 6e 3b 00 00 00 00 c0 a8 17 08 00 00 00 00 00 00
0040 00 00 00 00 00 00 00 08 52 fd 0d 20 00 00 00 00
Marvell Gigabit Ethernet Controller: <live c... Packets: 575 Displayed: 27 Marked: 1 Profile: Default

이후에 올라오는 Request(renew)는 lease time 120sec의 절반인 60sec 주기로 송신함을 확인한다.

1) AP에서 Release 발생하는 Case

직접 테스트하여 패킷 캡처하여 확인한다.

- WEB UI에서 IP 갱신 버튼 클릭 시
- WEB UI에서 설정 변경 후 확인 버튼을 클릭한 경우
- AP의 WAN Link를 탈부착한 경우

2) Request / Discover 재전송 확인

- 상위단 DHCP 서버의 DHCP 사용 여부를 사용하지 않음으로써 변경한다.

(DHCP 서버 자체를 제거해 버리면 AP에서 DHCP 서버로 송신하는 ARP에 대한 응답 자체가 없어지므로 AP는 Renew Request의 재전송을 하지 않게 된다.)

(1) Request(Broadcast) 전송 시점

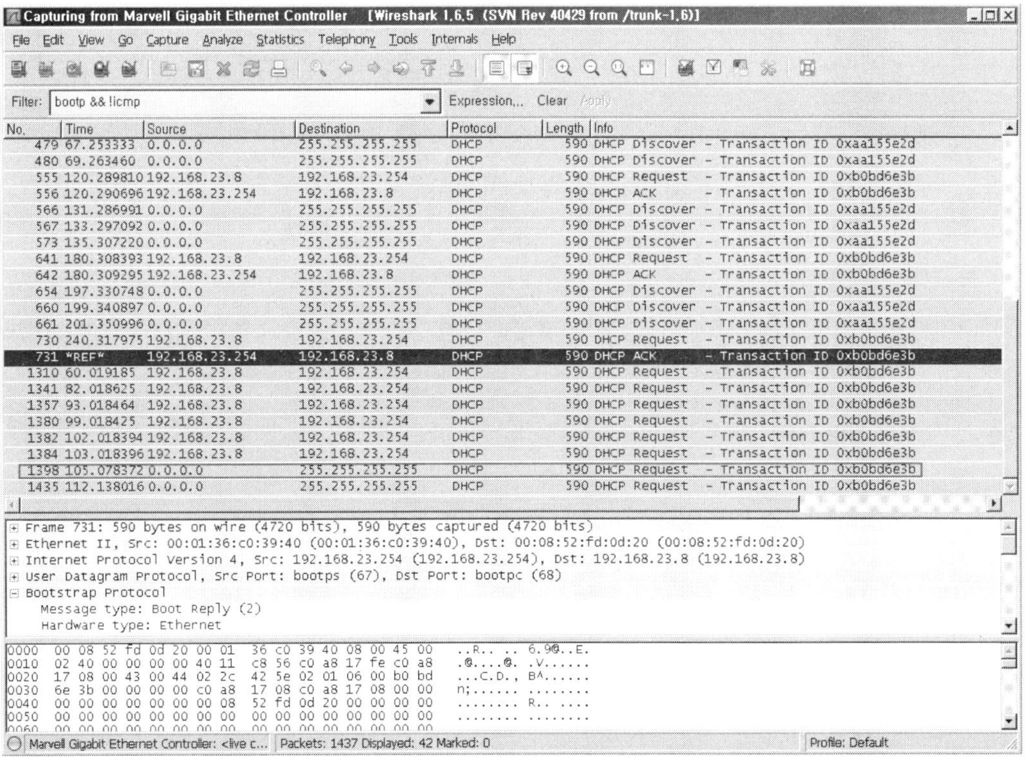

AP는 lease time의 1/2 시점에서 unicast로 request(renew) 메시지를 올리며 이에 대한 응답이 없으면, unicast를 재전송한다. Lease time(120sec)의 x0.875 시점인 105sec에 Request(Broadcast) 메시지를 송신한다(위 화면의 빨간색 박스 부분).

Request(Broadcast)에 대해서 응답이 없으면 재전송하다 Discover 메시지를 송신한다.

(2) Discover 재전송 주기

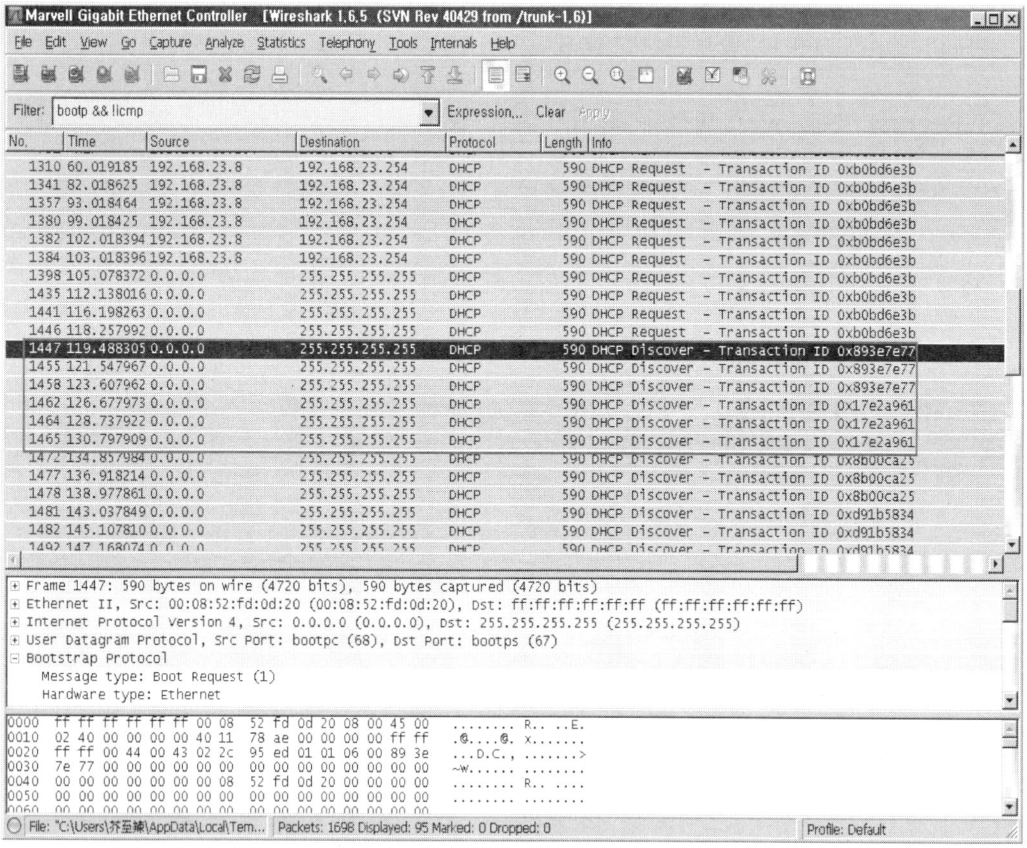

Discover 메시지는 2초 / 2초 / 4초 간격으로 재전송하며 하나의 Transaction ID로 3회 송신하며, 그 이후에는 Transaction ID를 변경하여 Discover 재전송을 한다.

16.3 실험 결과 및 고찰

실험제목				평 가	
소 속					
실 험 조	조		인원	실험일자	
학 번					
성 명					

1. DHCP를 사용하는 경우 도메인 네임을 이용하여 서버를 운영하는 방법은?
2. DHCP 환경에 공유기까지 사용한다면 (서버운영에) 또 어떤 차이가 있는가?
3. DHCP 방식 공유기 하부에서 즉 내부에서 외부의 서버로 접근하는 경우 외부 서버로 접근해 원하는 데이터를 나에게 가져올 수 있는가?
4. 네트워크 구성도와 같이 구성하시오.

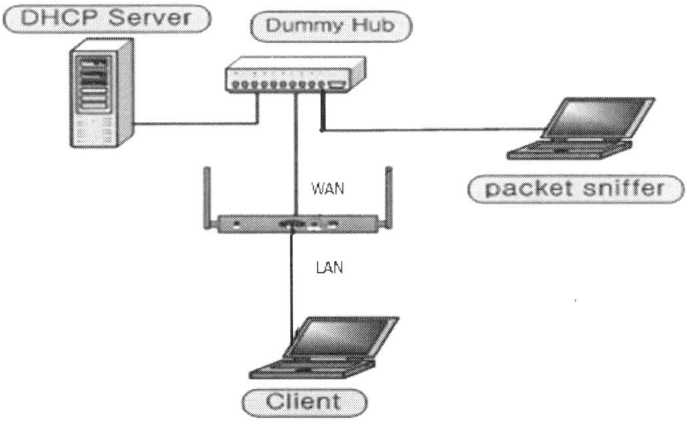

[그림 16.2] 구성도

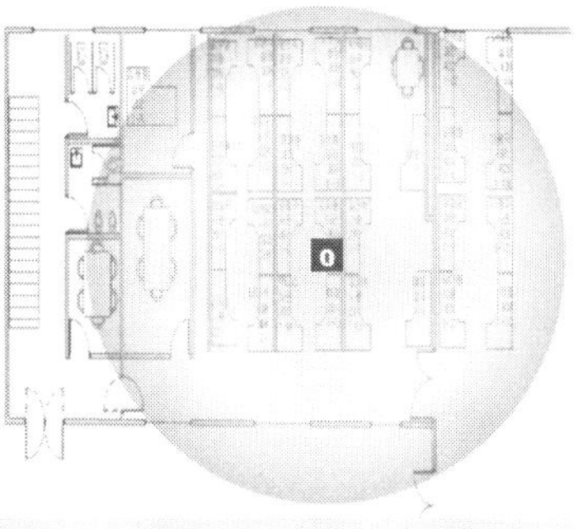

제 17 장

DHCP 서버 ID 유출 관리

17.1 실험목적

DHCP 서버 동작 전(부팅 과정 중) 내부 단말의 DHCP request 패킷을 외부 네트워크(WAN 구간)로 유출시켜서는 안 된다.

따라서 Packet Generator AP의 LAN 포트에 연결하여 DHCP Discover, Request 메시지를 지속적으로 송신하는 상황에서 AP를 리부팅하여, AP가 부팅되는 중에 Packet Generator에서 발생하는 DHCP Discover, Request 메시지가 AP의 WAN으로 유출되지 않아야 하므로 확인 실습한다.

17.2 실험절차

다음의 구성도와 같이 기본구성 상태에서 시험을 진행한다.

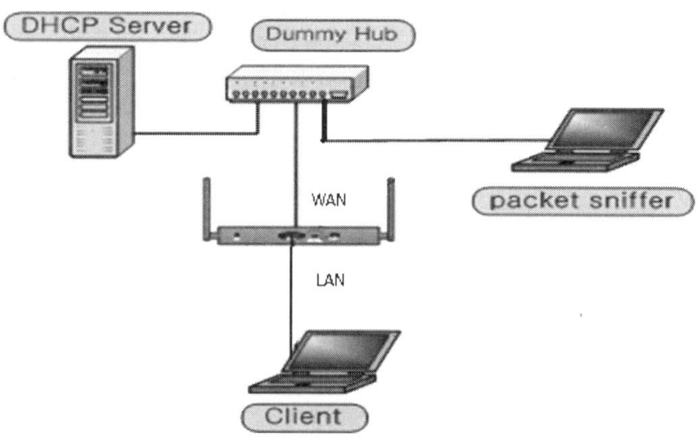

[그림 17.1] 기본구성도

절차 1. 클라이언트 PC에는 Packet Generator인 Colasoft를 실행하여 DHCP Discover, Request를 송신

절차 2. Packet sniffer PC에서는 Wireshark를 실행하여 AP의 WAN 구간에서 송수신되는 Packet을 Capture

절차 3. 실험과 환경조건

- PC : 2ea(USB LAN을 사용하여 AP의 WAN구간 Packet Capture하는 경우 PC 1대로도 시험이 가능함)
- AP : 1ea(LG U+향 어느 단말도 상관없음)
  HAPD-5000H의 경우에는 유선 LAN 포트가 HUB 모드이기 때문에 이 시험은 진행하지 않는다(굳이 진행하고자 하는 경우에는 LAN 포트를 NAT로 변경 후 시험 진행).

17.2.1 Colasoft에서 DHCP Discover, Request 메시지 반복 송신 중, AP를 리부팅하여 확인

- PC에서 Wireshark를 실행시켜 PC가 AP로 올리는 Discove, Request 메시지를 캡처하여 저장, 해당 파일을 Colasoft에서 로드한다.

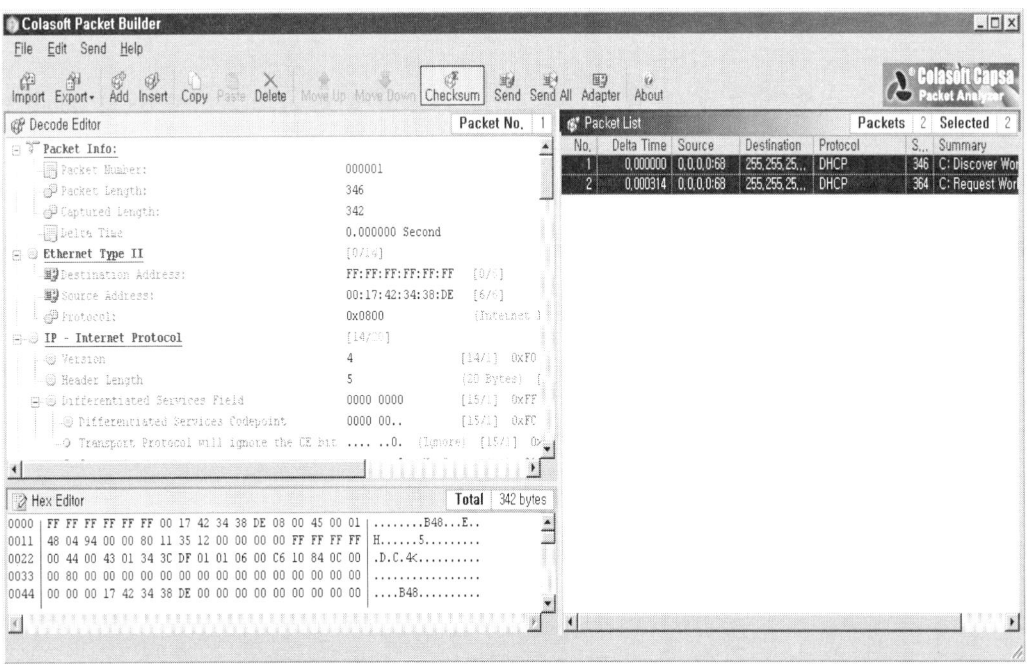

• Colasoft의 Packet List에 Discover, Request 메시지 하나만 남기고 불필요한 다른 패킷은 모두 삭제한다.
• Packet List에서 우측 버튼을 클릭한 후 Send All Packets을 선택하면 다음과 같은 창이 뜬다.

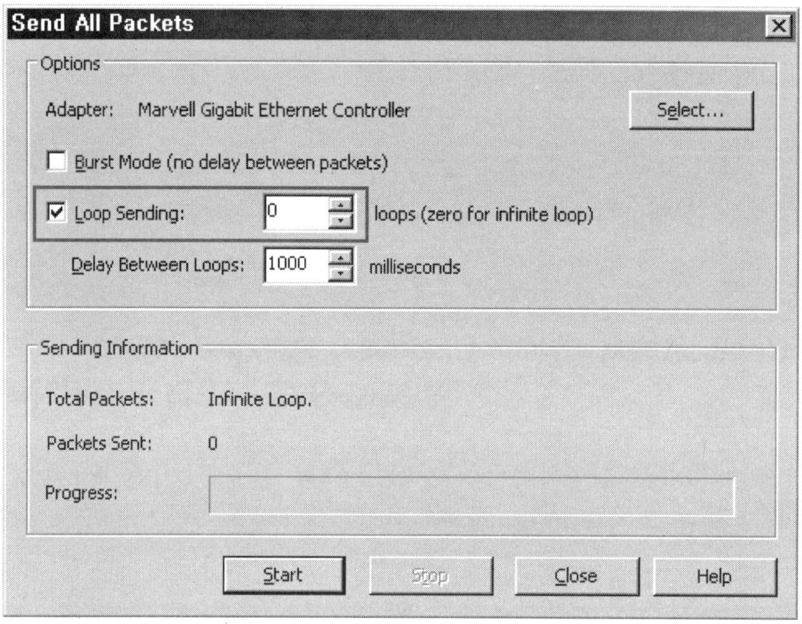

• Loop Sending을 체크한 후 Loops는 0으로 선택하여 Stop 버튼을 누르기 전까지 Packet 송신을 반복한다. Colasoft로 패킷 송신하는 PC에서도 Wireshark를 실행시켜 AP의 LAN단으로 정상적으로 Packet이 나가는지 확인한다.
• AP의 WAN 포트에서 송수신되는 패킷을 Wireshark 실행시킨 PC에서 패킷 캡처를 실행시킨 후, AP의 전원을 OFF/ON한 후에, Colasoft에서 송신되는 Discover, Request 패킷이 AP의 WAN으로 유출되지 않는지 확인한다.
• AP의 부팅이 종료되면 Colasoft의 패킷 송신을 중지하고 결과를 확인한다.

17.3 실험 결과 및 고찰

<table>
<tr><td>실험제목</td><td colspan="4"></td><td>평 가</td><td></td></tr>
<tr><td>소 속</td><td colspan="4"></td><td></td><td></td></tr>
<tr><td>실 험 조</td><td>조</td><td></td><td>인원</td><td></td><td>실험일자</td><td></td></tr>
<tr><td>학 번</td><td colspan="6"></td></tr>
<tr><td>성 명</td><td colspan="6"></td></tr>
</table>

1. 위의 절차대로 시험한 결과를 기록한다.
2. 시험결과는 Wireshark capture 파일로 LAN단에서 잡은 패킷과 WAN단에서 잡은 패킷 두 가지를 기록한다.
3. DHCP 서버 구축 과정을 작성해 보시오.

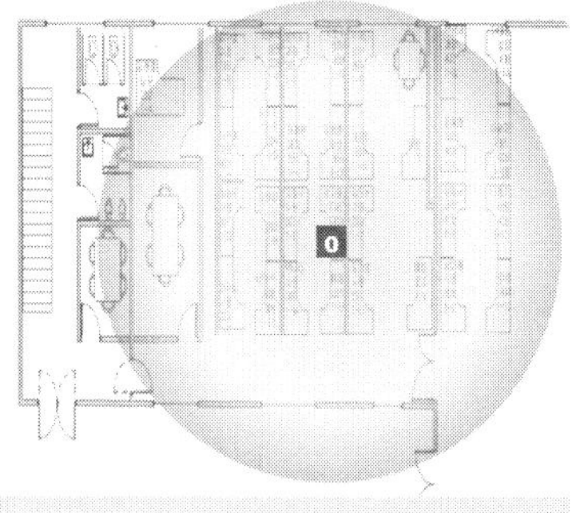

제 18 장

DHCP NAT 기능 관리

18.1 실험목적

DHCP 클라이언트는 DHCP 서버에 접속하여 유동으로 IP를 수신하는 모든 단말을 지칭한다. AP의 경우에는 WAN 포트에 해당된다(상위단 장비에 연결하여 인터넷 사용). AP의 LAN 포트 쪽으로 타 DHCP 서버 감지 시 AP의 DHCP 기능 정지 확인과 60초에 3번씩 DHCP 서버 감지를 위한 Discover 메시지가 송신되는지 확인하고, 타 DHCP 서버 제거 시 DHCP 기능 복구 확인을 한다.

18.2 실험절차

다음의 구성도와 같이 기본구성 상태에서 시험을 진행한다.

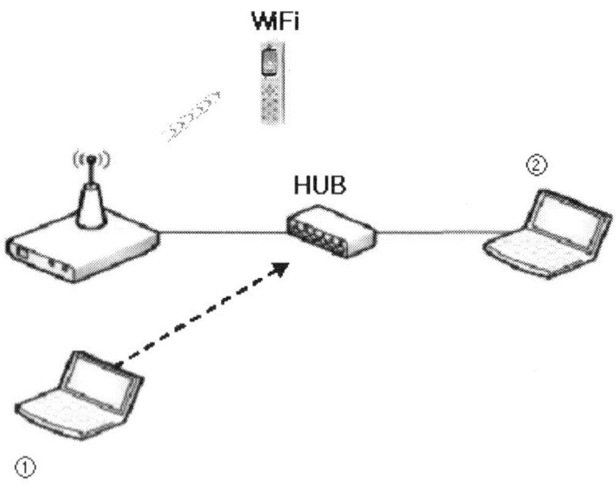

[그림 18.1] 기본구성도

절차 1. AP의 LAN 포트에 HUB를 연결, HUB에 또 다른 DHCP 서버를 연결한다.

절차 2. DHCP 서버는 PC에서 실행시키는 DHCP 서버 프로그램을 사용한다.

절차 3. AP로부터 무선 연결할 PC(1번)과 WiFi Phone을 준비한다.

절차 4. 실험과 환경조건

- PC : 2ea(유선 연결 PC 1대, 무선 연결 PC 1대)
- AP : 1ea(LG U+향 어느 단말도 상관없음)
- Dummy HUB(Mirring용 스위치)
- DHCP 서버(별도의 공유기를 사용할 수도 있으나 유선 연결 PC에 DHCP 프로그램을 설치하여 사용)
- WiFi Phone
- Omnipeek(무선 패킷 캡처 프로그램)
- Wireshark(wireshark.org/download.html에서 다운로드)

18.2.1 DHCP 보호 기능 확인

① 시험환경과 같이 구성한다.
② AP의 LAN 포트에 HUB를 연결하고, HUB에 유선으로 PC를 연결한다.
③ 유선 연결 PC에서는 Wireshark와 DHCP 서버 프로그램을 실행시킨다.
④ 유선 연결 PC에서 DHCP 서버 프로그램(tftp32) 구동은 다음과 같다.

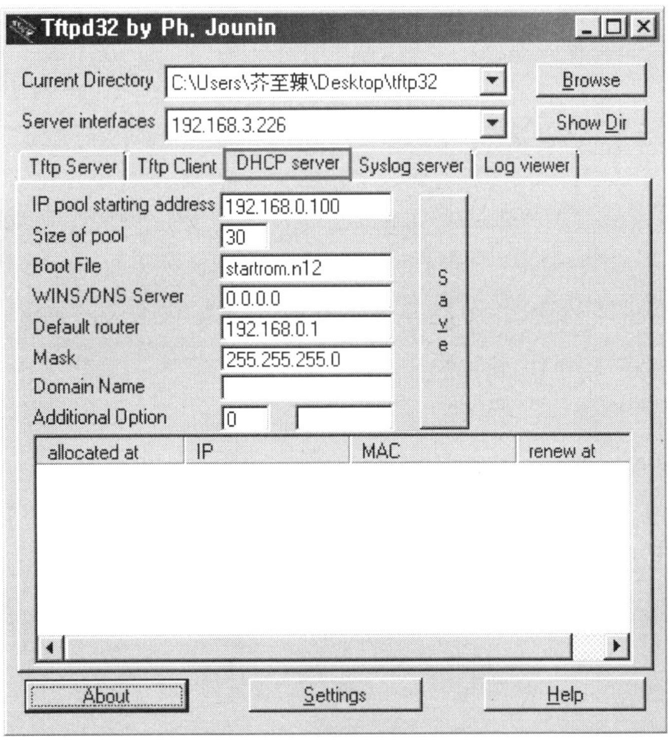

⑤ 프로그램을 실행시킨 후 DHCP 서버 항목에서 IP pool(AP와 중복되지 않으면 기본값으로 사용해도 무방)이나 DNS 등을 설정한 후 Save를 클릭하여 DHCP 서버를 구동시킨다.

⑥ Wireshark Packet 캡처로 다음과 같이 AP의 DHCP 보호 기능의 Discover 메시지에 Offer가 올라오는 것이 확인된다.

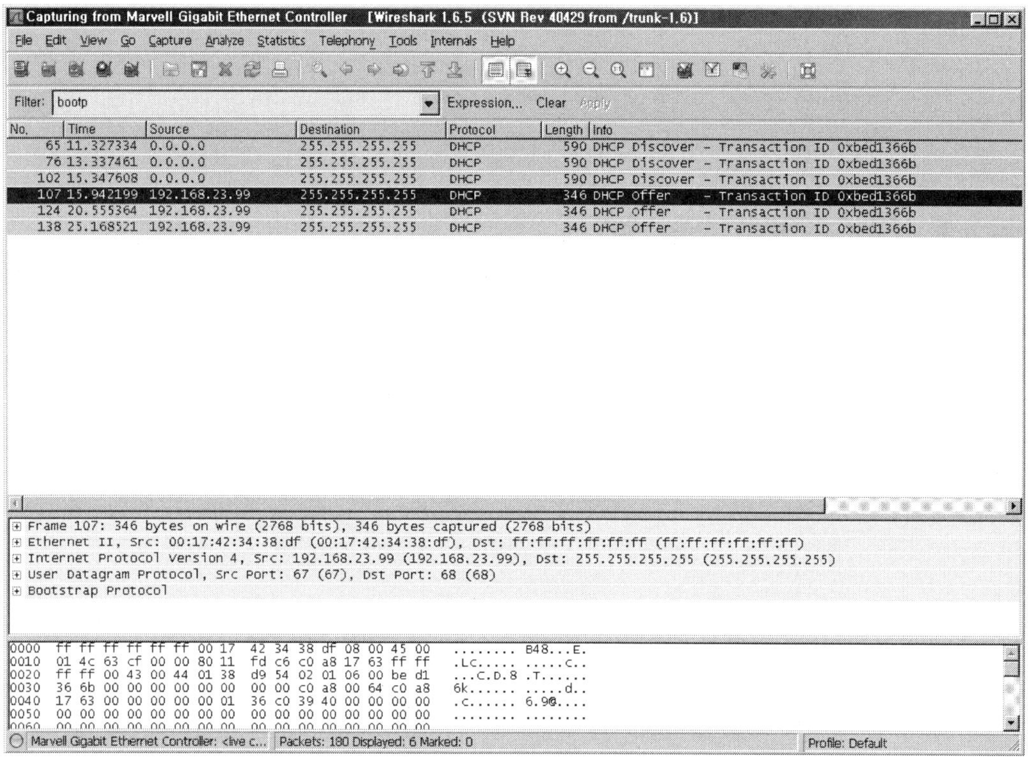

⑦ 위와 같이 패킷이 확인되면 AP는 DHCP 보호 기능을 동작시켜서 DHCP 클라이언트의 Discover에 대한 응답을 하지 않는다.

절차 5. 노트북과 WiFi Phone으로 무선 연결 시도를 한다.

유선 노트북(DHCP 서버 가동)에 Wireshark와 Omnipeek으로 패킷 캡처를 한다.

■ Omnipeek 사용 방법

① 일단 실행시키면 다음과 같은 화면이 보인다. New Capture(돋보기)를 클릭하여 Capture Option 설정을 한다.

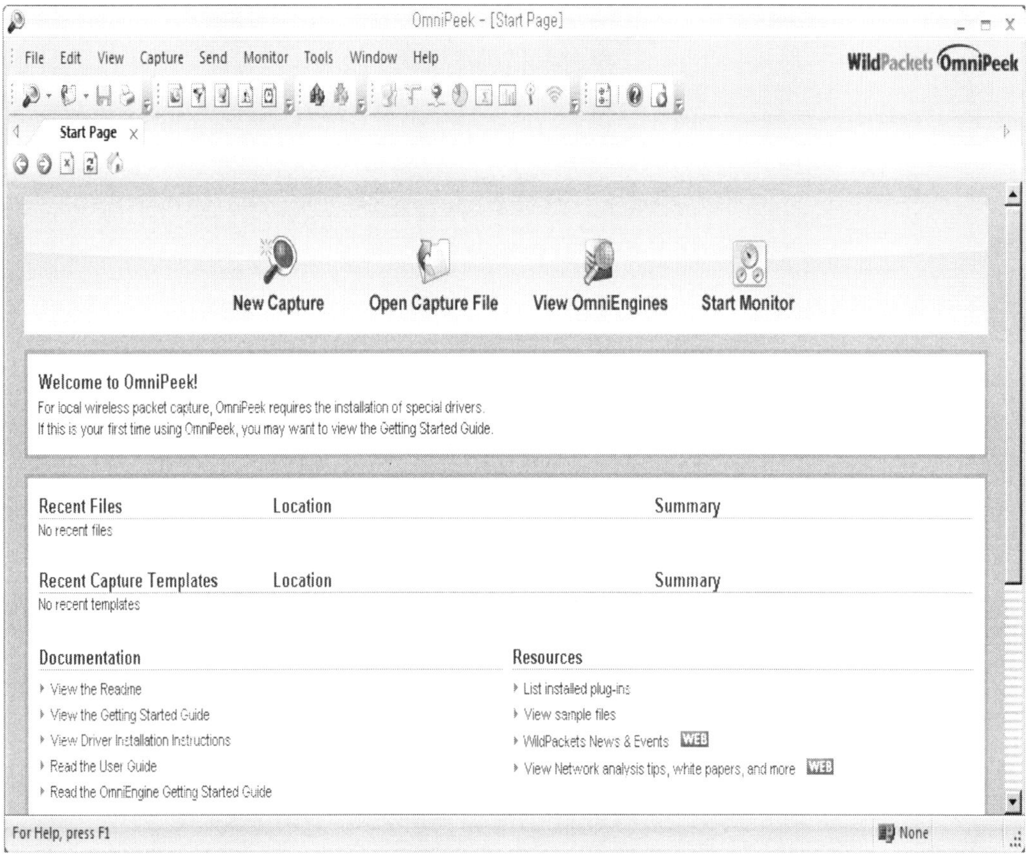

② Capture Option에 들어가면 무선 패킷 캡처가 가능한 랜카드에 대해서는 다음 화면의 빨간색 네모에 있는 것처럼 WildPackets... Yes를 확인할 수 있다. 무선랜이 가능한 랜카드를 선택하여야 한다. 옴니픽에서 디폴트로 지원하지는 않지만, 옴니픽 자체 무선랜카드 드라이버를 설치하면 무선 캡처가 가능한 랜카드도 있다.

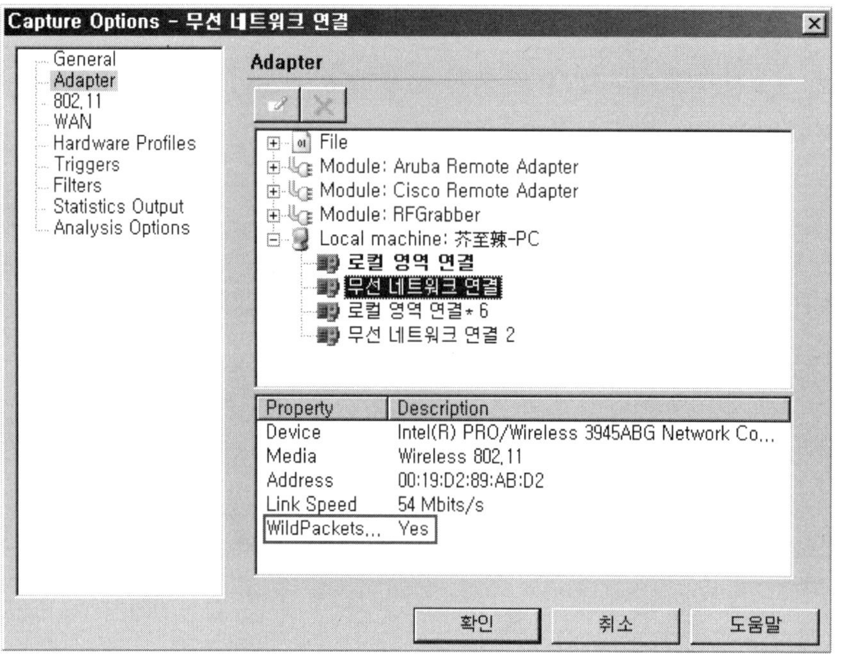

③ Adapter 설정 이후에는 802.11 설정을 한다. 주요 내용은 무선 캡처하려는 채널을 선택하기 위한 것이다(1~13번 채널은 2.4GHz 채널범위이고 36 이후로는 5GHz 채널범위에 속한다).

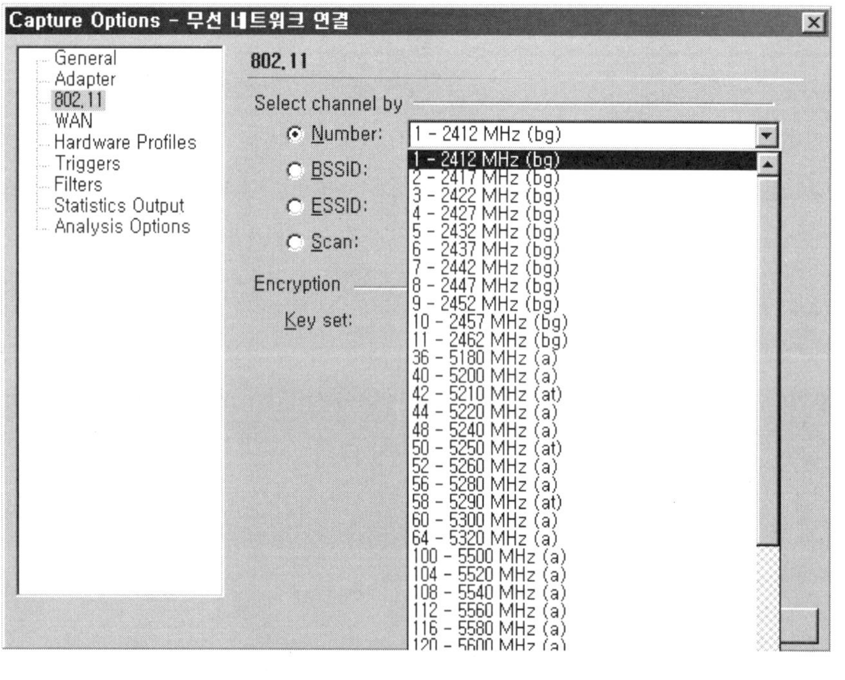

④ 채널 선택 후에는 Filter 설정을 한다. 기존에 만들어져 있는 필터도 있지만 보통은 직접 만들어서 사용하는 것이 더 편하다. +(Insert)를 클릭한다.

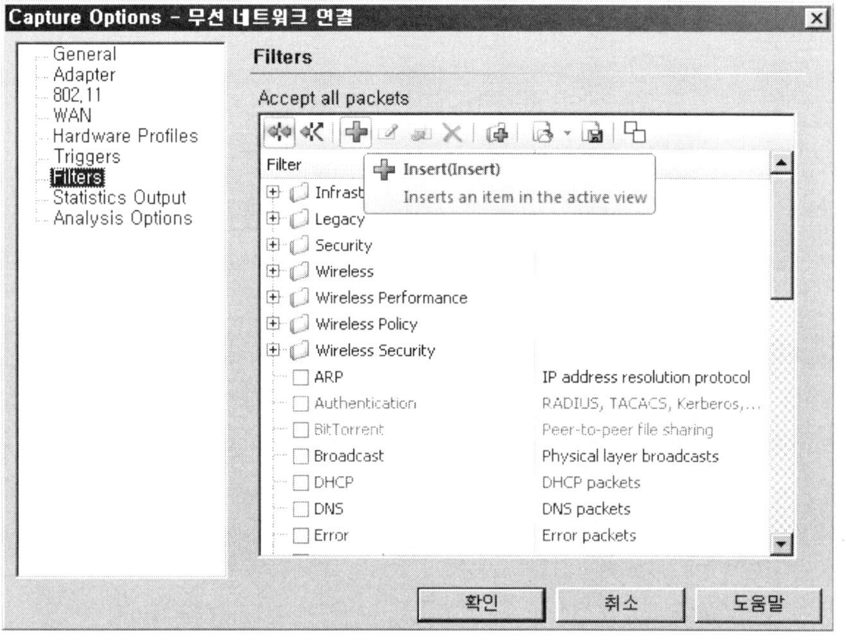

⑤ Insert 클릭 시 다음과 같은 화면을 볼 수 있다.

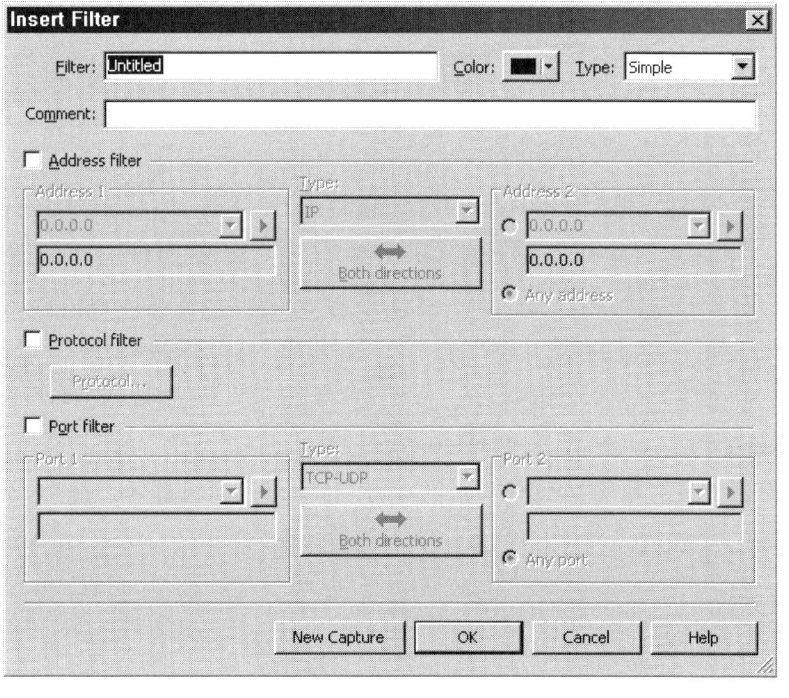

⑥ Address filter를 체크한 후에 AP의 LAN MAC 주소와 단말(무선랜카드 or WiFi Phone)의 MAC 주소를 입력한다. Type에는 Wireless Address를 입력한다. 우측 상단의 Type : Simple → Advance로 선택하면 조금 더 디테일한 Filter 설정이 가능하다.

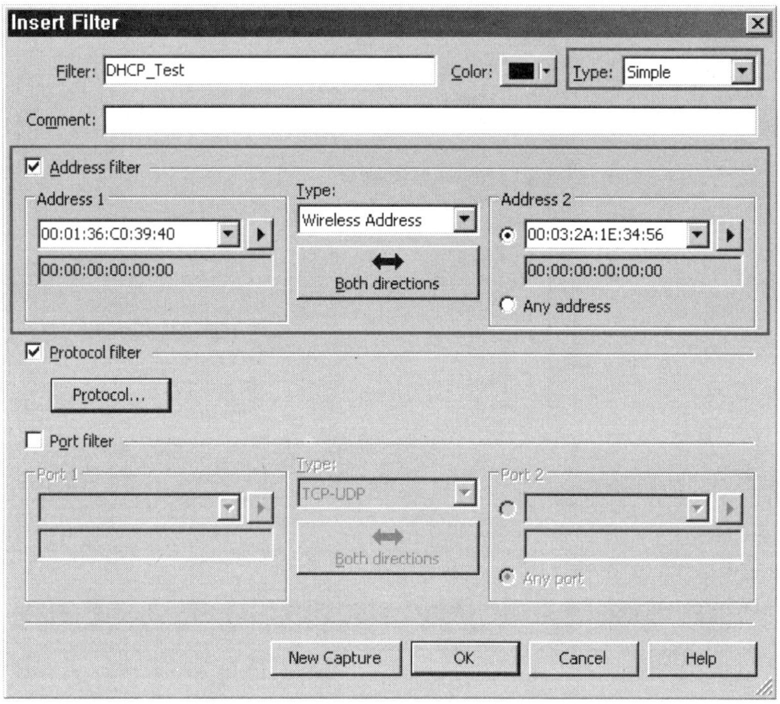

⑦ OK를 클릭하면 다음과 같은 화면이 출력된다. 좌측에 Capture 옵션에 Packets를 선택하고, 우측 상단에 Start Capture 버튼을 클릭하면 화면 중앙에 무선 패킷이 출력됨을 확인할 수 있다(단 무선 보안이 걸려 있는 경우에는 802.11 옵션에서 무선 보안 SSID, 암호를 입력하여야 무선 패킷의 내용을 확인할 수 있다).

- 무선 상에서 단말이 DHCP Discover 메시지 송출 시 AP에서 무시하는 것을 확인한다(DHCP 보호 기능 동작 시).
- 타 DHCP 서버가 제거되어 DHCP 보호 기능이 원상복구 되었을 경우에 단말의 Discover, Request에 Offer, Ack가 정상적으로 내려오는 것을 확인한다.

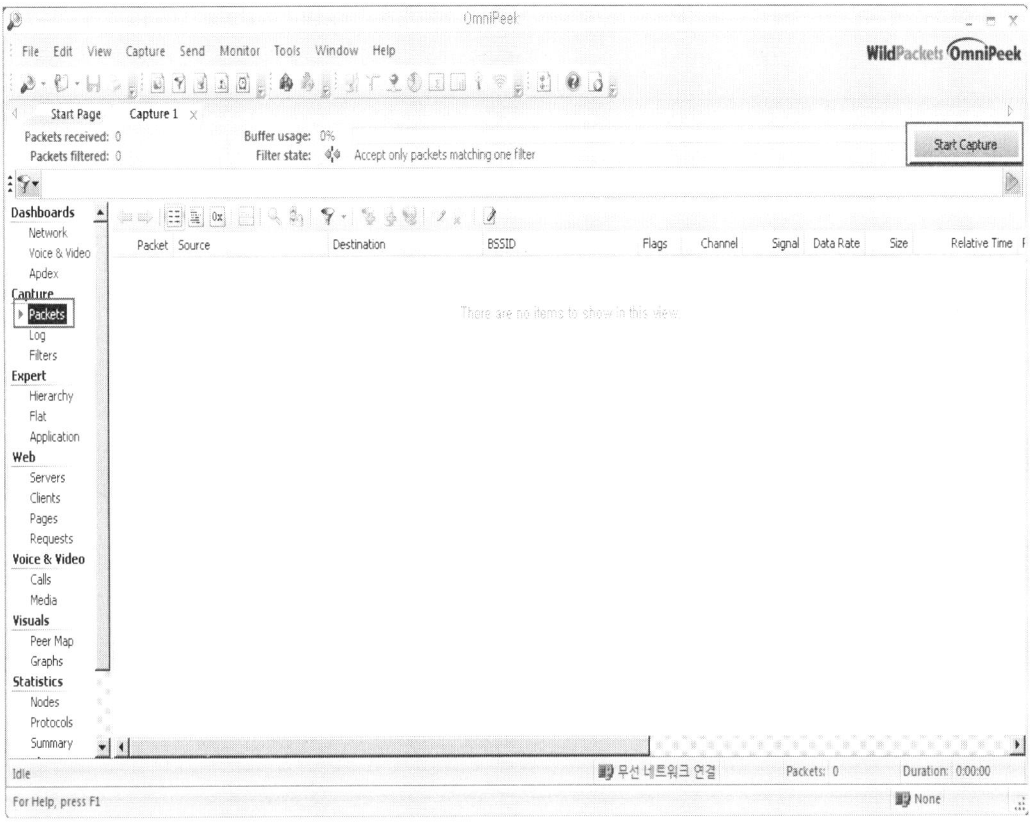

18.3 실험 결과 및 고찰

실험제목				평 가	
소 속					
실 험 조	조		인원	실험일자	
학 번					
성 명					

1. Wireshark로 AP의 LAN 포트에서 Discover 메시지가 60초 간격으로 3회 내려오는 것을 확인한다.

2. 타 DHCP 서버에서 Offer 메시지가 송신되면 DHCP 기능 동작 정지를 확인한다.
   ① AP의 WEB UI 접속(WAN으로 접속하거나, LAN으로 연결된 PC에서 Static IP로 설정하여 접속)하여 Offer가 감지된 LAN 포트에 이상 체크 되어 있는지 확인
   ② DHCP 클라이언트에서 Discover 메시지가 올라올 때 AP에서 이를 무시하는 것을 확인
3. 타 DHCP 서버가 제거된 경우(DHCP 서버 기능 동작 후, DHCP 보호 기능 Discover에 Offer가 더 이상 발생하지 않는 경우 DHCP 보호 기능을 원상복구) 정상적으로 DHCP 클라이언트에 응답을 주는지 확인한다.
   • DHCP 클라이언트는 무선 단말로 진행한다. 만일 유선 단말로 진행하는 경우에는 DHCP 클라이언트는 HUB에 연결하는 것이 아니고, NAPD-5000 혹은 CAPD-6000의 빈 LAN 포트에 직접 꽂아야 한다(HUB에 연결한 경우에는 AP와 무관하게 타 DHCP 서버와 DHCP 클라이언트와 통신이 되기 때문).
4. NAT(Network Address Translation) 역할에 대해 기록하시오.
5. NAT를 사용하는 2가지 목적을 기록하시오.

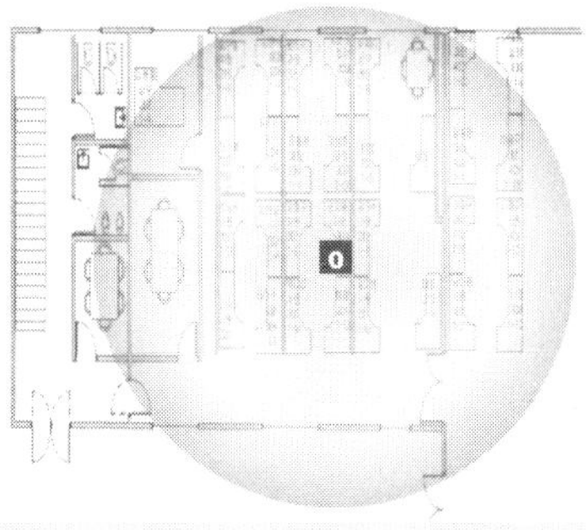

제 19 장

WiFi 로밍 기능 구현

- 19.1 실험목적
- 19.2 실험절차
- 19.3 실험 결과 및 고찰

19.1 실험목적

AP에서 WiFi 단말의 L3 핸드오버를 위한 DHCP 기능 시험과 APD-2000 / APD-4000 / NAPD-5000 / CAPD-6000 / HAPD-5000H의 DHCP 기능 중 WiFi 단말의 L3 핸드오버를 위한 시험을 한다.

19.2 실험절차

다음의 구성도와 같이 기본구성 상태에서 시험을 진행한다.

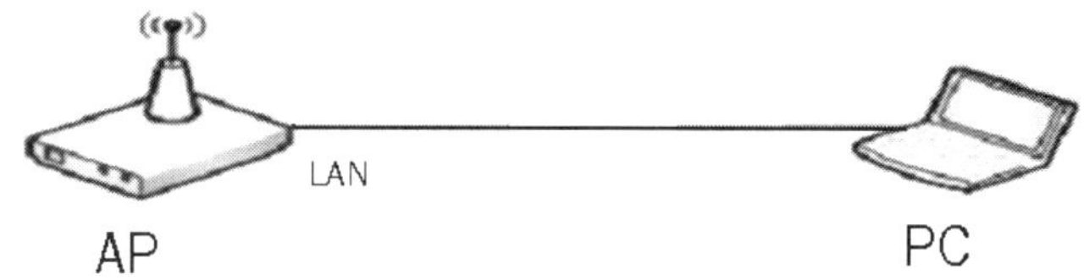

[그림 19.1] 기본구성도

절차 1. AP의 LAN 포트에 PC를 연결한다.

절차 2. PC에서는 Wireshark 프로그램과 Colasoft Packet Builder를 실행시킨다.

절차 3. 실험과 환경조건

- PC : 1ea
- AP : 1ea(LG U+향 AP, 단 HAPD-5000H의 경우에는 PC를 무선으로 연결하여 진행)
- Wireshark(wireshark.org/download.html에서 다운로드)
- Colasoft

19.2.1 WiFi의 L3 핸드오버를 위한 DHCP 기능 확인

우선 Colasoft에서 사용할 2종류의 Discover 메시지가 필요하다.

■ Request IP 항목 자체가 없는 Discover 메시지

AP의 WAN단에서 Wireshark로 패킷 캡처를 수행한 후에 AP를 리셋하여 상위단 DHCP 서버로 올리는 Discover 메시지 사용

■ Request IP 항목이 있는 Discover 메시지

AP가 이미 상위단 DHCP 서버로부터 IP 수신한 상태에서 WEB UI에서 IP 갱신 버튼을 눌러서 송신되는 Discover 메시지 사용

두 가지 Discover 메시지가 확보되었으면 캡처한 Wireshark 패킷을 Colasoft에 로드하여 판정기준에 따라서 MAC Address와 Request IP를 변경하면서 시험을 진행한다.

1) DHCP Discover 메시지에 Requested IP Address가 있는 경우

① DHCP 클라이언트의 Discover 메시지에 Request IP가 있는 경우에 요청한 IP 그대로 할당(ARP 체크하지 않음 포함)

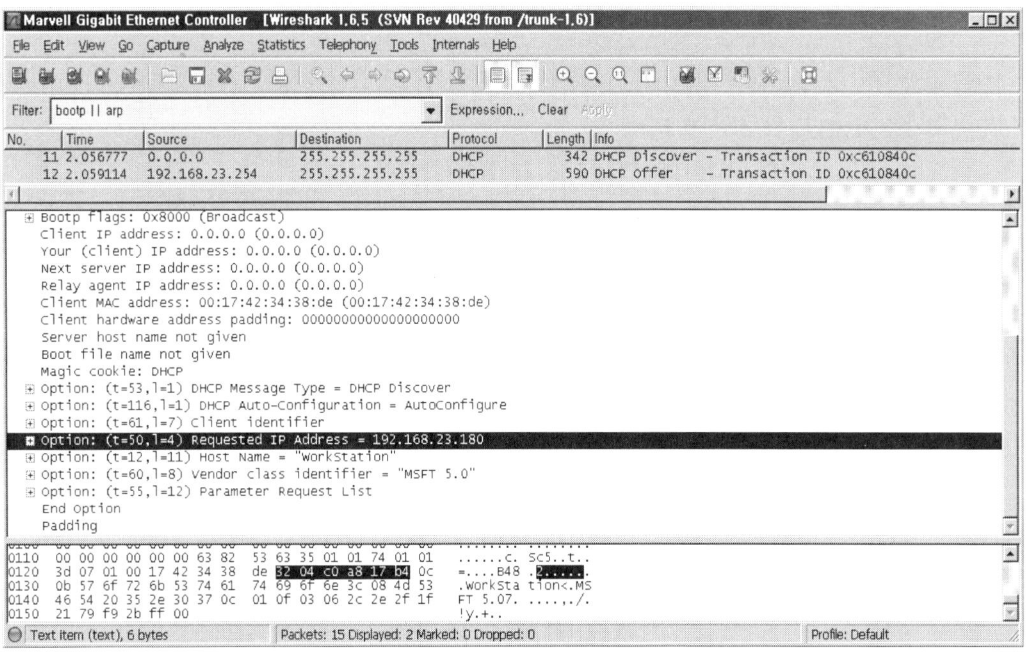

- Wireshark의 Filter는 bootp와 arp로 설정
- Requested IP Address=192.168.23.180
- AP에서는 Offer 메시지 전에 ARP 메시지를 보내지 않는다.

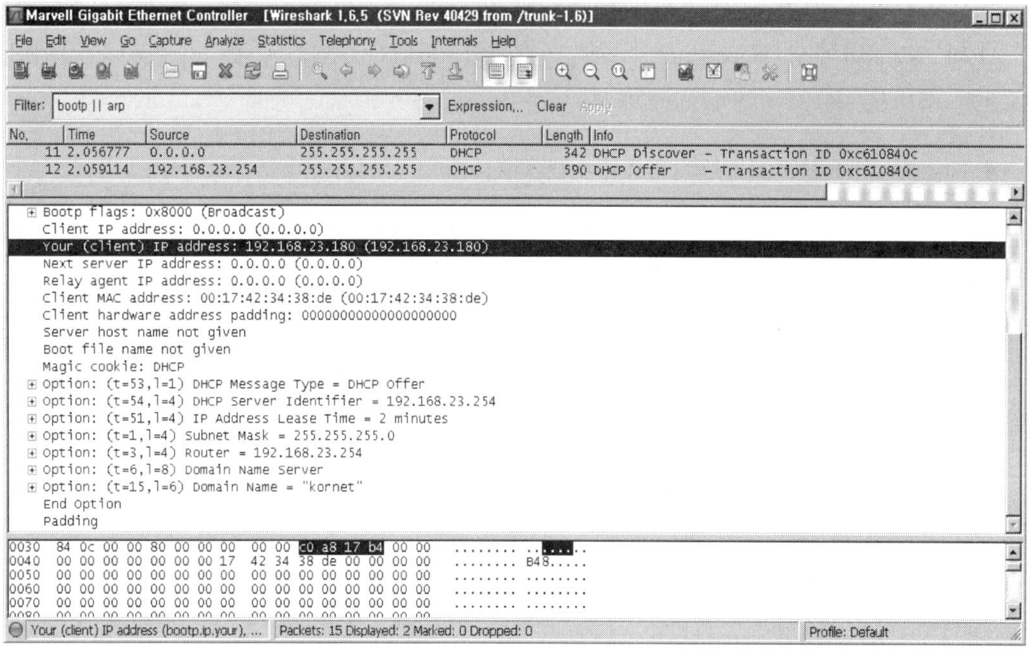

- AP에서 DHCP 클라이언트로 송신하는 메시지에는 DHCP 클라이언트가 요청한 IP를 그대로 할당한다.
- Your(Client) IP address : 192.168.23.180 확인

② 단말이 요청한 Request IP가 DHCP 서버의 IP Pool ; 범위 내이고, 다른 단말이 사용하지 않는 IP의 경우 : ① 시험에서 진행한 내용으로 따로 설명하지 않음

③ 해당 Discover 올린 단말이 이전의 lease 정보가 있는 단말인 경우(AP는 lease 정보를 갱신하여야 한다)

- ①, ② 시험을 진행한 후에 1분 경과 이전에 동일한 MAC Address로 Discover의 Requested IP만 바꾸어서 송신하여 확인한다(Offer 메시지의 Timeout이 1분이기 때문, 만일 DHCP Request 메시지까지 송신하여 AP로부터 Ack까지 왔다면 DHCP lease time 시점까지 여유가 있음).
- 최초 IP 할당 내용(lease 정보)은 다음과 같다.

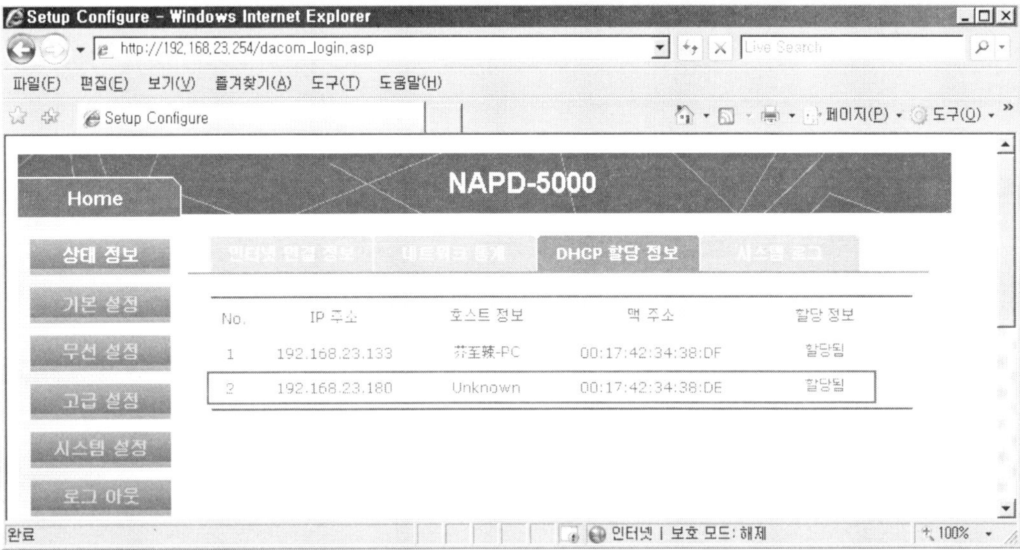

〈현재 상태 lease 정보 00:17:42:34:38:DE MAC은 192.168.23.180로 IP 할당되어 있음.〉

- Colasoft로 Discover의 Requested IP Address만 바꾸어 송신한 후 다시 WEB UI를 확인한다.

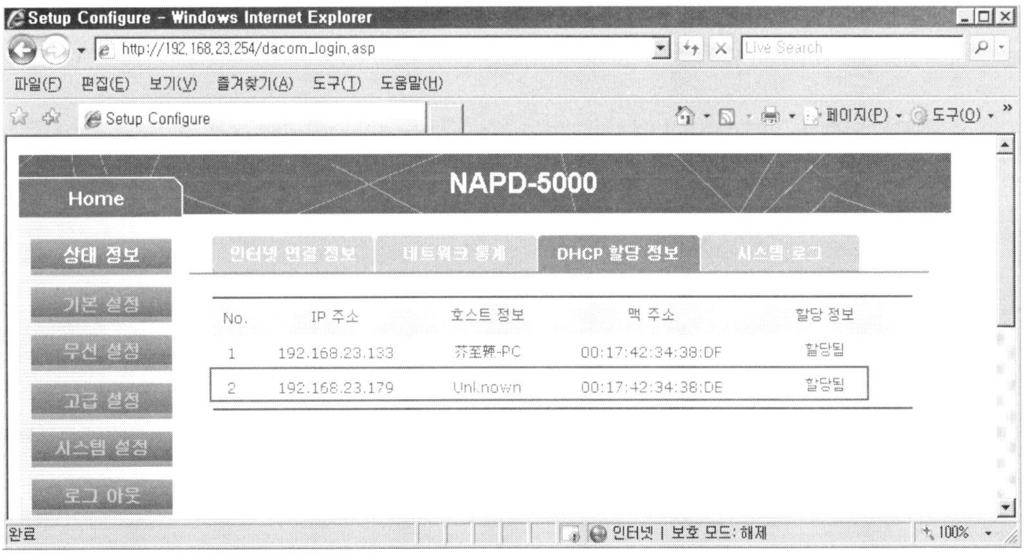

〈00:17:42:34:38:DE MAC의 IP 주소가 192.168.23.179로 할당, 즉 lease 정보 갱신이 된 것을 알 수 있다.〉

④ 해당 Discover 올린 단말은 lease 정보가 없는 단말인 경우 : ① 시험에서 진행된 내용으로 추가 설명하지 않겠음.

⑤ DHCP 클라이언트가 올린 Discover의 Request IP가 DHCP IP Pool 밖인 경우

- Discover의 Requested IP Address를 WEB UI에 설정되어 있는 IP Pool 밖으로 설정하여 송신한다.

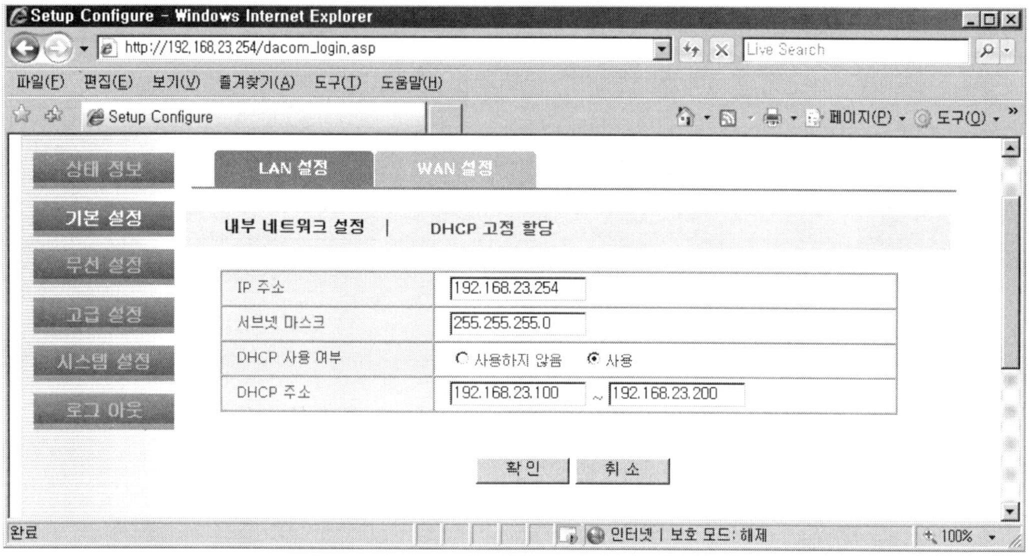

- IP Pool은 192.168.23.100~200으로 설정되어 있다. 192.168.23.x 중, 192.168.123.100~200 범위 밖의 값으로 설정하여 송신한다.

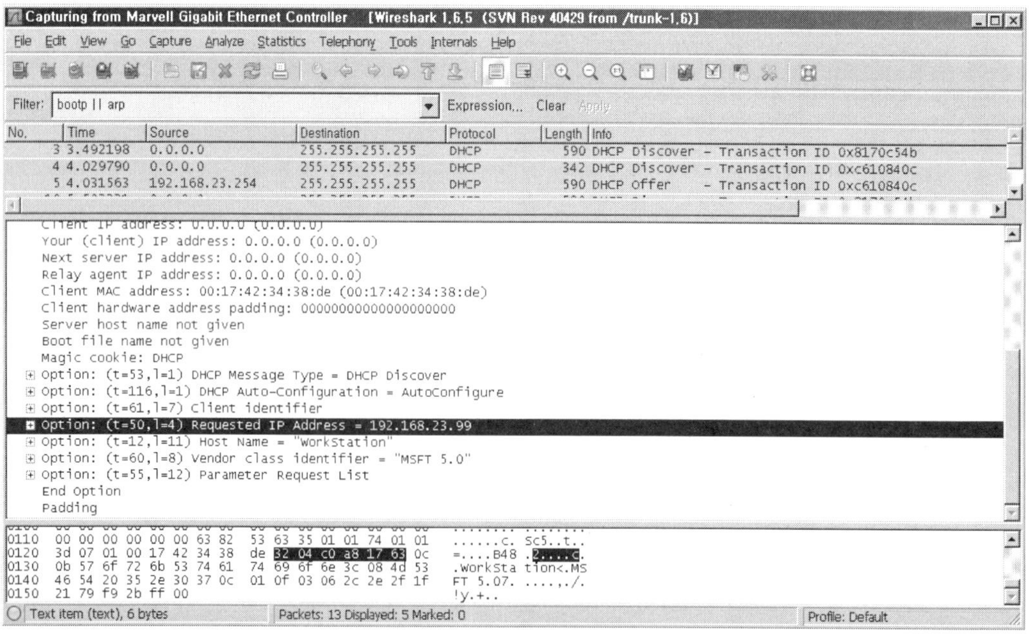

• 192.168.23.99로 Requested IP Address 송신

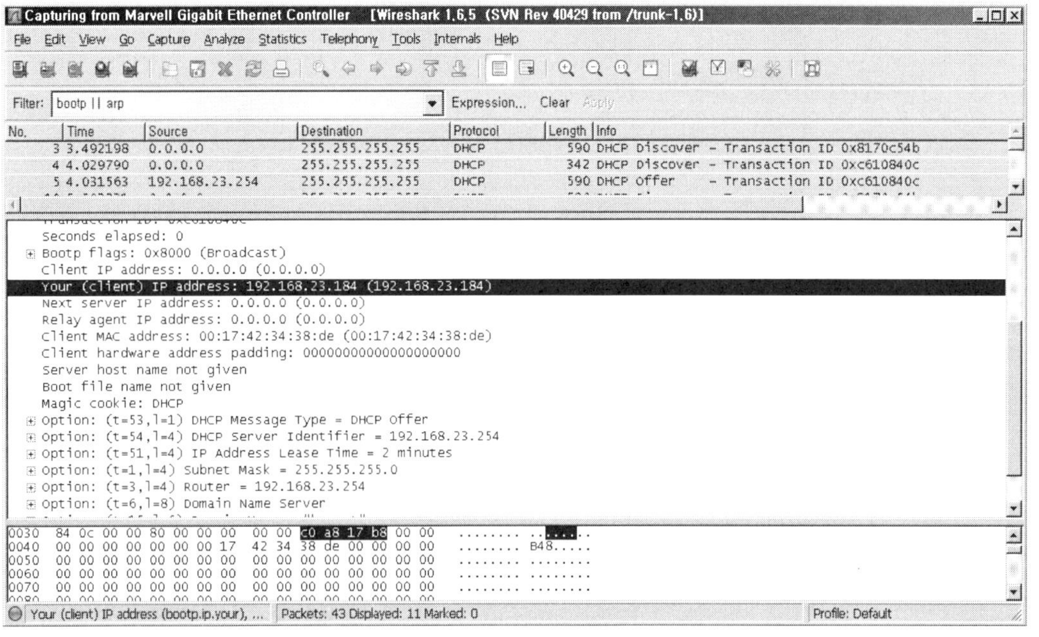

• AP는 IP Pool 범위 내의 임의의 주소인 192.168.23.184를 할당함을 확인

• WEB UI에서도 확인된다.

⑥ DHCP 클라이언트가 올린 Discover Request IP의 서브넷이 다른 경우(ARP 체크)

- AP의 LAN IP 주소는 192.168.23.254이고 서브넷은 255.255.255.0임, 즉 192.168.23.x가 아닌, 다른 주소를 Discover의 Requested IP Address에 입력하여 송신하여 확인한다.

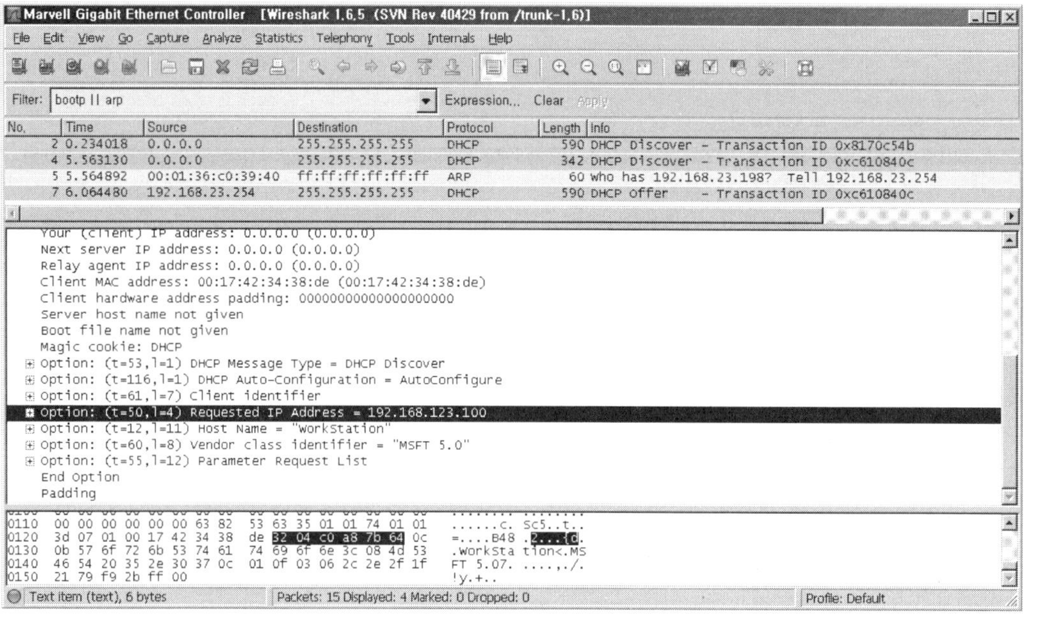

〈Colasoft로 192.168.123.100을 Requested IP Address로 입력하여 송신〉

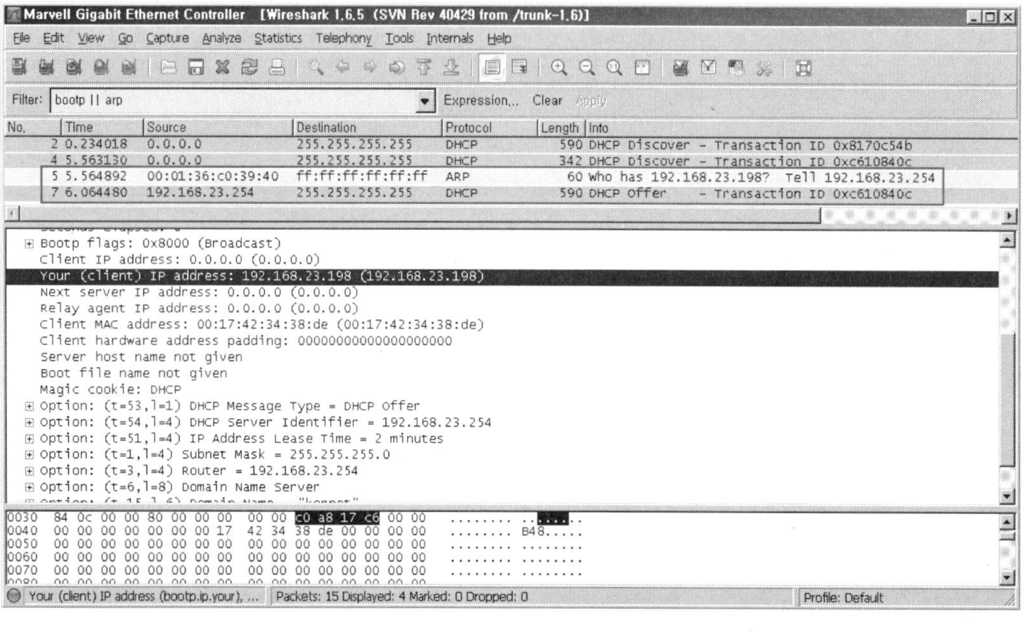

- AP는 ARP 체크를 하여 IP Pool 범위 내의 임의의 값 192.168.23.198에 대하여 다른 단말이 사용하고 있는지 확인한 후에 ARP에 대한 다른 응답이 없기 때문에 약 500ms 후에 Offer 메시지로 192.168.23.198 IP를 할당한다.
- 60초 내로 WEB UI 화면까지 직접 확인한다(WEB UI 화면에 대해서는 생략).

⑦ DHCP 클라이언트가 올린 Discover의 Request IP가 다른 단말이 사용하고 있는 경우

- 다른 단말이 사용하고 있는 경우에는 두 가지로 나누어서 생각할 수 있는데, lease 정보가 있는 경우(DHCP로 할당받아서 사용하고 있는 경우)와 lease 정보 없이 타 단말이 Static IP로 설정하여 사용하는 경우가 있다. LG U+ 시험에서는 lease 정보가 있는 경우를 시험한다.
- 이전 시험에서 WEB UI 확인 시 192.168.23.133을 PC에서 사용하고 있는 것을 확인(lease 정보 있음)한다. 해당 주소를 입력하여 테스트(단 MAC Address는 PC의 주소와는 다른 것이어야 한다)한다.

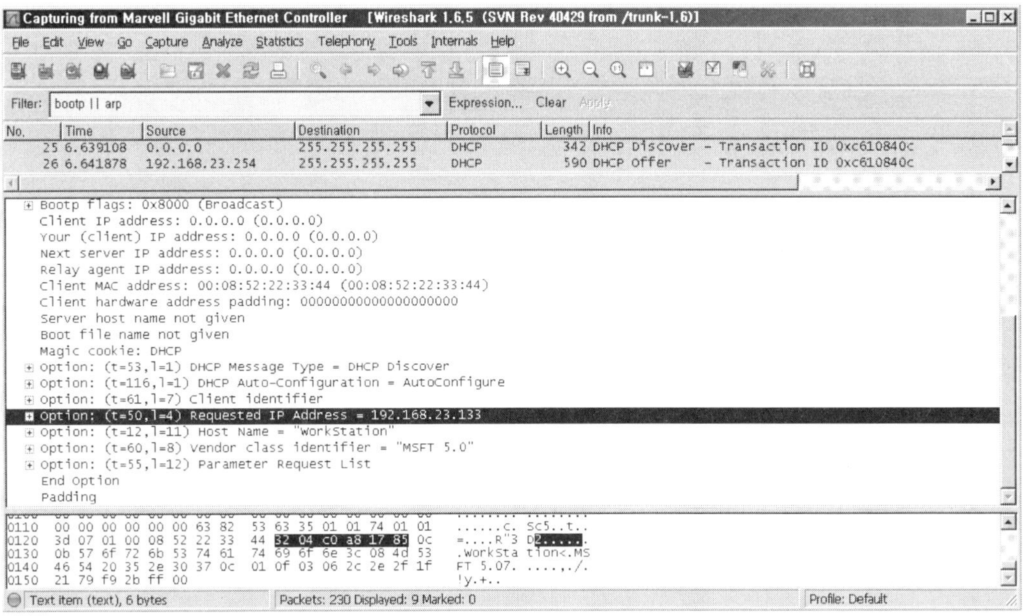

- 00:08:52:22:33:44 MAC으로 192.168.23.133을 요청하였으나

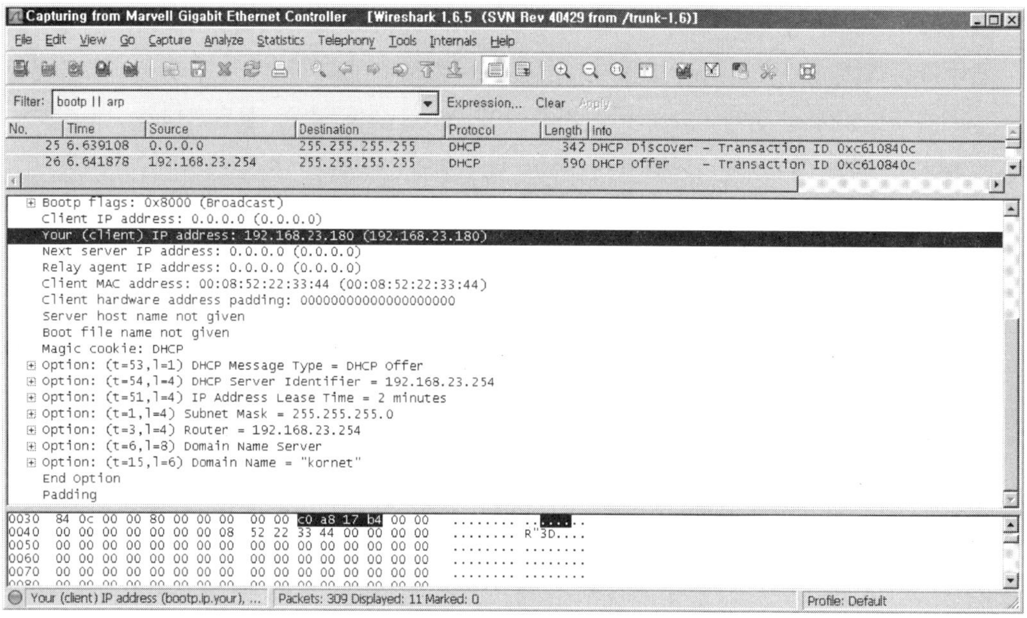

- AP에서는 192.168.23.180을 부여함.

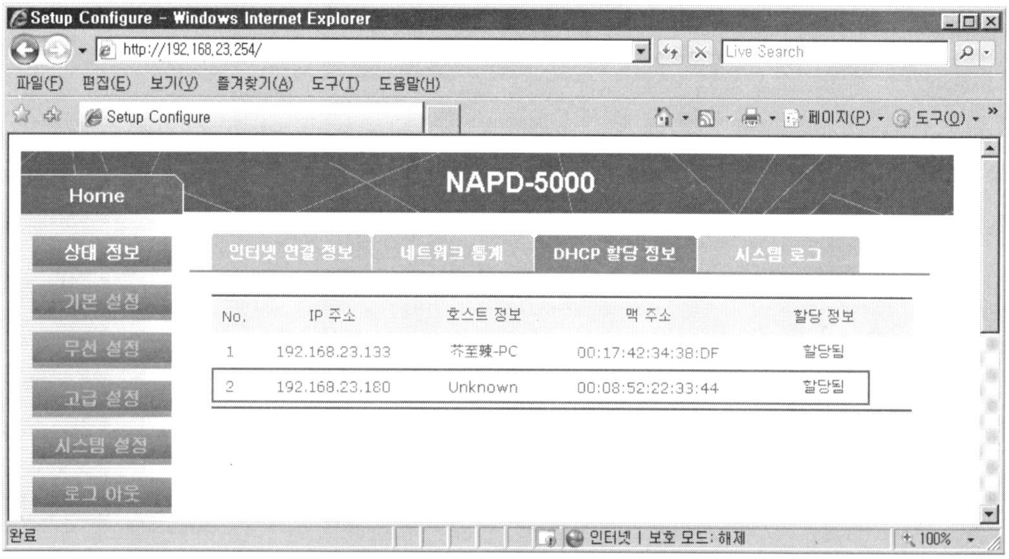

- WEB UI에서도 확인 시험 종료

• 다른 단말이 사용하고 있는 경우(Static IP설정), lease 정보에는 없다.

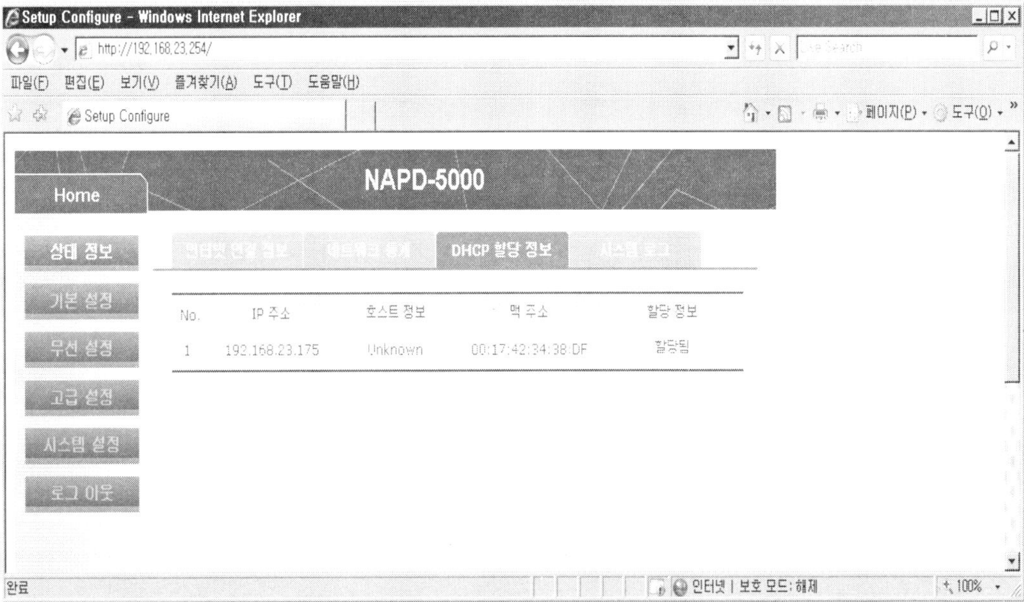

- NAPD-5000과 CAPD-6000에서는 Static IP로 설정한 단말이라 하더라도 DHCP 할당정보에는 "할당됨"이라고 나온다. DHCP, Static 구분 없이 IP Pool 범위 내의 단말은 무조건 "할당됨"이라고 표기되고, IP Pool 범위 밖의 단말의 경우에는 "고정설정"이라고 표시된다.

• Static IP로 설정한 내용은 WEB UI의 DHCP 할당정보에는 표시되지만, lease 정보에 갖고 있는 내용이 아니기 때문에 Colasoft로 해당 IP로 Discover의 Requested IP Address에 입력하여 송신하면 Offer로 요청한 IP를 내려준다(직접 테스트 및 확인 필요).

2) DHCP 클라이언트의 Discover 메시지에 Request IP가 없는 경우

① ① 시험은 다른 시험에 포함되므로 별도로 할 필요가 없고, ③ 시험을 먼저 하고 난 뒤, DHCP 서버는 DHCP Offer를 보내기 전에 ARP 체크를 수행하여 다른 단말에서 사용하고 있는지를 확인한다.
②, ③ 시험에서 포함되므로 별도로 설명하지는 않는다.

② Lease 정보가 있는 단말의 경우에는 기존의 IP를 그대로 할당

• Colasoft로 Discover를 보내어 Offer에서 내려온 IP를 Request 메시지에 설정하여 Ack 수신한 후에, Requested IP Address가 없는 Discover 메시지를 송신하여

확인하는 방법이 있으나 더 쉬운 방법이 있다.

- 더 쉬운 방법은 AP의 LAN 포트에 HUB(미러링 가능한)를 연결한 후에 HUB에는 PC를 연결하여 Wireshark를 실행시킨다. 그리고 또 다른 AP(단 LAN 포트의 IP가 지금 시험하고 있는 AP와 다른 대역이어야 한다)의 WAN을 연결하여 IP 수신을 확인한 후(이 부분이 '③' 시험에 해당함. 패킷으로 Discover, Offer, Request, Ack 확인), HUB에 WAN이 연결된 AP(DHCP 클라이언트 기능)를 다시 전원을 껐다 켜서 동일한 IP를 할당하는지 확인하면 된다(동일한 IP를 할당하는 부분이 '②' 시험 부분임).
- 이 시험은 쉬우므로 더 이상의 설명은 하지 않는다.

③ Lease 정보가 없는 단말의 경우에는 Random하게 할당 : 위 시험에 포함되는 내용

19.3 실험 결과 및 고찰

실험제목				평 가	
소 속					
실 험 조	조		인원	실험일자	
학 번					
성 명					

1. DHCP 클라이언트의 Discover 메시지에 Request IP가 있는 경우

요청한 IP를 그대로 할당한다.

① 정상적인 Request IP에 대해서는 ARP 체크하지 않음.

② 단말이 요청한 Request IP가 DHCP 서버의 IP Pool 범위 내이고 다른 단말이 사용하지 않는 IP인 경우

③ 해당 Discover 올린 단말이 이전의 lease 정보가 있는 단말인 경우(AP는 lease 정보를 갱신하여야 한다)

④ 해당 Discover 올린 단말은 lease 정보가 없는 단말인 경우(특이사항 없음, 요청

한 IP 할당)

⑤ DHCP 클라이언트가 올린 Discover의 Request IP가 DHCP IP Pool 밖인 경우

⑥ DHCP 클라이언트가 올린 Discover의 Request IP의 서브넷이 다른 경우(ARP 체크)

⑦ DHCP 클라이언트가 올린 Discover의 Request IP를 다른 단말이 사용하고 있는 경우

ⓐ 다른 단말에서 DHCP로 할당받아 사용(lease 정보가 있음)

ⓑ 다른 단말에서 Static IP로 사용하고 있음(lease 정보가 없음)

2. DHCP 클라이언트의 Discover 메시지에 Request IP가 없는 경우

① DHCP 서버는 DHCP Offer를 보내기 전에 ARP 체크를 수행하여 다른 단말에서 사용하고 있는지 확인

② Lease 정보가 있는 단말의 경우에는 기존의 IP를 그대로 할당

③ Lease 정보가 없는 단말의 경우에는 Random하게 할당

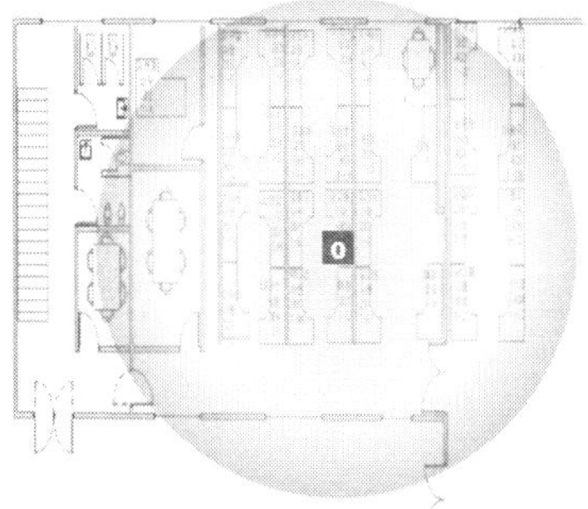

제 20 장

공유기를 AP/스위치로 네트워크 구성

20.1 실험목적

인터넷 공유기는 정확히 말하면 '인터넷 IP 주소 공유기'이다. 즉, 하나의 IP 주소를 여러 대의 컴퓨터가 공유해서 인터넷에 접속할 수 있도록 하는 역할을 하는 것이다(인터넷에 연결하기 위해서는 각 컴퓨터가 고유의 IP 주소를 갖고 있어야 한다). 원칙적으로는 인터넷에 연결하려는 컴퓨터 수만큼 인터넷 서비스 업체(KT, SKT, LG U+ 등)로부터 IP 주소를 추가 발급(비용 발생)받아야 한다. 이 때문에 이들 업체 입장에서 보면 공유기 때문에 IP 주소 판매 수익이 줄어드니 달가울 게 없지만, '1가구 2PC 시대', '600만 스마트폰 사용자 시대'로 접어들면서 공유기는 이미 대세가 된 상태다. 리눅스뿐 아니라 윈도우도 기본적인 많은 수의 네트워크 명령어들을 지원하고 있다. 이들은 네트워크에 어떤 문제가 있는지를 알아보고 해결하는 데 큰 도움을 주곤 한다. 기본적으로 컴퓨터 네트워크를 공부한다면 필요한 것이므로 꼭 익혀두도록 하자. IP Calculator를 이용한 IP 주소 계산 실습과정에서는 윈도우를 기준으로 한다. 먼저 이러한 명령어를 실행하기 위한 환경을 만들어 보는 데 목적이 있다.

20.2 실험절차

20.2.1 공유기를 AP/스위치(허브)로 변경하는 방법

공유기 2대를 연결하기 위해서는 각각의 공유기가 다른 내부 IP를 사용해야 하며, 이를 위해 스위치(허브)로 변경하고자 하는 공유기에 내부 IP 주소 변경과 DHCP 서버 기능을 중단하여야 한다.

- 스위치(허브)로 변경하고자 하는 공유기의 내부 IP 주소 변경
- 스위치(허브)로 변경하고자 하는 공유기의 DHCP 기능 중지
- 인터넷에 연결된 공유기에 스위치(허브)로 변경한 공유기를 연결

1) 공유기의 내부 IP 주소 변경

공유기의 웹 설정화면(http://192.168.0.1)에 접속하여 [관리도구] – [고급설정] – [네트워크 관리] – [내부 네트워크 설정]을 클릭하고, 내부 IP 주소의 끝자리를 임의적으로 변경한 후 [적용 후 시스템 다시 시작] 버튼을 클릭한다(예 : 192.168.0.200).

이제 스위치(허브)로 변경된 공유기를 기존 공유기에 연결하는 모든 과정이 완료되었다. 설정이 완료된 상태에서 정상적으로 인터넷 연결이 되지 않는다면 상단 네트워크 〈공유기 1〉에서 IP 할당이 정상적으로 이루어지지 않는 경우이다. 이와 같은 경우 PC에서 IP 갱신을 하여야 하며 PC를 재부팅하거나 공유기를 재시작한다.

[참고]
스위치(허브)로 변경되어 연결된 공유기가 무선 공유기로 필요에 따라 무선 연결 설정이 필요한 경우 〈공유기 1〉 또는 〈공유기 2〉에 연결된 PC 어디에서나 〈공유기 2〉의 변경된 IP 주소(예제에서는 192.168.0.200)를 인터넷 탐색기의 주소란에 입력하면 공유기 관리 도구에 쉽게 접속할 수 있으며 필요한 무선 설정을 진행할 수 있다.

2) 공유기의 DHCP 기능 중지

변경된 내부 IP 주소(예 : 192.168.0.200)로 재접속 후 [관리도구]–[고급설정]–[네트워크 관리]–[내부 네트워크 설정]을 클릭하고 하단의 [DHCP 서버 설정]을 [중지]로 체크 후 [적용]을 클릭한다.

3) 스위치(허브)로 변경된 공유기의 연결

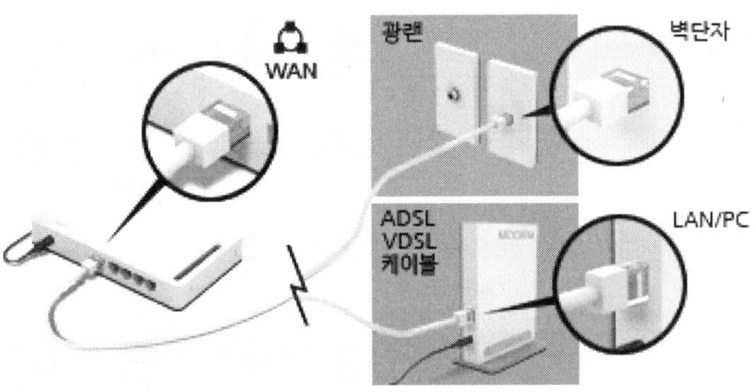

[그림 20.1] 구성도

20.3 실험 결과 및 고찰

실험제목				평 가	
소 속					
실 험 조	조		인원	실험일자	
학 번					
성 명					

1. 설치도우미를 사용하여 인터넷 연결이 실패한 경우 수동으로 인터넷을 연결하시오.

설치도우미를 사용하여 정상적으로 인터넷 연결이 되지 않을 경우 공유기의 인터넷 연결 설정을 수동으로 진행해야 한다.

수동 인터넷 연결을 진행하려면 사용하는 인터넷 회선을 알고 있어야 하므로 사용 중인 인터넷 회선의 종류를 모르는 경우, 먼저 회선 종류를 인터넷 서비스 업체에 문의하여 알아본다.

[동적 IP 방식] (FTTH, 광랜 방식, 케이블 모뎀, VDSL, LAN 방식, IP ADSL)

동적 IP 방식은 광랜, 케이블 모뎀을 사용하는 경우에 해당하며 별도의 인터넷 연결 설정 없이 인터넷 연결이 가능한 일반적으로 많이 사용되는 방식이다.

공유기의 WAN 포트(노란색)에 인터넷 회선(직접 PC에 연결 시 인터넷 가능한 선)을 연결하고 공유기의 1번 포트(점 1개 모양)와 유선 PC를 연결한 후 공유기의 설정화면(http://192.168.0.1)에 접속하여 메뉴 탐색기의 [관리도구] – [기본설정] – [인터넷 연결 설정] 메뉴를 선택한 후 다음 그림과 같이 [동적 IP 방식]을 선택한 후 추가로 [MAC 주소 변경], [사설 IP 할당 허용]을 선택하고 우측 하단의 적용 버튼을 클릭하여 인터넷을 설정한다.

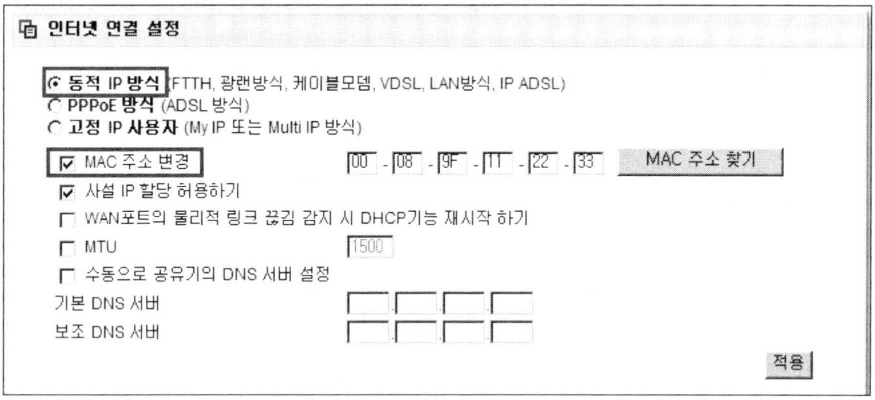

인터넷 연결 확인 메시지에 확인 버튼을 클릭하여 표시되는 인터넷 연결 상태에서 "정상적으로 연결됨"이라는 메시지가 표시되면 인터넷 연결이 성공한 것으로 우측 상단의 설정 저장을 클릭하여 인터넷 연결설정이 완료된다.

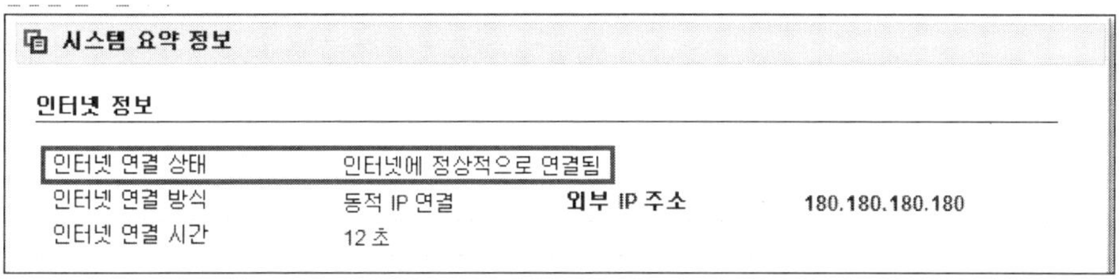

2. 실험결과에 대한 내부 네트워크와 동일한 대역의 IP 주소 검출됨에 대한 재설정 설명을 쓰시오.

만약 아래 그림과 같이 인터넷 연결 상태에서 "내부 네트워크와 동일한 대역의 IP 주소 검출됨"이라는 메시지가 표시된다면 인터넷 연결 설정은 정상적이나 공유기 내부 IP 주소 변경이 필요한 상태이다.

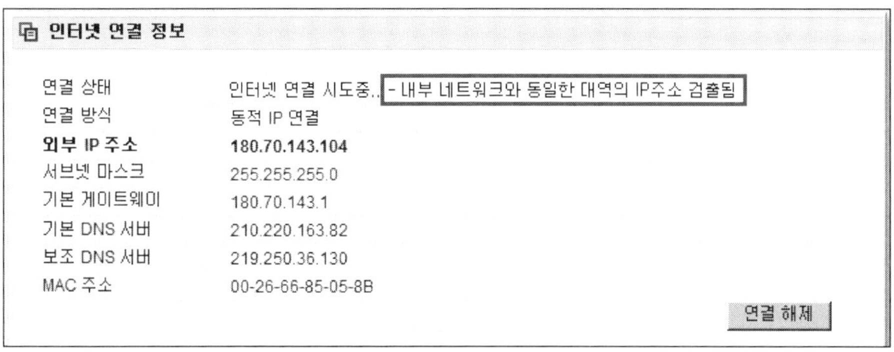

내부 IP 주소 변경을 위하여 우선 우측 상단의 [설정 저장]을 클릭하고, 메뉴 탐색기의 [고급설정] – [네트워크 관리] – [내부 네트워크 설정] 메뉴를 선택하고 아래 그림과 같이 내부 IP 주소를 192.168.33.1로 변경하고 하단의 [적용 후 시스템 다시 시작] 버튼을 클릭하면 된다.

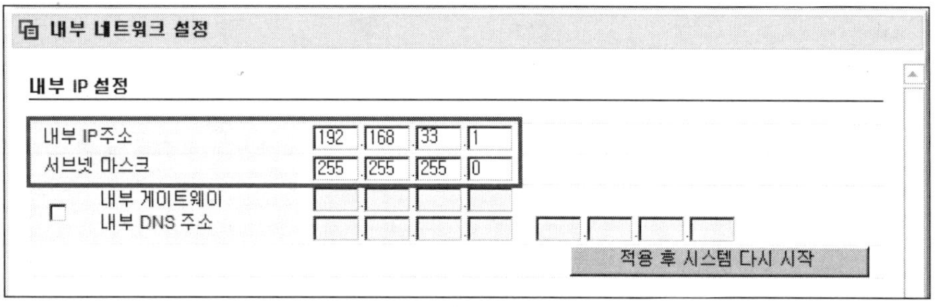

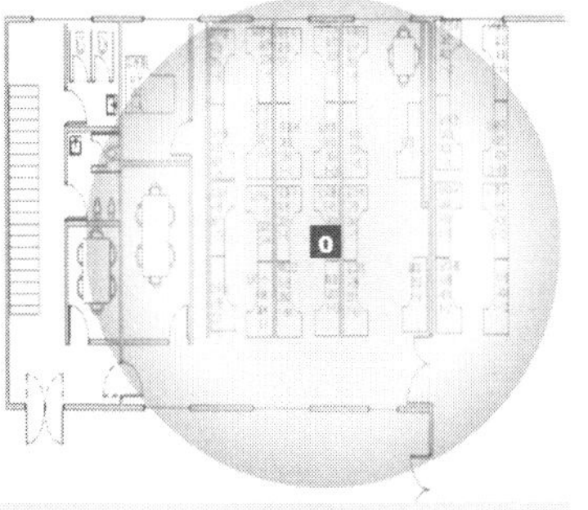

제 21 장

무선통신망 시공

21.1 무선통신망 설비 시공 FLOW

무선통신망 설비 시공은 실시 설계서를 기준으로 구축계획을 세우고 송 · 수신 장치, 안테나 및 그에 따른 부대설비를 설치하고, 운영 시험을 하여 개통하는 과정까지 포함한다.

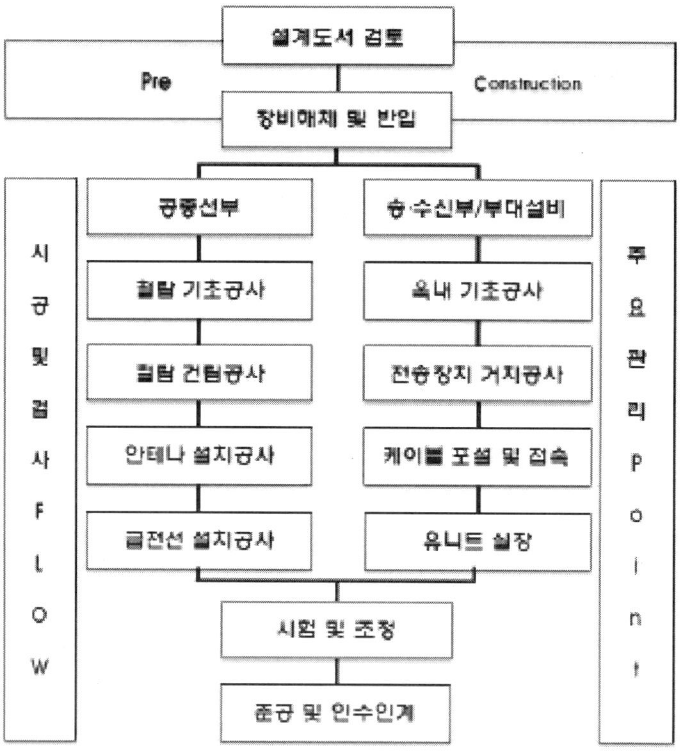

[그림 21.1] 무선통신망 설비 시공 FLOW

21.1.1 Pre Construction

① 시공 전 설계도서의 검토를 통해 무선통신망 설비의 시공 FLOW를 수립한다.

② 사용자재의 VENDER 선정과 자재검토를 수행하며, 검토가 완료된 자재에 대해 자재 승인요청서를 정보통신 감리원에게 제출하고 승인을 득한다.

③ 시공계획서를 작성하고 도면 및 시방서에 표현하지 못한 공정에 대해서 Shop DWG을 수행하고, 자재 발주를 수행한다.

21.1.2 시공 및 검사 FLOW

① 단위 공정별 검토, 검수, 검사를 수행하며 공사의 경제성, 안전성, 확장성 등을 고려한 최상의 공사품질을 확보한다.
② 각 FLOW별 완료에 따라 시공을 진행하며, 주요 관리 Point와 연계하여 시공 시 고려한다.

21.1.3 주요 관리 포인트

① 설계기준 · 설치기준 · 기술기준 준수, 자재 품질인증 확인, 시험성적서의 검토가 필요하다.
② 자재검수는 발주 물량의 확인과 외관검사, 전수검사(또는 샘플링 검사)를 통해 품질을 확보한다.

21.2 공중선부

21.2.1 철 탑

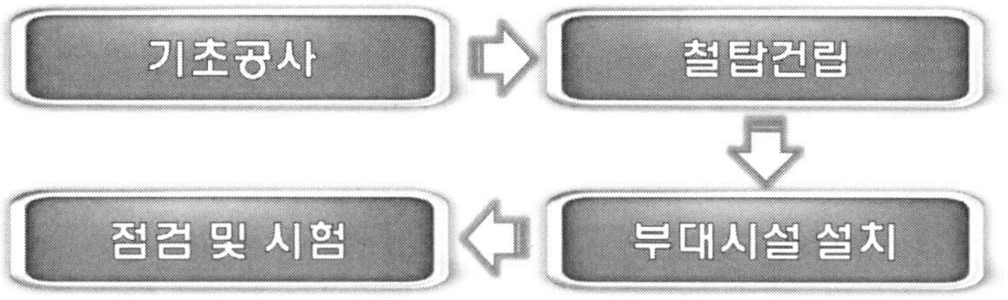

[그림 21.2] 철탑 시공 Process

1) 기초공사

(1) 터파기

① 터파기는 설계에서 고려된 토질과 굴착 후의 실 토질과의 비교를 통해 시공 여부를 결정하며, 구조물의 축조에 이상이 없도록 굴착 후, 바닥을 고르게 한다.

② 현장 여건에 따라 인력 및 장비의 투입 여부를 결정하고, 지반의 상태에 따라 필요시 흙막이시공을 시행한다.

③ 흙막이시공 시행 시에는 시행 전 인근 시설물의 상태를 파악하고 시공 중 수시로 시설물의 상태를 측정하여야 한다.

④ 터파기 지점 근처에 터파기로 인한 붕괴, 파손 등의 위험이 존재하는 구조물들은 터파기 시공 시 주의한다.

⑤ 터파기 중 암반 출현 시 폭약을 사용할 경우 안전에 주의하며, 설계변경 및 할증을 고려한다.

⑥ 터파기 시 지하수 등의 공사의 영향을 줄 수 있는 요인은 배수구 등을 설치하여 제거한다.

⑦ 철탑기초의 위치는 자립식과 지선식에 따라 [그림 21.2]와 같다.

⑧ 자립식 철탑의 경우 북쪽 방향을 향하는 가상선에서 가장 가까운 구덩이를 (a)로 하며, 가상선에 대칭일 경우 오른쪽을 (a)로 한다.

⑨ 지선식 철탑의 경우 (a) 3방지선식과 (b) 4방지선식으로 분류하며 현장의 여건에 따라 (a)방식과 (b)방식을 선택 적용한다.

⑩ 터파기는 기계(중장비) 터파기를 원칙으로 하되, 중장비 적용이 불가한 지역은 인력 터파기를 적용한다.

⑪ 철근의 교차지점은 직경 0.9m 이상의 20번 철선 또는 적당한 클립으로 충분히 견고하게 매어야 한다.

⑫ 철근과 거푸집판과의 간격은 스페이서를 사용하여 정확하게 유지시키고 만일, 철근 조립시점에서 장시일이 경과된 경우 콘크리트 타설 전 재검사를 실시한다.

⑬ 인장철근의 이음은 가급적 지양하고 설계서에 명시되지 않은 이음의 경우 위치 및 방법에 대한 승인을 득하여야 한다.

⑭ 철탑시설 접지 및 피뢰침시설 접지공사는 설계도서를 준하여 시공하며, 접지봉을 굴착완료 후 철근과 접지단자를 접속한다.

기초 터파기 전

기초 터파기①

기초 터파기②

기초 터파기③

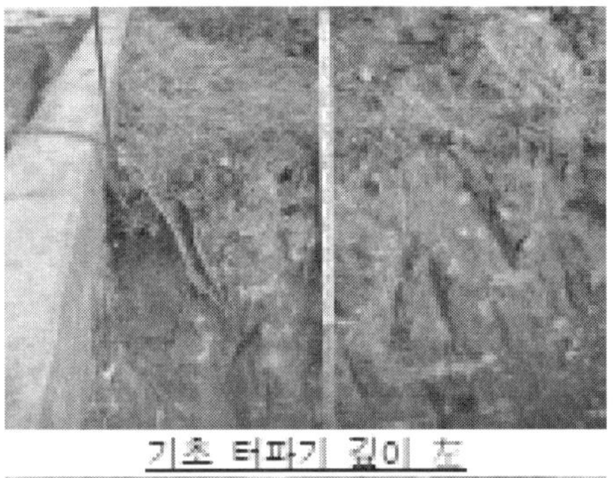
기초 터파기 깊이 左

기초 터파기 깊이 右

기초 터파기 바닥 左

기초 터파기 바닥 右

[그림 21.3] 터파기

⑮ 접지선은 압축 터미널을 이용하여 견고히 고정, 리드선의 연결을 확인하고 매설 지선은 가급적 직선으로 포설한다.
⑯ 콘크리트 타설은 콘크리트의 품질확보가 우선시되어야 하며 차량의 진입이 가능한 지역은 레미콘 적용을 원칙으로 한다.
⑰ 콘크리트 양생은 저온, 건조, 급격한 온도 변화 등을 고려하여 충분히 양생토록 하며, 양생일수는 설계도서에 따른다.
⑱ 되메우기는 모래질흙 및 터파기한 흙을 사용하되 양질토를 사용하고, 충분한 다짐을 시행한다.

2) 철탑 건립

(1) 일반사항

① 철탑의 건립은 옥외에서 실시되므로 현장여건(풍속, 강우 및 적설량, 기온 및 습도 등)을 고려하여야 하며, 기초공사 완료 후 충분한 양생 후 시공한다.
② 철탑 건립 시 기초 콘크리트의 양생기간은 충분한 시간으로 해야 한다.
③ 철탑 건립 시 기초 콘크리트에 손상을 최소화하여야 하고 철탑 자재 및 조립 볼트 등은 철저히 검수토록 한다.
④ 철탑 부재는 지면과의 직접접촉을 피하고 목재 및 가마니 등의 부수적인 방법을 사용하여 아연도금의 손상 및 부식을 방지하여야 한다.
⑤ 운반 및 조립 중 아연도금 손상 등 경미한 사항의 경우 복원토록 하고 조립에 지장을 줄 경우 반품 후 신규 자재를 사용토록 한다.
⑥ 철탑 자재는 일반적으로 조립 순서에 맞춰 numbering되어 제작 · 납품되며, 조립 시 순서에 맞도록 건립하게 되므로 순서대로 보관하여 조립을 수행한다.

[그림 21.4] 철탑 건립 Process

[그림 21.5] 철탑 자재의 보관

(2) 자립식 철탑 조립

① 철탑의 조립은 건립하고자 하는 환경적 여건에 따라 차량 및 크레인 등의 접근성이 결정되므로 현장의 여건에 맞는 조립방법을 선택한다.

② 조립 방법에는 조립봉을 취부하여 부재를 들어 올리는 조립법 공법과 크레인을 이용하는 공법(이동식, 철탑 크레인) 및 현장건립이 여의치 않을 경우 헬기를 이용하는 공법 등이 있다.

③ 조립 시 사용되는 기기 및 공구 등은 하중과 충격 등에 충분히 안전성을 확보할 수 있는 것으로 사용한다.

④ 자립식 철탑의 건립은 down-top 방식으로 앞서 설명하였던 조립 numbering에 따라 순서대로 조립한다.

⑤ 철탑의 조립 시 기초부터 시작하여 건립 중 일정 높이마다 완전 수평상태를 수시로 점검하여야 한다.

[그림 21.6] 자립식 철탑

⑥ 철탑의 조립 시 규정된 규격 제품을 사용하고, 간격 및 이격 발생 시에는 필러 등을 사용하여 조이도록 한다.

⑦ 철탑 자재는 아연도금이 완료된 상태로 납품되므로 impact 작업은 지양(止揚)하고 가급적 수작업(몽키)으로 조립토록 한다.

⑧ 부재는 충격하중 등에 의해 손상될 수 있으므로 조립 시 손상을 주지 않도록 주의하고 취부 시 무리하게 작업하지 않도록 한다.

⑨ 지선은 충분한 강도를 가진 기초에 취부하고 주재를 달아 올린 상태에서 연결 볼트의 전량을 끼우고 충분히 조인 후 와이어를 늦춘다.

⑩ 철탑 건립 후 안테나 설치 등을 위한 계단(사다리)과 작업발판을 설치한다.

[그림 21.7] 자립식 철탑 설치

(3) 철탑 접지

① 철탑 접지는 토양의 습도에 따라 저항률 차이를 감안하여 일정 수준 이상의 습도를 유지하는 지층에 접지토록 한다.

② 자립식 철탑은 4개의 철탑 기초대에 접지선을 연결하고 기초 주변에 접지봉 매설이 어려운 경우 보조 접지선을 활용한다.

③ 철탑 접지는 피뢰접지와 이격되어야 하고, 통신실 통신접지의 매설루트를 확인하여 시공한다.

④ 접지시공을 위해 터파기 공정 시 동원된 굴삭기 등을 활용하여 접지시공을 위한 매설공간을 작업토록 한다.

[그림 21.8] 피뢰접지 케이블 포설

[그림 21.9] 접지 시공 및 측정

⑤ 접지저항 시험방법은 접지저항 측정기 3개의 리드선 중 2개는 10m 이상의 거리 만큼 이격시켜 지면에 접속하고 나머지 1개의 리드선은 철탑기초의 주재에 연결된 접지선의 볼트를 풀어서 서로 접속한다.

⑥ 설계서에 준한 규정값 여부를 확인하여 측정을 완료한다.

21.2.2 안테나

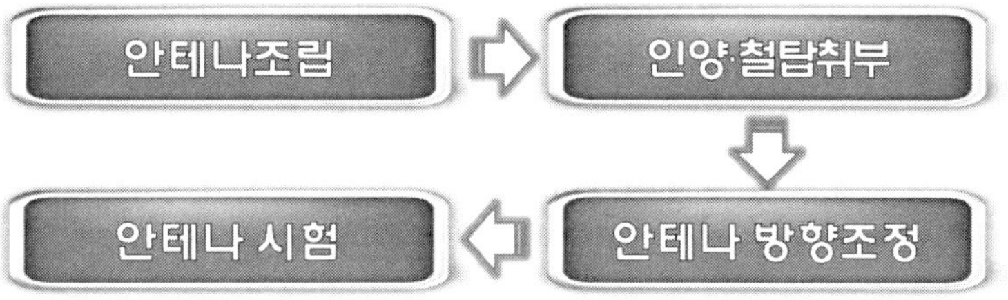

[그림 21.10] 안테나 시공 Process

1) 안테나 조립

(1) 반사판 지지대

① 반사판 지지대는 주 지지봉과 반사판 사이에서 견고히 조립하고 반사판은 U볼트, 볼트를 활용하여 클램프 및 수직각 조정 볼트를 조립한다.

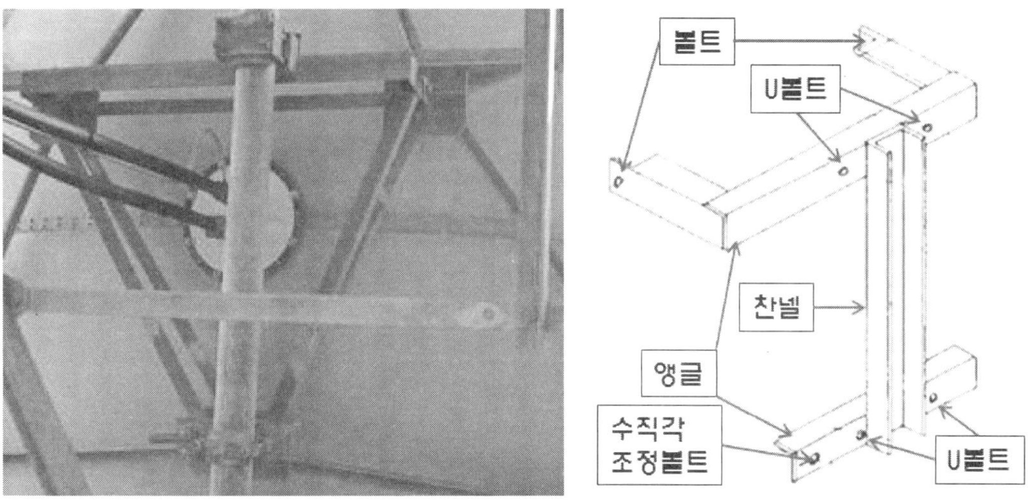

[그림 21.11] 반사판 지지대 설치

② 반사판 지지대는 그리드 안테나의 일반적인 구성을 예시로 표현하였으며, 설치되는 안테나와 철탑의 유형에 따라 파라볼릭 안테나는 [그림 21.11]과 같이 삼각 형태를 사용하기도 한다.

(2) 클램프

① 클램프 조립은 주 지지봉과 반사판 지지대를 조립하는 목적으로 사용되며, 볼트, 스프링와셔, 너트를 사용하여 견고히 조립한다.
② 수직각 조정 볼트는 반사판 지지대에 우선 조립하고 안테나 체결은 철탑에 부착 시 조립한다.

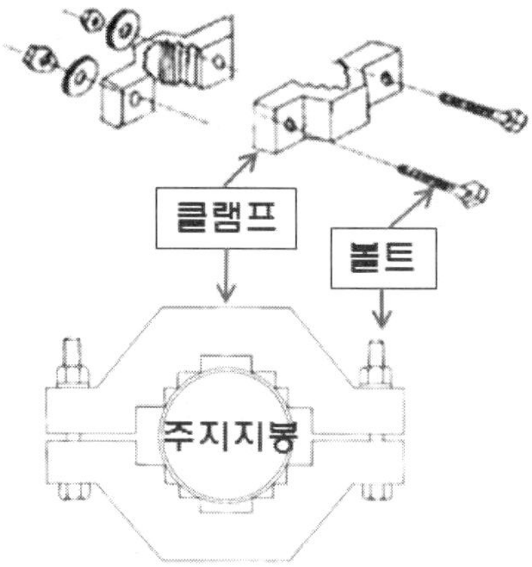

[그림 21.12] 클램프 설치

(3) 휘더 혼 조립

① 복사기를 반사판 중앙에 수직과 수평을 확인하고 부착하고 원 중심에 복사기가 설치되도록 지지대를 조립한다.
② 복사기 무게에 의한 처짐을 방지하기 위해 가이 와이어를 활용하며 휘더 혼 조립 시 20~30° 정도 회전이 가능하다.
③ 이때 편파면이 같이 회전하게 되는 결과를 가져올 수 있으므로 편파조정 시 정밀 위치 조정이 필요하다.
④ 정재파 비를 측정하여 운반 중 발생 가능한 변형과 침습 등에 의한 특성 변경 여부를 확인토록 한다.
⑤ 공기를 주입하여 24시간 경과 후 누설 여부를 확인하며 공기주입 압력은 규격치를 준수한다.

[그림 21.13] 휘더 혼 조립

(4) 반사기 및 차폐기 조립

① 반사기 조립은 평탄한 장소에서 수행하며 반사기의 오목한 면이 아래로 향하도록 하여 조립한다.

② 조립된 반사기의 오목한 쪽이 뒤로 향하도록 지지대 위에 올려놓고 차폐기와 가스켓을 부착한다.

③ 가스켓 부착을 위해 올려진 쐐기는 가스켓을 부착하면서 제거한다.

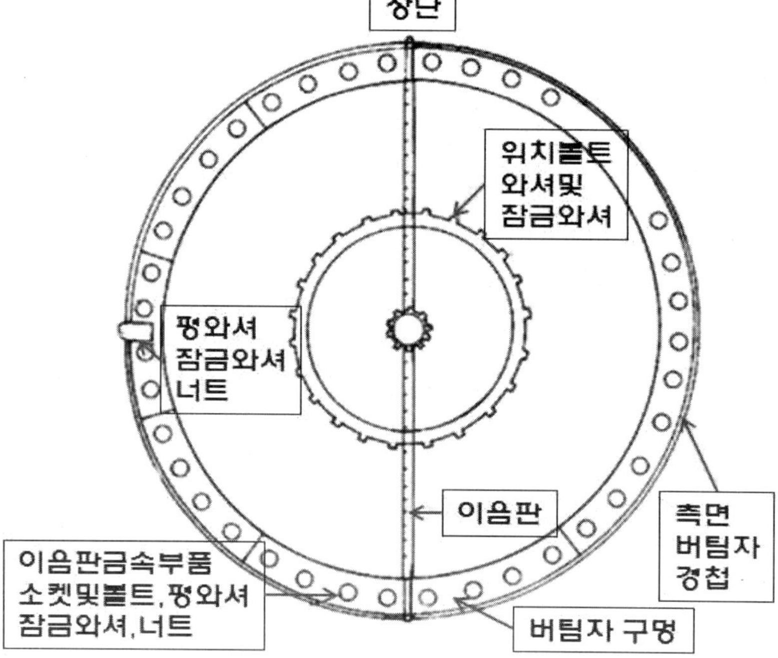

(a) 반사판 상세도

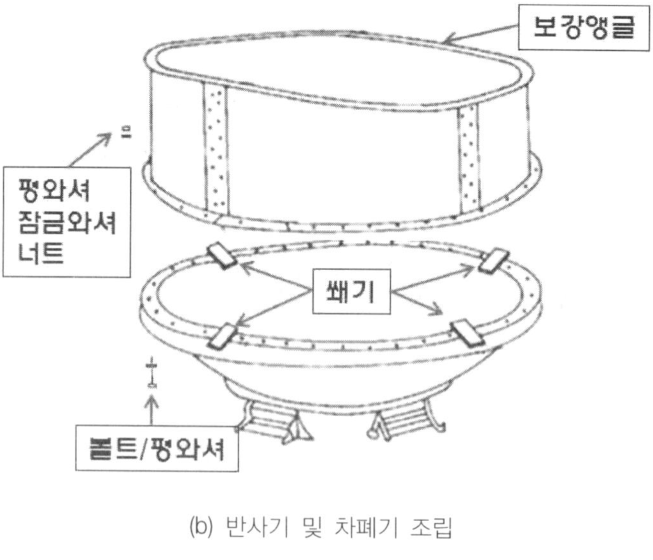

(b) 반사기 및 차폐기 조립

[그림 21.14] 반사기 및 차폐기 조립

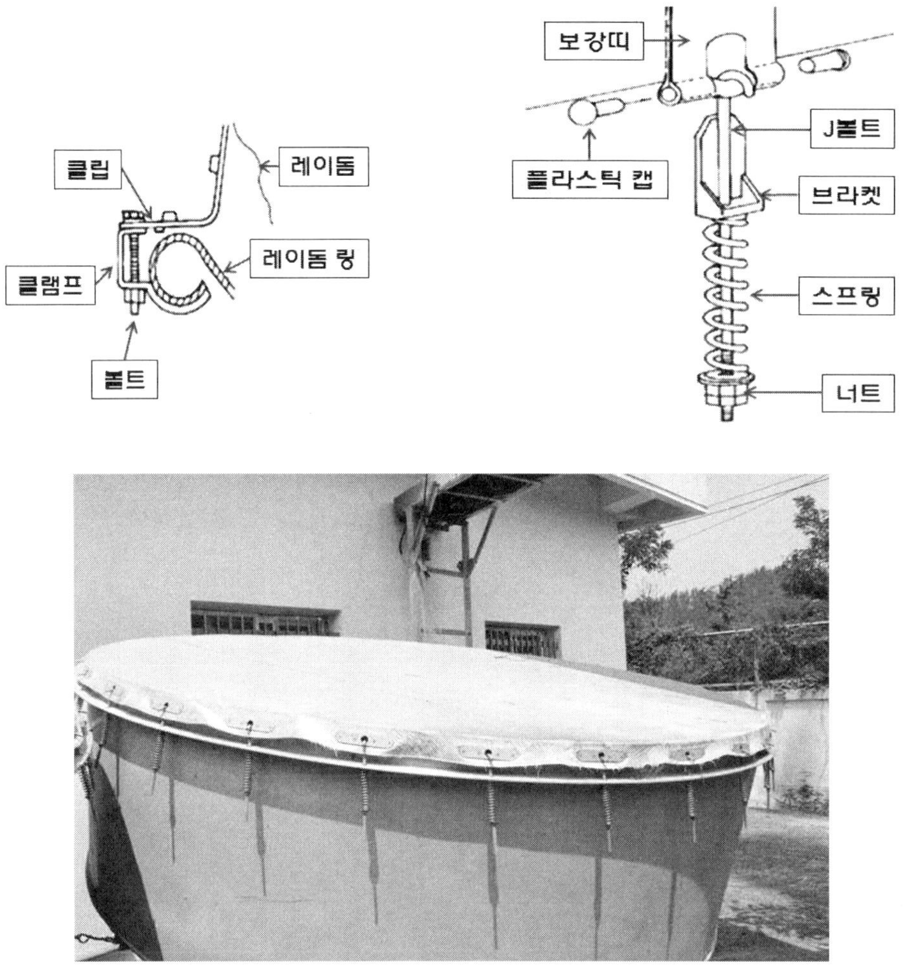

[그림 21.15] **레이돔 조립**

① 조립 시 레이돔이 손상되지 않도록 주의하고 조임 볼트는 안테나와 완전밀착이 되도록 하여 물이 스미지 않도록 한다.

② 레이돔의 취급은 2인 이상이 하고 레이돔과 안테나 상 · 하를 바꾸어 조립해서는 안 된다.

③ Tegler형 레이돔의 경우 J볼트를 제 위치에 삽입한 후 고루 힘을 주어 차폐기 주위를 계속 작업한다.

④ 조정되지 않는 스프링 길이의 조정 후 모든 너트를 조이며 너트는 2개가 함께 사용되어야 한다.

⑤ 복사기와 외부 구조체 간 가이 와이어를 연결하여 복사기의 처짐을 방지하여야 하며, 와이어 조립 시 적당한 장력을 유지해야 한다.

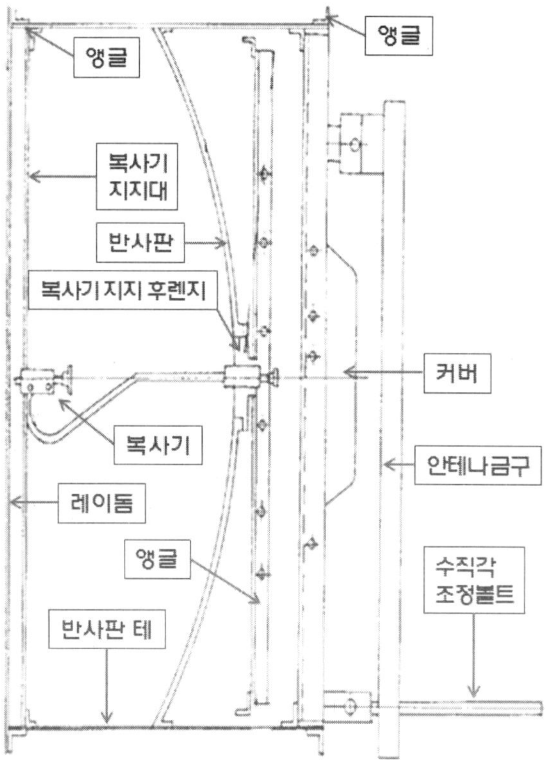

[그림 21.16] 안테나 설치도

2) 안테나 시험

(1) 정재파비 시험

① 안테나가 해당 주파수 범위에서 최대의 복사효율을 가질 수 있도록 송 · 수신기 정합 시 정합 특성을 점검한다.

② 휘더를 장치에 연결하여 시스템 전체에 대한 정재파를 시험하는 것을 목적으로 한다.

③ 안테나 복사기 입력에 Network Analizer를 연결하여 지정 주파수대역에서 규격을 만족하는지 확인한다.

④ 측정장비는 검 · 교정 대상 장비로서 검 · 교정을 반드시 받아야 한다.

⑤ 규격에 만족하면 Printer 등 기록장치를 활용하여 기록한다.

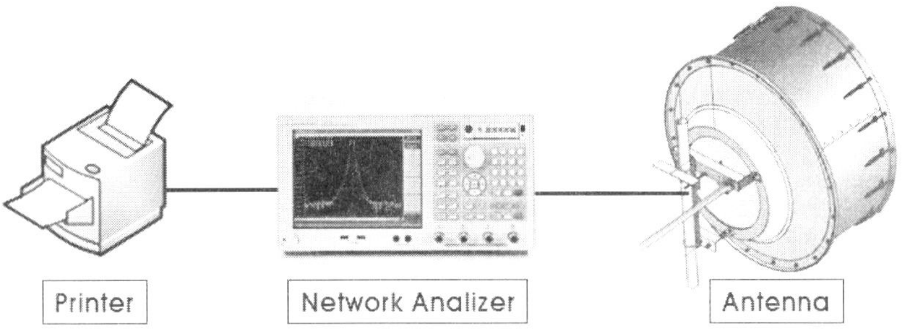

[그림 21.17] 정재파비 시험

(2) 이득 시험

① 이득 시험은 장치가 규격에 만족하는 성능을 가지는지 여부를 확인하기 위한 것으로 신호 발생기, 스펙트럼 애널라이저(spectrum analyzer), REDUCER, 표준 다이폴 안테나, 측정용 케이블, PLOTTER, 마이크로웨이브 시험용 송·수신기로 구성된다.

② 피측정 안테나와 방사 안테나를 2대의 철탑에 설치하고 계측기를 연결한다.

③ 방사 안테나와 피측정 안테나를 상하, 좌우로 움직여 주파수 분석기상에 수신전계가 최대가 되게 하고 안테나를 고정시킨다.

④ 피측정 안테나의 최대전계강도 값과 표준 다이폴 안테나의 최대전계강도 값을 비교하여 규격에 만족하는지 확인한다.

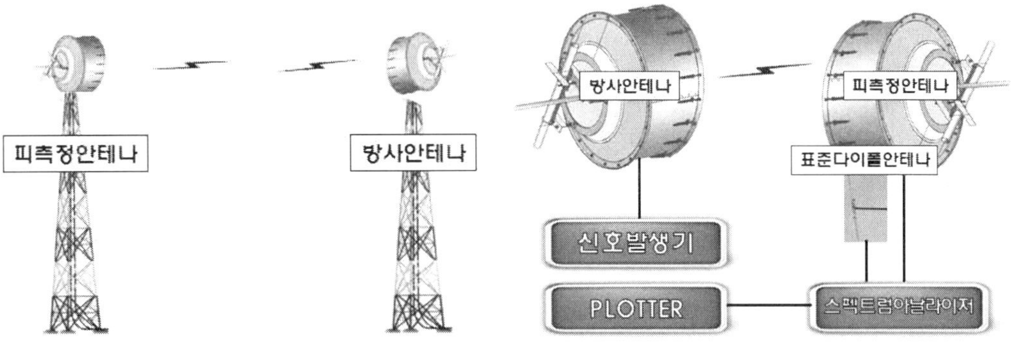

[그림 21.18] 이득 시험

(3) 반치각 시험

① 반치각 시험은 장치가 반치각 규격에 만족하는 성능을 가지는지 여부를 확인하기 위한 것으로 신호 발생기, 스펙트럼 애널라이저, REDUCER, 표준 다이폴 안테나, 측정용 케이블, 각도기, PLOTTER, 마이크로웨이브 시험용 송 · 수신기로 구성된다.

② 이득 시험과 동일한 구성으로 장비를 설치하고 피측정 안테나의 최대 전계강도 방향을 0°로 설정하고 피측정 안테나를 좌우로 돌려 수신전계강도가 −3dB 낮게 떨어지는 지점의 각도를 확인한다.

(4) 전 · 후방비 시험

① 전 · 후방비 시험은 장치가 전 · 후방비가 규격에 만족하는 성능을 가지는지 여부를 확인하기 위한 것으로 신호 발생기, 스펙트럼 애널라이저, 측정용 케이블, PLOTTER, 마이크로웨이브 시험용 송 · 수신기로 구성된다.

② 반치각 측정방법과 동일하게 설치하고 수신전계강도를 최대치로 0에 설정하고 피측정 안테나를 180±5 회전시켜 주파수 분석기상에 나타내는 최소수신전계 강도치를 확인한다.

③ 전 · 후방비=0 최대수신전계−180 최소수신전계(dB)

(5) 안테나 방향 조정 및 편파면 조정

① 설치하려는 구간의 기존 사용 주파수를 조사하여 전파방해를 방지한다.

② 안테나 방향 조정 전 목적 주파수 대역을 스펙트럼 애널라이저를 이용하여 전파방해 여부를 수평방향 레인지를 돌려가면서 확인한다.

③ 방사 안테나에서 신호발생기로 해당 주파수와 출력을 설정하여 수평편파(H)로 송신하고, 피측정 안테나에서 스펙트럼 애널라이저를 이용하여 측정한다.

④ 이때, 설계치를 참조하여 최대 수신 레벨이 되도록 조정한다.

⑤ 편파면 조정은 안테나 최대이득을 확보하고 Co-Channel 구성 시 동일 채널 간섭을 최소화, Interleave 구성 시 인접 채널 간섭을 최소화한다.

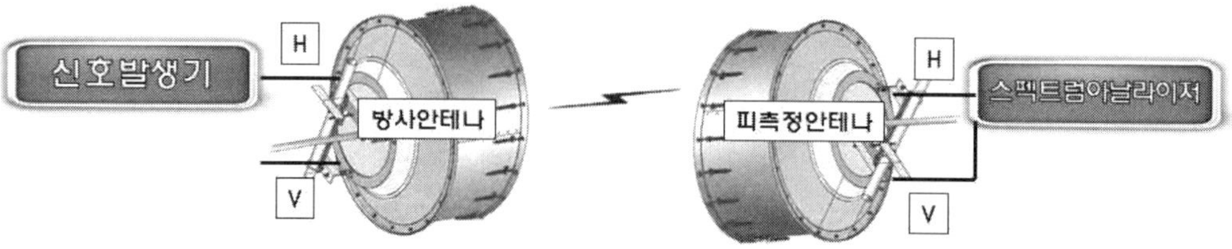

[그림 21.19] 안테나 방향 조정 및 편파면 조정

⑥ 방사 안테나에서 피측정 안테나로 방사 시 피측정 안테나에서 다른 극성의 수신 레벨을 측정하여 안테나 제원에서 제시한 분리도(보통 30~35dB)를 확인한다.
⑦ 확인 후, 안테나 후면의 휘더 혼을 회전시켜 조정하며, 방사 안테나와 피측정 안테나를 반대로 하여 측정 및 조정한다.

21.2.3 전송선

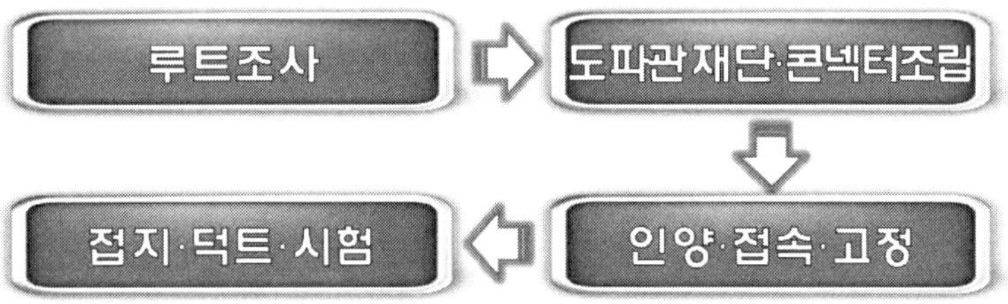

[그림 21.20] **전송선** Process

1) 루트 조사

① 급전선의 허용곡률반경을 고려하여 철탑의 안테나에서 무선전송장치까지 급전선 포설 루트를 조사한다.
② 포설 루트는 급전선 포설에 영향을 미치지 않으며 급전선에 손상을 주지 않는 곳으로 선정한다.
③ 급전선은 설계서를 기준으로 재단되어 납품되므로 철저한 루트 조사를 통해 시공 시 문제가 발생하지 않도록 하여야 한다.

2) 도파관 재단 및 커넥터 조립

(1) 도파관 재단

① 습기 등의 침투를 방지하기 위해 가스가 충진된 상태로 납품되므로 작업 직전에 재단한다.
② 도파관의 재단은 절단부를 솔벤트로 깨끗이 닦은 후 사인펜으로 절단면을 표시하고 직각으로 일정하게 절단한다.
③ 절단 시 습기, 먼지, 절단 파쇄물 등의 이물질이 도파관 내로 침투하지 못하도록 기울여서 절단한다.
④ 도파관 절단용 쇠톱을 이용하여 일정하게 절단하며, 절단면을 솔벤트로 깨끗이 닦되 모서리 부분은 솔을 사용하여 깨끗이 닦아낸다.

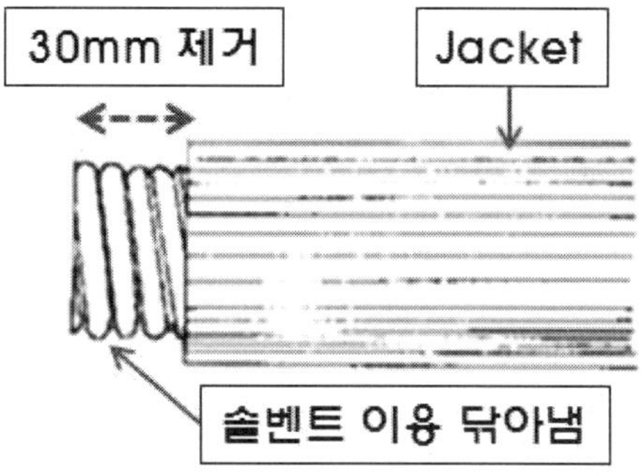

[그림 21.21] 도파관 재단

(2) 커넥터 조립

① 압착링 끝 면에 실리콘 유지를 얇게 도포한 후 재킷 위로 압착링을 밀어 넣는다.
② 가스켓을 안쪽으로 돌려 재킷과 도파관 위로 올려놓고 가스켓 홈에 실리콘 유지를 얇게 도포한 후 가스켓 위로 도파관을 노출시킨다.
③ 가스켓 표면에 실리콘 그리스(grease)를 얇게 도포하고 가스켓 맞은편 도파관 끝쪽에 놓는다.
④ 도파관 끝 면에 플레어링 가장자리를 타원형 홈에 밀착시키고 압착링을 도파관 끝 면으로 밀어낸다.
⑤ 가스켓 위에 플레어링을 놓고 압착링 안에 가스켓 링을 꼭 맞도록 집어넣은 상태에서 나사를 돌려 조여 준다.
⑥ 압착링 안에 플레어링이 정확히 맞지 않을 경우 함석가위를 사용하여 도파관 끝 1/8″ 정도의 간격을 두고 최대한 플레어링 가까이 자른다.
⑦ 함석가위로 자른 도파관 끝부분을 나무망치를 이용하여 평탄하게 작업하며 작업 시 무리한 힘을 가하지 않도록 한다.
⑧ 작업완료 후 솔벤트로 작업면을 깨끗이 닦아내고 도파관 안쪽은 솔을 이용하여 깨끗이 청소한다.
⑨ 압착링 안쪽에 결합되는 O링에 실리콘 유지를 도포해서는 안 된다.
⑩ 압착링과 커넥터 몸체를 붙이고 와셔와 나사를 이용하여 결합한다.
⑪ 결합 시 한 쌍의 180° 간격의 나사를 조이고 그 다음 대각선 위치의 나사를 조이는 순서로 결합한다.
⑫ 결합 시 조립이 잘못되어 후렌지 사이가 뜨거나 일정치 않을 경우 나사가 풀리게 되므로 주의하여 작업한다.

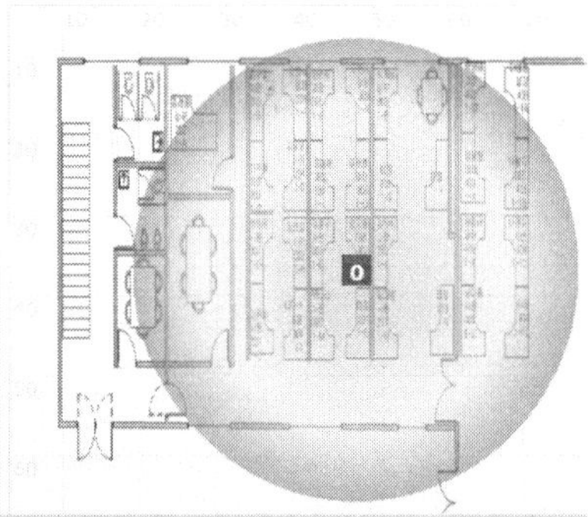

부록

무선 네트워크 용어와 학습근로자 수행평가

A.1 무선 네트워크 용어

명칭	설 명
3GPP	3rd Generation Partnership Project
AAA	Authentication, Authorization and Accounting
AAGH	BTS Alarm Agent Handler
AAL	ATM Adaptation Layer
AAL2	ATM Adaptation Layer type 2
AAL5	ATM Adaptation Layer type 5
ABPL	ATM Base speed(155M) quad Physical assembly Long Reach
ABR	Available Bit Rate
ACC	Account Card Calling
ACF	Access Control Function
ACH	Access Channel
ACL	Access Control List
ACMA-I	ATM Cell Mux/demux board Assembly - IMT2000
ACP	Access Control Processor
ACS	Access Control Subsystem
AD	Analog to Digital
AD	Analog to Digital
ADDH	ATM Device Driver Handler
AF	Assured Forwarding
AFCU	Antenna Front end Combine Unit
AFEU	Antenna Front End Unit
AGC	Automatic Gain Control
AHBA	ATM High speed(622 M) Base board Assembly
AI	Acquisition Indicator
AICH	Acquisition Indicator Channel
AIS	ATM Interface Subsystem
AK	Anonymity key
ALCAP	Access Link Control Application Protocol
AM	Accounting Management
AM	Access Manager
AM	Accounting Management
AMF	Authentication Management Field

명 칭	설 명
AMR	Adaptive Multi-Rate(AMR) speech coder
AoC	Advice of Charge service
AoCC	Advice of Charge Charging
AoCI	Advice of Charge Information
AOH	ATM OAM Handler
AP-AICH	Access Preamble Acquisition Indicator Channel
API	Application Programming Interface
APM	Application Transport
APN	Access Point Name
APU	Alarm Pannel Unit
ARM	ATM Resource Management
ASFA-A	ATM Switch & Fabric board Assembly-A
ASLA	ATM Switch and Link board Assembly
ASMA	AAL2 Switching Module Assembly
ASMR	ATM Switch Module Rack
ASP	Access Signaling Processor
ASS	ATM Switch Back Board
ATM	Asynchronous Transfer Mode
ATM	Asynchronous Transfer Mode
ATM-PDU	Asynchronous Transfer Mode - Protocol Data Unit
AuC	Authentication Centre
AUTN	Authentication token
AVCM	ATM Virtual Connection Manager
BAIC	Barring of All Incoming Calls service
BALA	BTS Alarm board Assembly
BAOC	Barring of All Outgoing Calls
BAP	BTS Alarm Processor
BAP	BTS Alarm Processor
BCEA	BTS Channel Element board Assembly
BCEB	BTS Channel Element Block
BCH	BCP Configuration Handler
BCH	Broadcast Channel
BCP	BTS Control Processor
BE	Best Effort
BER	Bit Error Rate
BFH	BTS Fault Handler
BG	Border Gateway

명 칭	설 명
BHCA	Busy Hour Call Attempts
BHPA-I	BSC/RNC High Performance processor board Assembly - IMT2000
BI	Barring of Incoming calls
BICC	Bearer Independent Call Control
BIC-Roam	Barring of Incoming Calls when Roaming Outside the Home PLMN Country
B-ISDN	Broadband ISDN
BITS	Building Integrated Timing System
BIWF	Bearer Inter Working Function
BLD	BTS Loading Handler
BMC	Broadcast/Multicast Control
BMCA	BTS Main Control Board Assembly
BMMH	BCP Main Measurement Handler
BMS	Broadcasting Message Subsystem
BNC	Bearer Network Connection
BOAC	Barring of All Outgoing Calls service
BOIC	Barring of Outgoing International Calls service
BOIC exHC	Barring of Outgoing International Calls except those directed to the Home PLMN Country
BOP	BTS Optic Processor
BRCH	BTS Remote Control Handler
BS	Base Station
BSAN	BTS Sanity Handler
BSC	Base Station Controller
BSH	BTS Status Handler
BSIA	BTS STM-1 Interface Assembly
BSS	Base Station System
BTCB	BTS Common Block
BTCB	BTS Common Block
BTIA	BTS Trunk Interface board Assembly
BTPU	BTS Transceiver block Power supply Unit
BTS	Base Transceiver Station
BTU	BTS Test Unit
CA	Channel Assignment
CAC	Connection Admission Control
CACH	Common Assignment Channel
CAI	Channel Assignment Indicator

명 칭	설 명
CAI	Common Air Interface
CAL	Command Access Level
CAMA	Central Automatic Message Account
CAMEL	Customised Application for Mobile network Enhanced Logic
CAN	Call Processing Application Node
CANA	Call processing Application Node board Assembly
CAP	CAMEL Application Part
CBC	Cell Broadcast Center
CBR	Constant Bit Rate
CBS	Cell Broadcast Service
CC	Call Control
CCBS	Completion of Calls to Busy Subscribers service
CCC	Credit Card Calling
CCP	Call and Packet Processing
CCS	Common Channel Signaling
CCW	Cancel Call Waiting service
CD	Call Deflection
CD/CAICH	Collision Detection/Channel Assignment Indicator Channel
CDBA	Clock Distribution Board Assembly
Cdi	Call Distribution
CDI	Collision Detection Indicator
CDMA	Code Division Multiple Access
CDR	Charging Date Record
CEP	Channel Element Processor
CFB	Call Forwarding on Mobile Subscriber Busy
CFE	Common Firmware Environment
CFNRc	Call Forwarding on Mobile Subscriber Not Reachable service
CFNRy	Call Forwarding on No Reply service
CFU	Call Forwarding Unconditional service
CG	Charging Gateway
CGBA	Clock Generation Board Assembly
CGF	Charging Gateway Function
CGS	Clock Generation Subsystem
CH	Call Hold service
CIC	Circuit Identification Code
CID	Channel Identifier
CIP	Channel Interface Processor

명 칭	설 명
CK	Ciphering Key
CLD	Common Loading Handler
CLI	Command Line Interface
CLIP	Calling Line Identification Presentation
CLIR	Calling Line Identification Restriction
CM	Configuration Management
CN	Core Network
CN	Correspondent Node
CNAP	Calling Name Presentation
CoLP	Connected Line identification Presentation
CoLR	Connected Line Identification Restriction
CORBA	Common Object Request Broker Architecture
CP	Call Processing
CPCH	Common Packet Channel
CPICH	Common Pilot Channel
CPS	Common Part Sublayer
CPU	Central Processing Unit
CRD	Call Rerouting Distribution
CRSR	Cell Route Server
CS	Circuit Switched
CSCF	Call State Control Function
CSE	CAMEL Service Environment
CSGA	Clock Synchronization and Generation board Assembly
CSICH	CPCH Status Indicator Channel
CSP	Card/Slot/Port
CTP	Connection Termination Point
CUG	Closed User Group service
CW	Call Waiting
DA	Digital to Analog
DAT	Digital Audio Tape
DCCH	Dedicated Control Channel
DCH	Dedicated Channel
DCN	Data Core Network
DCR	Destination Call Routing
DHCP	Dynamic Host Configuration Protocol
Diff-serv	Differentiated services
DITB	Digital IF Transceiver Block

명 칭	설 명
DL-DPCH	Downlink Dedicated Physical Channel
DM	Diagnotic Monitor
DNS	Directory Name Service
DNS	Domain Name Server
DOTS	Digital Office Timing Supplier
DPC	Destination Point Code
DPCCH	Dedicated Physical Control Channel
DPE	Distributed Processing Environment Block
DRX	Discontinuous Receive
DSCH	Downlink Shared Channel
DSCP	DiffServ Code Point
DT	Data Transfer
DTCH	Dedicated Traffic Channel
DTIB	Digital If Transceiver Block
DTMF	Dual Tone Multiple Frequency
DTN	Distributed Transport Network
DTRA	Digital IF Transceiver board Assembly
E1IM	E1 Interface Module
ECRS	Enhanced Call Routing Service
ECT	Explicit Call Transfer
EDIM	E2, DS-3 Interface Module
EF	Expedited Forwarding
EMI	Electro-Magnetic interference
EMIA	Expansion Module Interface board Assembly
EMLA	Expansion Module Link board Assembly
eMLPP	enhanced Multi Level Precedence and Preemption
EMS	Element Management System
ESM	Expansion Switch Module
ESR	PSTN Interface Extension switch module Rack
EXTR	Extension switch module Rack
FA	Frequency Allocation
FA	Foreign Agent
FA	Frequency Allocation
FACH	Forward Access Channel
FAM	Fleet and Asset Management
FCAPS	Fault, Configuration, Accounting, Performance, Security
FDMA	Frequency Division Multiple Access

명 칭	설 명
FDMA	Frequency Division Multiple Access
FER	Frame Error Rate
FEU	Front End Unit
FEU_S	Antenna Front End Unit for Subway
FFER	Forward Frame Error Rate
FP	Framing Protocol
FPH	Freephone Service
FR	Failure Rate
FR	Failure Rate
FROM	Flash ROM
GAN	General ATM Network
GDMO	Guidelines for Definition of Managed Objects
GGSN	Gateway GPRS Support node
GGSR	GGSN Rack
GMLC	Gateway Mobile Location Centre
GMSC	Gateway MSC
GOP	GAN Optical Processor
GPCB	GSMP Conversion Block
GPRS	General Packet Radio Service
GPS	Global Positioning System
GSAN	GAN Sanity Handler
GSM	Global System for Mobile communications
GSN	GPRS Support Nodes
GSP	GAN Switch Processor
GSPAIP	GAN Switch Processor - ATM Interface Processor
GTP	GPRS Tunneling Protocol
GTP-C	GPRS Tunneling Protocol control plane
GUI	Graphic User Interface
HA	Home Agent
HA	High Availability
HACA-A	Hardware Alarm Collection Assembly-A
HAT	High Availability Task
H-CSCF	Home CSCF
HLR	Home Location Register
HMI	Human Machine Interface
HMXF	High MUX Front board assembly
HMXR	High MUX Rear board assembly

명 칭	설 명
HO	Handover
HPLMN	Home Public Land Mobile Network
HSPD	High Speed Packet Data service
IAM	Initial Address Message
IBBA	lu interface Base speed Board Assembly
IBBA(Iu)	Iu i/f Base speed(155M) Base Assembly
IBPL	lu interface Base speed Physical layer Long reach
IBPL(Iu)	Iu i/f Base speed(155M) single Physical assembly Long Reach
IBPL(Nb)	Iu i/f Base speed(155M) single Physical assembly Long Reach
ICMP	Internet Control Message protocol
IDL	Interface Definition Language
IETF	Internet Engineering Task Force
IF	Intermediate Frequency
IH	Interface Handler
IIAA	I/O interface for Iu by ATM E1 board Assembly
IISA	I/O interface for Iu by STM-1 board Assembly
IK	Integrity key
IMEI	International Mobile station Equipment Identity
IMS	IP Multimedia System
IMSA	I/O interface for Mc by STM-1 board Assembly
IMSI	International Mobile Subscriber Identity
IMT-2000	International Mobile Telecommunications 2000
IMUX	Inverse MUX
IN	Intelligent Network
INAP	Intelligent Network Application Part
INIR	Iu and Nb Interface Rack
INSA	I/O interface for Nc by STM-1 board Assembly
IOIA	I/O interface for Iu b'd Assembly
IOMA	I/O interface for Mc b'd Assembly
IONA	I/O interface for Nc b'd Assembly
IOSA	I/O interface for SS7 b'd Assembly
IP	Intelligent Peripheral
IPC	Inter Processor Communication
IPCP	Internet Protocol Control Protocol
IPMI	Intelligent Platform Management Interface
IPsec	IP security protocols
IPv4	Internet Protocol Version 4

명 칭	설 명
IPv6	Internet Protocol Version 6
ISDN	Integrated Services Digital Network
ISEA	I/O interface for SS7 board Assembly
ISI	Inter-symbol Interference
ISP	Internet Service Provider
ISUP	ISDN User Part
ITCC	International Telecom Charge Card
IUBB	IU Interface Back Board assembly
IWF	InterWorking Function
L2TP	Layer 2 Tunneling Protocol
LA	Location Area
LAI	Location Area Identity
LAMA	Local Automatic Message Account
LAN	Local Area Network
LBC	Location Based Charging
LBIS	Location Based Information Service
LC	Line Card
LCS	Location Services
LDA	Location Determination Algorithm
LMU	Location Measurement Unit
LNA	Lower Noise Amplifier
LRIA	Local Routing Interface Board Assembly
LSM	Local Switch Module
LTGA	Layer 2 Gigabit switching board Assembly
LTSA	Layer 2 Switching board Assembly
LVDS	Low Voltage Differential Signaling
MA	Maintenance
MAC	Medium Access Control
MAP	Maintenance & Administration PC
MAP	Mobile Application Part
MAPR	Main ATM switch module and Processor module Rack
MAS	Mass Calling
MC	Multi Call Service
MCI	Malicious Call Identification
MCPAIP	Main Control Processor - ATM Interface Processor
MCT	Multi Call Transfer
MDM	Mobile DM

명 칭	설 명
ME	Mobile Equipment
MECIR	Management Execution Control Information Repository
MExE	Mobile Execution Environment
MGCF	Media Gateway Control Function
MGCP	Media Gateway Control Part
MGW	Media GateWay
MH	Message Handler
MIB	Master Information Block
MIN	Managed Intelligence Node
MIN	Mobile Identity Number
MIP	Mobile IP
MM	Mobility Management
MMI	Man Machine Interface
MNP	Mobile Number Portability
MOD	Magneto Optical Disk
MOH	Managed Object Hierarchy
MPBB	Multi-MPU Back Board
MPLS	Multi Protocol Label Switching
MPMF	Multi-MPU Mux Front Board Assembly
MPMX	Multi-MPU Mux Board Assembly
MPTY	Multi Party Service
MRF	Media Resource Function
MS	Mobile Station
MSC	Mobile Service Switching Center
MSC	Mobile Switching Center
MSFR	MSC Server First Rack
MSISDN	Mobile Subscriber ISDN Number
MSM	MGW Server Module
MSP	Multiple Subscriber Profile
MSRN	Mobile Station Roaming Number
MSSR	MSC Server Second Rack
MT	Mobile Termination
MTBF	Mean Time Between Failures
MTP	Message Transfer Part
MTP3-B	Message Transfer Part level 3
MTPB	Message Transfer Part Block
MTTR	Mean Time To Repair

명 칭	설 명
MTU	Maximum Transfer Unit
MWN	Message Waiting Notification
NAI	Network Access Identifier
NBAP	Node B Application Part
NCCE	Native Computing and Communication 〉 Environment
NDB	Network DB
NDSS	Network Directed System Selection
NE	Network Element
NE	Network Element
NFS	Network File System
NMC	Network Management Center
NMI	Non Maskable Interrupt
NMS	Network Management System
NNI	Network Node Interface
NPU	Network Processor Unit
NSS	No.7 Signaling Subsystem
NTP	Network Time Protocol
O&M	Operation And Maintenance
OAMP	Operation Administration Maintenance & Provision
OCNS	Orthogonal Channel Noise Simulator
OIMU	Optic Interface Module Unit
OLC	Optical Line Card
OMG	Object Management Group
OMP	OnM Main Processor
OOAD	Object Oriented Analysis & Design
OOB	Out Of Band
OoBTC	Out-of Band Trans-coder Control
OODBMS	Object-Oriented DataBase Management System
OP	Operation Processing
ORU	Optic Radio Unit
OS	Operating System
OSA	Open Service Architecture
OSS	Operator Specific Service
OTD	Orthogonal Transmission Diversity
OTDOA	Observed TDOA
OVSF	Orthogonal Variable Spreading Factor
PA	Packet Accelerator Card

명 칭	설 명
PAC	Packet Accelerator Card
PAMS	Pre-assigned Alternate Master Slave
PANM	PSTN interface Announcement board assembly
PAU	Power Amplifier Unit
PBX	Private Branch Exchange
PCA	Password Call Acceptance
PCB	Power Control Bit
PCCPCH	Primary Common Control Physical Channel
PCF	Position Calculation Function
PCH	Paging Channel
PCM	Pulse Code Modulation
PCMCIA	Personal Computer Memory Card International Association
PCMX	PSTN interface Call Mixer board assembly
PCO	Protocol Configuration Option
PCPCH	Physical Common Packet Channel
PCPICH	Primary CPICH
PDCP	Packet Data Conversion Protocol
PDGN	Packet Data Gateway Node
PDM	Photo Diode Module
PDP	Packet Data Protocol
PDSCH	Physical Downlink Shared Channel
PDSN	Packet Data Serving Node
PDU	Protocol Data Unit
PENR	PSTN service module, Extension switch module and Nb interface
PER	Packed Encoding Rule
PETA	PSTN interface E1 Trunk speed board Assembly
PHB	Per HOP Behavior
PI	Paging Indicator
PIBB	PSTN I/F Back Board assembly
PIC	Peripheral Component Interconnect
PIM	PSTN Interface Module
PIWR	PSTN Interworking Rack
PLD	Program Load Data
PLMN	Public Land Mobile Network
PM	Performance Management
PMC	PCI Mezzanine Card
PMXF	PSTN MUX Front board assembly

명 칭	설 명
PMXR	PSTN MUX Front board assembly
POS	Packet Over Sonet
POSIX	Portable Operating System Interface
POTS	Plain Old Telephony Service
PPC	Pre-Paid Charging
PPP	Point to Point Protocol
PRACH	Physical Random Access Channel
PRC	Premium Rate Charging
PS	Packet Switched
PSA	Packet Session Agent
PSCH	Primary SCH
PSDN	Public Switched Data Network
PSM	Packet Service Module
PSMA	Packet Service Master Front board Assembly
PSMR	Packet Service Master Rear board Assembly
PSPDN	Public Switched Packet Data Network
PSSA	Packet Service Slave Front board Assembly
PSSB	Packet Service Module Back board assembly
PSTN	Public Switched Telephone Network
PSTN	Public Switched Telephone Network
P-TMS	Packet Temporary Mobile Subscriber Identity
P-TMSI	Packet-Temporary Mobile Station Identity
PTSR	PSTN Interface, Test SuRNCriber and Service Rack
PUSA	PSTN interface Universal Signal board Assembly
PVC	Permanent Virtual Circuit
PVCM	PVC Manager
PWCB	Power Control Block
Q.BICC	Q. Bearer Independent Call Control
QoS	Quality of Service
QoS	Quality of Service
R00	Release 2000
R99	Release 1999
RA	Routing Area
RAB	Radio Access Bearer
RACF	Radio Access Control Function
RACH	Random Access Channel
RADIUS	Remote Access Dialin User Service

명 칭	설 명
Radius	Remote Authentication Dial In User Service
RAID	Redundant Array of Inexpensive Disks
RALCB	RNC Access Link Control Block
RAM	Random Access Memory
RAN	Radio Access Network
RANAP	Radio Access Network Application Part
RANB	RAN Application Block
RAND	RANDom number
RAS-B	RNC Access Subsystem-Node B
RAS-N	RNC Access Subsystem-RNC and CN
RAS-T	RNC Access Subsystem-User Traffic Handling
RBCB	RNC Base Station Control Subsystem
RBPF	Receive Band Pass Filter
RBS	RNC BTS Subsystem
RC	Radio Configuration
RCC	Redundancy Crossbar Card
RCCB	RNC Call Control Block
RCH	RNC Configuration Handler
RCR	RNC Common Rack
RCS	RNC Control Subsystem
RCSI	RNC Common & Supplementary Interface
RCT	Recovery Control Task
REMB	RNC E1 Management Block
REP	RNC E1 Processor
REPAIP	RNC E1 Processor-ATM Interface Processor
RES	RESponse
RF	Radio Frequency
RFC	Remote Feature Control
RFER	Reverse Frame Error Rate
RFH	RNC Fault Handler
RHCB	RNC Handoff Call Control Block
RIM	RAN Interface Module
RIMR	RAN Interworking Module Rack
RLC	Radio Link Control
RLD	RAN Loading Handler
RLMB	RNC Load Management Block
RM	Resource Management

명 칭	설 명
RMB	Redundancy Management Block
RMCB	RNC Measurement Control Block
RMMH	RNC Main Measurement
RMS	RNC Management Subsystem
RNC	Radio Network Controller
RNSAP	Radio Network Subsystem Application Part
R-OMS	RAN Operation & Maintenance Subsystem
ROP	RNC Optical Processor
RR	Radio Resource
RRM	Radio Resource Management
RRMB	RNC Resource Management Block
RS	Rate Set
RSAN	RNC Sanity Handler
RSH	RNC Status Handler
RSIA	RNC STM-1 board Assembly
RSIB	RNC System Information Block
RSP	RNC Switch Processor
RSPAIP	RNC Switch Processor-ATM Interface Processor
RSVP	Resource ReserVation Protocol
RTD	RNC Test & Diagnostic Handler
RTIA	RNC Trunk Interface board Assembly
RTT	Round Trip Time
SA	Security Association
SA	Signaling Agent
SABB	Service Area Broadcasting Block
SABP	Service Area Broadcast Protocol
SAMA	Server Alarm Management b'd Assembly
SAR	Segmentation and Reassembly
SAS	Standalone A-GPS SMLC
SBBA	System Billing Board Assembly
SBR	SAMSUNG Base station Rack
SBR	SAMSUNG Base station Rack
SCA	Selective Call Acceptance
SCCB	Signaling Connection Control Block
SCCP	Service Connection Control Part
SCCPCH	Secondary Common Control Physical Channel
SCE	Service Creation Environment

명 칭	설 명
SCF	Service Control Function
SCH	Synchronization Channel
SCIA	System Cable Interconnection board Assembly
SCP	Service Control Point
SCPICH	Secondary CPICH
SCT	Shared Configuration Task
SCTP	Stream Control Transmission Protocol
SDB	Subscriber Data base
SDM	System DM
SDP-T	SAMSUNG DC/DC Power-T type
SDU	Selection & Distribution Unit
SF	Selector Function
SFN	System Frame Number
SGSN	Serving GPRS Support Node
SGW	Signaling Gateway
SIA	Signaling Interface Adapter
SIB	System Information Block
SIFOC	Send Information For Outgoing Call
SIM	GSM Subscriber Identity Module
SIT	System Initiation Task
SIU	Subscriber Interface Unit
SLBB	SuRNCriber Line Back Board
SM	System Manager
SM	Security Management
SMBA	System Management Board Assembly
SMBB	Switch Module Back Board assembly
SME	Signaling Message Encryption
SMIA	Switch Module Interface board Assembly
SMLC	Serving Mobile Location Centre
SMLC	Serving Mobile Location Controller
SMS	Service Management System
SMS	Short Message Service
SMSC	Short Message Service Center
SNMP	Simple Network Management Protocol
SONET	Synchronous Optical Network
SPC	Switch Processor Card
SPINI	SuRNCriber Personal Identification Number Intercept

명 칭	설 명
SPIO	Switch Processor I/O
SPM	Signaling Processing Module
SPNP	Support of Private Numbering Plan
SQN	Sequence number
SRA	Specialized Resource Agent
SRB	Service Request Broker
SRB	Service and Resource Broker
SRNC	Serving Radio Network Controller
SRNS	Serving RNS
SS7	Signalling System No. 7
SSCF	Service Specific Co-ordination Function
SSCH	Secondary SCH
SSCOB	Service Specific Connection Oriented protocol Block in RNC
SSCOP	Service Specific Connection Oriented Protocol
SSD	Shared Secret Data
SSFB	Service Specific Coordination Function at NNI Block
SSL	Secure Socket Layer
SSP	Service Switching Point
STCB	Signaling Transport Converter Block
STIM-SM/MM	STM-1 Interface Module-Single Mode/Multi Mode
STM	Synchronous Transfer Mode
STM-1	Synchronous Transfer Module-1(155.5220Mbps)
STS	Space Time Spreading
SVC	Signaling Virtual Channel
SVC	Switched Virtual Circuit
TAN	Transport Application Node
TANA	Transport Application Node Assembly
TBE	TrFO Break Equipment
TBPF	Transmit Band Pass Filter
TCAP	Transaction Capability Application Part
TCP	Transmission Control Protocol
TCP/IP	Transmission Control Protocol/Internet Protocol
TDMA	Time Division Multiple Access
TE	Terminal Equipment
TFCI	Transport Format Combination Indicator
THE	Traffic Handling Element
THM	Traffic Handling Module

명 칭	설 명
THMM	Traffic Handler Management Module
THP	Traffic Handling Processor
THPAIP	Traffic Handling Processor-ATM Interface Processor
THSM	Traffic Handler Scheduling Module
TICC	Transport Independent Call Control
TIF	TP Interface Function
TIFA	TP Interface Function board Assembly
TINA	Telecommunications Information Networking Architecture
TMN	Telecommunications Management Network
TMSI	Temporary Mobile Subscriber Identity
TOD	Time Of Day
ToS	Type of Service
TP	Transport Platform
TPC	Third Party Charging
TPTL	Transceiver Power Tracking Loop
TrFO	Trans-coder Free Operation
T-SGW	Transport Signalling Gateway
TUP	Telephone User Part
UAN	Universal Access Number
UART	Universal Asynchronous Receiver/Transmitter
UATI	Unicast Access Terminal Identifier
UBSA	UMTS BTS test & Spectrum board Assembly
UBTA-A	UMTS BTS Test mobile Assembly
UDP	User Datagram Protocol
UDR	User Defined Routing
UE	User Equipment
UI	User Interface
UL-DPCH	Uplink Dedicated Physical Channel
UMPA	UMTS Main Processor board Assembly
UMSC	UMTS Mobile Services Switching Centre
UMTS	Universal Mobile Telecommunications System
UP	User plane
UPAS	UMTS Power Amplifier Shelf
UPAU	UMTS Power Amplifier Unit
URA	UTRAN Registration Area
URM	UMTS RAN Manager
USIM	UMTS Subscriber Identity Module

명 칭	설 명
USSD	Unstructured Supplementary Service Data
UT	Universal Time
UTRA	Universal Terrestrial Radio Access
UTRAN	Universal Terrestrial Radio Access Network
UUS	User to User signalling
VAD	Voice Activity Detector
VBR	Variable Bit Rate
VC	Virtual Circuit
VCBA	Voice Coding/decoding Board Assembly
VCC	Virtual Channel Connection
VCDU	Voice Coder/Decoder Unit
VHE	Virtual Home Environment
VLR	Visitor Location Resister
VLRA	Visit Location Resister board Assembly
VLRCCF	Visited Location Register Call Control Function
VMR	Voice Message Retrieval
VMS	Voice Mail Service
VMSC	Visited MSC
VOD	Video On Demand
VoIP	Voice Over IP
VOT	Televoting
VP	Voice Privacy
VPC	Virtual Path Connection
VPI	Virtual Path Identifier
VPLMN	Visited Public Land Mobile Network
VPN	Virtual Private Network
VQTA	Voice Quality Test board Assembly
VSWR	Voltage Standing Wave Ratio
WCDMA	Wideband Code Division Multiple Access
WNDB	Wireless Network Database
WS	Wireless Security
XRES	EXpected user RESponse

A.2 학습근로자 수행평가

■ 교과목 : 통신망 구축이론과 실습

○ 평가방법

<table>
<tr><td>학습자명</td><td></td><td colspan="4">평가자명(교수자) : 김동욱</td></tr>
<tr><td>교과목명</td><td>네트워크 이론과 설계</td><td>성취수준</td><td>우수</td><td>보통</td><td>미흡</td></tr>
<tr><td rowspan="3">평가일시</td><td>1차 : 2015 년 12 월 일</td><td>성취수준</td><td></td><td></td><td></td></tr>
<tr><td>2차 : 2015 년 12 월 일</td><td>성취수준</td><td></td><td></td><td></td></tr>
<tr><td>3차 : 2015 년 12 월 일</td><td>성취수준</td><td></td><td></td><td></td></tr>
<tr><td>평가방법</td><td colspan="5">○ 본 평가는 학습을 위한 준비에서부터 실습의 완료 후 동작 확인까지 아래의 수행준거를 바탕으로 학습자를 평가하여야 합니다.
(본 능력단의 평가방법 등을 안내하여 학습자로 하여금 학습준비를 할 수 있도록 함)

○ 평가척도

(see table below)

○ 학습근로자평가 및 결과평가 방법

(see table below)

기타 :

※ (활용예시) A. 이론 시험, B. 작업수행평가, C. 구두발표, D. 평가자 질문
E. 평가지 체크리스트, F. 포트폴리오, G. 작업일지, H. 기타</td></tr>
</table>

○ 평가척도

수행척도	평가척도(수행정도)	
	Pass	Fail
수행정도	해당 지식과 기술을 습득하여 직무수행에 필요한 기술적 사고력과 문제 해결력을 토대로 작업을 수행할 수 있다.	해당 지식과 기술을 습득하는 데 부족함이 있어 타인의 도움을 받아야만 작업을 수행할 수 있다.

○ 학습근로자평가 및 결과평가 방법

A	B	C	D	E	F	G	H
○		○	○				

○ 수행준거

<table>
<tr><th rowspan="2">능력단위명
(NCS코드)</th><th rowspan="2">능력단위요소</th><th rowspan="2">수행준거
(교과내용 및 NCS의 수행준거를 기재)</th><th colspan="2">평가척도
(수행정도)</th></tr>
<tr><th>Pass</th><th>Fail</th></tr>
<tr><td rowspan="10">설계목적
파악
(07020103
0110)</td><td rowspan="3">프로젝트 개요
파악하기</td><td>1.1 네트워크 설계도면에 반영된 네트워크 구축 목적과 발주처의 네트워크 구성 방안을 이해할 수 있다.</td><td></td><td></td></tr>
<tr><td>1.2 제안 및 설계된 네트워크 구성도의 네트워크 설계 의도와 구성 개요를 이해할 수 있다.</td><td></td><td></td></tr>
<tr><td>1.3 제안 및 설계된 네트워크의 시스템의 요구사항을 인지하고 운영 방안을 이해할 수 있다.</td><td></td><td></td></tr>
<tr><td rowspan="3">네트워크 서비스
범위 및 수준
파악하기</td><td>2.1 네트워크 설치 환경을 이해하고 관련 설계도서나 현장방문을 통해 네트워크 서비스 및 범위를 이해할 수 있다.</td><td></td><td></td></tr>
<tr><td>2.2 네트워크 서비스 현황을 이해하고 발주처의 요구사항을 인지하게 되면 제안된 네트워크 설계 수준을 이해할 수 있다.</td><td></td><td></td></tr>
<tr><td>2.3 네트워크 구성도, 제안서, 시방서, 설계도면을 근거로 제안된 네트워크의 설계 요구 수준을 이해할 수 있다.</td><td></td><td></td></tr>
<tr><td rowspan="4">구축 환경
파악하기</td><td>3.1 기 구축된 네트워크 환경에 따른 네트워크 구성도를 파악하고 현장방문을 통해 기 구축 시스템을 확인함으로써 네트워크 구축 환경을 이해할 수 있다.</td><td></td><td></td></tr>
<tr><td>3.2 기 구축된 네트워크 환경에서 타 공정 현황을 파악하여 다른 공정 혹은 연관 시설물들과의 관계를 검토하여 문서로 작성할 수 있다.</td><td></td><td></td></tr>
<tr><td>3.3 제안 및 설계된 네트워크 환경을 이해하고 현장상황을 고려하여 시설물 설치방법을 검토할 수 있다.</td><td></td><td></td></tr>
<tr><td>3.4 제안 및 설계된 네트워크 설계도서 현황을 인지하여 구축 환경을 이해할 수 있다.</td><td></td><td></td></tr>
</table>

능력단위명 (NCS코드)	능력단위요소	수행준거 (교과내용 및 NCS의 수행준거를 기재)	평가척도 (수행정도)	
			Pass	Fail
설계목적 파악 (07020103 0110)	소요예산 파악하기	4.1 제안 내역의 비용관련 요구분석 항목에 대한 소요 예산을 산출할 수 있다.		
		4.2 프로젝트에 적합한 예산을 확인하고 이를 통한 예산의 적정성을 분석할 수 있다.		
		4.3 발주처가 요구하는 소요예산을 반영한 적합한 네트워크를 설계 및 설치할 수 있다.		
		4.4 기술, 시공, 기기, 시스템 등을 연계하여 예산의 적정성을 분석할 수 있다.		
		4.5 사용자 편리성, 운영, 유지보수 등을 고려하여 최적화한 예산 수립을 할 수 있다.		
		4.6 기 투자시설을 이해하고, 적절히 활용하는 방안을 통해 소요예산에 반영할 수 있다.		
기술분석 (07020103 0210)	기술동향 및 네트워크 파악하기	1.1 네트워크 설계에 필요한 네트워크 설계기술을 파악하여 네트워크 설계에 반영할 수 있다		
		1.2 네트워크 설계에 필요한 네트워크 제품에 적용되는 최신 기술동향들을 파악하여 네트워크 설계에 반영할 수 있다.		
		1.3 기존의 네트워크 설비와 연동할 경우 기존 네트워크에 사용된 기술을 파악하여 네트워크 설계에 반영할 수 있다.		
	예상 트래픽 파악하기	2.1 네트워크 설계 시 예상되는 트래픽을 파악하여 네트워크 설계에 반영할 수 있다.		
		2.2 네트워크 설계 시 허용되는 트래픽의 종류에 따른 품질 수준을 계획할 수 있다.		
		2.3 예상되는 트래픽에 따라 네트워크 장비의 대역폭을 파악하여 네트워크 설계에 반영할 수 있다.		
		2.4 트래픽의 종류에 따른 장애 가능성을 파악하여 네트워크 설계에 반영할 수 있다.		
	보안성 파악하기	3.1 네트워크 설계 시 네트워크 회선에 대한 물리적인 접근성에 대한 보안성을 파악하여 네트워크 설계에 반영할 수 있다.		
		3.2 네트워크 설계 시 네트워크 장비에 대한 접근권한에 따른 보안성을 파악하고 네트워크 설계에 반영할 수 있다.		
		3.3 네트워크 장비 간의 암호화를 통한 보안성을 파악하고 네트워크 설계에 반영할 수 있다.		

능력단위명 (NCS코드)	능력단위요소	수행준거 (교과내용 및 NCS의 수행준거를 기재)	평가척도 (수행정도)	
			Pass	Fail
기술분석 (070201030210)	보안성 파악하기	3.4 비밀번호 관리, 주기적 변경 등의 관리적인 측면에서의 보안성을 파악하고 네트워크 설계에 반영할 수 있다.		
		3.5 보안성 적용의 대상 및 범위에 대해서 파악하고 네트워크 설계에 반영할 수 있다.		
	호환성 및 확장성 파악하기	4.1 네트워크 설계 시 호환이 필요한 장비와 기능의 범위를 파악하고 반영할 수 있다.		
		4.2 네트워크 설계 시 향후 확장성에 대한 고려사항을 파악하고 반영할 수 있다.		
		4.3 네트워크 설계 시 호환성이 없는 네트워크 설비 간의 연동 방법에 대한 방안을 파악하고 반영할 수 있다.		
		4.4 확장이 가능한 구조로 네트워크 설계가 가능한 기술적인 고려사항을 반영할 수 있다.		
	고가용성 파악하기	5.1 네트워크 설계 시 고가용성의 요구 수준을 파악하고 반영할 수 있다.		
		5.2 네트워크 설계 시 고가용성을 위한 네트워크 장비 요구 사항을 파악하고 반영할 수 있다.		
		5.3 네트워크 장애 시 파급효과 및 긴급대응 방안을 파악하고 반영할 수 있다.		
		5.4 고가용성 수준에 따른 적용 기술 및 장비의 변경 사항을 파악하고 반영할 수 있다.		
	시뮬레이션 및 검증하기	6.1 네트워크 설계 시 시뮬레이션의 중요성을 이해하고 해당 시뮬레이션 결과를 반영할 수 있다.		
		6.2 네트워크 시뮬레이션 툴의 종류를 파악하고 반영할 수 있다.		
		6.3 네트워크 시뮬레이션의 기능과 적용 방안을 파악하고 반영할 수 있다.		
		6.4 네트워크 시뮬레이션 결과와 실제 장비 동작 간의 차이점 및 고려사항을 파악하여 반영할 수 있다.		

○ 수행준거

<table>
<tr><th rowspan="2">능력단위명
(NCS코드)</th><th rowspan="2">능력단위요소</th><th rowspan="2">수행준거
(교과내용 및 NCS의 수행준거를 기재)</th><th colspan="2">평가척도
(수행정도)</th></tr>
<tr><th>Pass</th><th>Fail</th></tr>
<tr><td rowspan="16">장비 및
회선파악
(07020103
0310)</td><td rowspan="6">네트워크 관리
시스템
파악하기</td><td>1.1 제안 및 설계된 네트워크 구성 장비 전체를 이해할 수 있다</td><td></td><td></td></tr>
<tr><td>1.2 제안 및 설계된 네트워크 구성도와 네트워크의 전반적인 흐름을 이해할 수 있다.</td><td></td><td></td></tr>
<tr><td>1.3 네트워크의 운영 현황을 반영하고 운영 중인 네트워크 시스템의 문제가 발생하는 상황을 신속하게 이해할 수 있다.</td><td></td><td></td></tr>
<tr><td>1.4 네트워크 관리 TOOL을 이해할 수 있다.</td><td></td><td></td></tr>
<tr><td>1.5 네트워크 전체 시스템의 운영 현황 및 과거, 현재 상태를 이해할 수 있다.</td><td></td><td></td></tr>
<tr><td>1.6 네트워크의 운영 현황과 다양한 응용 소프트웨어를 관리하고 이해할 수 있다.</td><td></td><td></td></tr>
<tr><td rowspan="7">장비 규격 및
성능 파
악하기</td><td>2.1 기존에 설치되어 있는 네트워크 설비의 기능과 성능을 이해할 수 있다.</td><td></td><td></td></tr>
<tr><td>2.2 신규로 설치하고자 하는 네트워크 설비와 기존의 설비 간의 연동에 대한 기술적인 내용을 이해할 수 있다.</td><td></td><td></td></tr>
<tr><td>2.3 제안 및 설계에 따른 네트워크 구축 장비의 기술적인 기능과 성능을 이해할 수 있다.</td><td></td><td></td></tr>
<tr><td>2.4 제안 및 설계에 따른 네트워크 구축 시 운영 및 관리를 고려한 환경을 이해할 수 있다.</td><td></td><td></td></tr>
<tr><td>2.5 네트워크 장비의 이기종 간의 호환성 관계를 이해할 수 있다.</td><td></td><td></td></tr>
<tr><td>2.6 제안 및 설계에 반영된 네트워크 구축 장비의 사양을 검토하고 이해할 수 있다.</td><td></td><td></td></tr>
<tr><td>2.7 구축 장비의 확장성과 필요한 시스템의 범위 및 가용성에 대해 이해할 수 있다.</td><td></td><td></td></tr>
<tr><td rowspan="3">네트워크 설비
파악하기</td><td>3.1 제안 및 설계된 네트워크 장비별 기능을 구현하고 이해할 수 있다.</td><td></td><td></td></tr>
<tr><td>3.2 제안 및 설계된 네트워크 설비의 각 용도별 기능 구현을 이해할 수 있다.</td><td></td><td></td></tr>
<tr><td>3.3 WAN, LAN, 보안 구분을 통해 각 분야별 관련성을 이해할 수 있다.</td><td></td><td></td></tr>
</table>

능력단위명 (NCS코드)	능력단위요소	수행준거 (교과내용 및 NCS의 수행준거를 기재)	평가척도 (수행정도)	
			Pass	Fail
장비 및 회선파악 (07020103 0310)	네트워크 설비 파악하기	3.4 네트워크 설계도서 파악을 통한 구축 설비 구현 및 환경설정을 이해할 수 있다.		
		3.5 네트워크 구축 후 성능 시험, 연결 시험, 운영 시험 등을 이해할 수 있다.		
	회선용량 파악하기	4.1 현장 파악을 통해 필요한 회선용량 계획을 수립할 수 있다.		
		4.2 사용자 인원, 업무 특성, 데이터 흐름을 이해할 수 있다.		
		4.3 발주처가 요구하는 회선량 반영한 적합한 네트워크를 설계할 수 있다.		
		4.4 회선용량은 LAN, WAN 구간으로 나눠서 회선용량과 회선 속도를 검토하고 회선 현황을 이해할 수 있다.		
		4.5 회선용량 사용계획을 통해 필요한 용량을 수립할 수 있다.		
구축 및 시험계획 (07020103 0410)	구축절차 파악하기	1.1 설계목적 및 요구사항에 따라 품목과 자재사양을 파악하고 시공단계별 업무절차를 이해할 수 있다.		
		1.2 타 공정의 공정계획을 검토하여 적정 공사기간을 예측하고 설계에 반영할 수 있다.		
		1.3 현장 조건에 따라 공종별 업무절차를 고려하여 설계에 반영할 수 있다.		
		1.4 배선 및 설비 도입 일정, 설치 작업환경을 파악하여 전체 공정계획을 수립할 수 있다.		
	네트워크 구축방법 및 방향 파악하기	2.1 구축목적 및 요구사항 분석에 따라 다양한 구축방법을 파악할 수 있다.		
		2.2 파악된 구축방법을 분석하여 구축목적에 가장 적합한 방법을 선정할 수 있다.		
		2.3 선정된 구축방법에 대하여 세부계획을 수립할 수 있다.		
		2.4 구축방법에 따라 구축방향을 결정하고 구축 계획서를 작성할 수 있다.		
	타 공정 분석 및 협업 파악하기	3.1 구축 계획서에 따라 타 공정과 연계 여부를 파악할 수 있다.		
		3.2 타 공정과 원활한 공사 진행 방안 및 협력 방안을 만들어 낼 수 있다.		

능력단위명 (NCS코드)	능력단위요소	수행준거 (교과내용 및 NCS의 수행준거를 기재)	평가척도 (수행정도)	
			Pass	Fail
구축 및 시험계획 (07020103 0410)	타 공정 분석 및 협업 파악하기	3.3 타 공정 해당 업체 및 부서와 협의하여 효율적인 공사가 진행될 수 있도록 협조체계를 수립할 수 있다.		
	설치운용 편리성 파악하기	4.1 구축 계획서에 따라 설치운용 형태에 대하여 이해할 수 있다.		
		4.2 설치운용 형태에 따라 편리성을 파악할 수 있다.		
		4.3 설치운용 시 편리하도록 계획할 수 있다.		
구축 및 시험계획 (07020103 0410)	네트워크 테스트 방법 파악하기	5.1 선로 및 통신설비 설치 시 관련규정을 준수하여 시공하였는지 확인하고 성능, 품질을 시험하는 방법을 파악할 수 있다.		
		5.2 전체 시공 후 관련규정을 준수하여 시공을 하였는지와 성능 및 품질을 평가하는 방법을 파악할 수 있다.		
		5.3 파악된 테스트 방안 중 적합한 테스트 방안을 선정할 수 있다.		
		5.4 선정된 테스트 방안에 따라 네트워크 시험 계획서를 작성할 수 있다.		
	장비 및 자재 수급방법 파악하기	6.1 구축 계획서에 따라 필요 장비 및 자재를 파악할 수 있다.		
		6.2 일정에 따라 장비 및 자재 투입계획을 파악할 수 있다.		
		6.3 파악된 투입계획에 따라 자재 수급방법을 파악하고 장비 및 자재 수급 계획서를 작성할 수 있다.		

○ 수행준거

능력단위명 (NCS코드)	능력단위요소	수행준거 (교과내용 및 NCS의 수행준거를 기재)	평가척도 (수행정도)	
			Pass	Fail
네트워크 사업기획 (20210301 _14v1)		1.1 네트워크 사업을 기획하기 위하여 국내외 네트워크 구축에 필요한 장비의 시장동향을 분석할 수 있다.		
		1.2 네트워크 사업을 기획하기 위하여 네트워크 구축에 대한 시장 현황의 파악과 목적, 범위를 정의할 수 있다.		

능력단위명 (NCS코드)	능력단위요소	수행준거 (교과내용 및 NCS의 수행준거를 기재)	평가척도 (수행정도)	
			Pass	Fail
네트워크 사업기획 (20210301_14v1)	시장현황 파악하기	1.3 네트워크 사업을 기획하기 위하여 시장분석을 통한 시장 조사 방법, 자료 수집절차에 대한 설계를 할 수 있다.		
		1.4 네트워크 사업을 기획하기 위하여 시장분석에 필요한 국내외 자료를 수집할 수 있다.		
		1.5 네트워크 사업을 기획하기 위하여 수집된 시장 현황 자료를 분석, 해석할 수 있다.		
		1.6 네트워크 사업을 기획하기 위하여 시장현황 분석 및 해석된 자료를 바탕으로 시장현황 보고서를 작성할 수 있다.		
	타당성 분석하기	2.1 네트워크 사업을 기획하기 위하여 네트워크 구축에 대한 기술 동향을 파악할 수 있다.		
		2.2 네트워크 사업을 기획하기 위하여 네트워크 구축에 대한 경제성 분석을 할 수 있다.		
		2.3 네트워크 사업을 기획하기 위하여 네트워크 구축과 관계된 문제점과 제약조건이 있는지 분석할 수 있다.		
		2.4 네트워크 사업을 기획하기 위하여 네트워크 구축에 필요한 기술성, 경제성 분석 결과보고서를 작성할 수 있다.		
		2.5 네트워크 사업기획이 기술 동향에 부합되는지 여부를 분석할 수 있다.		
	사업계획서 작성하기	3.1 네트워크 사업을 기획하기 위하여 네트워크 구축에 대한 전략적 목표를 정의할 수 있다.		
		3.2 네트워크 사업을 기획하기 위하여 네트워크 구축의 범위를 정의할 수 있다.		
		3.3 네트워크 사업을 기획하기 위하여 네트워크 구축의 일정을 계획할 수 있다.		
		3.4 네트워크 사업을 기획하기 위하여 네트워크 구축에 따른 가격을 수립할 수 있다.		
		3.5 네트워크 사업을 기획하기 위하여 네트워크 구축을 위한 마케팅 전략을 수립할 수 있다.		
		3.6 네트워크 사업을 기획하기 위하여 네트워크 구축에 대한 사업계획서를 작성하고 보고할 수 있다.		

○ 수행준거

<table>
<tr><th rowspan="2">능력단위명
(NCS코드)</th><th rowspan="2">능력단위요소</th><th rowspan="2">수행준거
(교과내용 및 NCS의 수행준거를 기재)</th><th colspan="2">평가척도
(수행정도)</th></tr>
<tr><th>Pass</th><th>Fail</th></tr>
<tr><td rowspan="20">네트워크구축계획
(20210302_14v1)</td><td rowspan="5">구축절차 계획하기</td><td>1.1 네트워크 구축을 달성하기 위해 필요한 조직을 구성할 수 있다.</td><td></td><td></td></tr>
<tr><td>1.2 네트워크 구축에 필요한 절차를 파악하고 계획을 수립할 수 있다.</td><td></td><td></td></tr>
<tr><td>1.3 구축절차를 수행하기 위한 각 절차의 방법을 수립할 수 있다.</td><td></td><td></td></tr>
<tr><td>1.4 구축절차를 수행하기 위한 적정구축기간을 파악할 수 있다.</td><td></td><td></td></tr>
<tr><td>1.5 구축목표에 따라 네트워크 구축절차 계획서를 문서화할 수 있다.</td><td></td><td></td></tr>
<tr><td rowspan="5">기반시설 계획하기</td><td>2.1 네트워크 환경의 옥내기반시설을 파악할 수 있다.</td><td></td><td></td></tr>
<tr><td>2.2 파악된 옥내기반시설 현황을 분석할 수 있다.</td><td></td><td></td></tr>
<tr><td>2.3 분석된 옥내기반시설 계획을 수립할 수 있다.</td><td></td><td></td></tr>
<tr><td>2.4 옥내기반시설계획 수행을 위한 일과 순서, 수행기간을 수립할 수 있다.</td><td></td><td></td></tr>
<tr><td>2.5 옥내기반시설 계획목표에 따라 옥내기반시설 계획서를 작성할 수 있다.</td><td></td><td></td></tr>
<tr><td rowspan="5">선로설비 계획하기</td><td>3.1 네트워크 구축을 위한 옥외선로설비의 인프라 구조를 파악할 수 있다.</td><td></td><td></td></tr>
<tr><td>3.2 파악된 옥외선로설비의 인프라 구조를 분석할 수 있다.</td><td></td><td></td></tr>
<tr><td>3.3 옥외선로설비 인프라 구조에 따라 통신선로설비계획을 수립할 수 있다.</td><td></td><td></td></tr>
<tr><td>3.4 옥외선로설비 계획 수행을 위한 일과 순서, 수행기간을 수립할 수 있다.</td><td></td><td></td></tr>
<tr><td>3.5 옥외선로설비계획 목표에 따라 옥외선로설비 계획서를 문서화할 수 있다.</td><td></td><td></td></tr>
<tr><td rowspan="5">부속장비 계획하기</td><td>4.1 네트워크 장비, 선로 구축 준비에 필요한 부속장비들을 사전에 파악하여 작성하고 검토할 수 있다.</td><td></td><td></td></tr>
<tr><td>4.2 네트워크 장비, 선로 구축 후 품질시험 준비에 필요한 부속장비들을 사전에 파악하여 작성하고 검토할 수 있다.</td><td></td><td></td></tr>
<tr><td>4.3 구축에 적합한 부속 장비, 공구류, 소프트웨어의 확보계획을 수립하고 작성할 수 있다.</td><td></td><td></td></tr>
<tr><td>4.4 품질시험에 적합한 부속 측정장비, 공구류, 소프트웨어의 확보계획을 수립하고 작성할 수 있다.</td><td></td><td></td></tr>
<tr><td>4.5 구축, 품질시험, 운용을 위한 부속장비계획서를 문서화할 수 있다.</td><td></td><td></td></tr>
</table>

○ 수행준거

능력단위명 (NCS코드)	능력단위요소	수행준거 (교과내용 및 NCS의 수행준거를 기재)	평가척도 (수행정도)	
			Pass	Fail
네트워크 설계 (20210303_14v1)	기본설계하기	1.1 현황을 분석하여 문제점을 파악하고 구축 필요성과 요구사항을 분석하여 설계개요서를 작성한다.		
		1.2 요구사항을 분석하여 예상 트래픽량과 트래픽의 특징을 파악하여 목표 네트워크와 망을 정의할 수 있다.		
		1.3 요구사항 분석에 따라 핵심 설계기준(관련법규, 경제성, 호환성, 확장성, 가용성, 안정성)과 설계 범위를 도출할 수 있다.		
		1.4 설계기준에 따라 구축방안과 용량을 산정하여 기본설계도면을 작성할 수 있다.		
		1.5 기본설계도면에 따라 기본설계내역서와 개략적인 구축비를 산출한다.		
	실시설계하기	2.1 서비스 요구사항과 타당성 분석, 기본설계를 기반으로 목표 네트워크를 검토하여 실시설계 설명서를 작성할 수 있다.		
		2.2 OSI참조모델과 실제 기반시설을 참조하여 논리적·물리적 설계도면을 작성할 수 있다.		
		2.3 설계도면에 따라 실시 설계내역서와 상세 용량계산서를 작성할 수 있다.		
		2.4 주요 장비, 설비, 자재의 선정을 위한 제원과 규격을 정의한 선정기준서를 작성할 수 있다.		
		2.5 실시 설계도면, 실시 설계내역서, 상세 용량계산서, 선정기준서에 따라 예상 구축비를 산출할 수 있다.		
	제안요청서 작성하기	3.1 네트워크 사업기획의 구축일정을 고려하여 제안요청서, 제안설명회, 제안평가일정계획을 수립할 수 있다.		
		3.2 구축의 배경, 목적, 내용을 파악하여 제안요청서의 개요와 목차를 작성할 수 있다.		
		3.3 제안요청서를 송부할 대상과 제안서 평가기준을 작성할 수 있다.		
		3.4 설계산출물을 분석하여 제안요청내용을 작성할 수 있다.		
		3.5 제안요청서, 제안설명회, 제안평가 관련 부서의 협조를 받을 수 있다.		

○ 수행준거

능력단위명 (NCS코드)	능력단위요소	수행준거 (교과내용 및 NCS의 수행준거를 기재)	평가척도 (수행정도)	
			Pass	Fail
네트워크 구축 (20210305_14v1)	20210305_14v1.1 장비 수급방법 파악하기	1.1 구축에 필요한 장비현황 및 자재현황을 파악할 수 있다.		
		1.2 네트워크 구축에 필요한 장비 및 자재 수급을 위해 내역서를 산출할 수 있다.		
		1.3 장비 및 자재 수급을 위하여 필요한 절차 및 방법을 파악할 수 있다.		
		1.4 장비 및 자재 수급을 위해 제반 절차를 이해하고, 관련 부서 및 기관의 협조를 요청할 수 있다.		
	20210305_14v1.2 구축절차 파악하기	2.1 설계목적 및 요구사항에 따라 품목과 자재사양을 파악하고 시공단계별 무절차를 이해할 수 있다.		
		2.2 타 공정의 공정계획을 검토하여 적정 공사기간을 예측하고 설계에 반영할 수 있다.		
		2.3 현장 조건에 따라 공종별 업무절차를 고려하여 설계에 반영할 수 있다.		
		2.4 배선 및 설비 도입 일정, 설치 작업환경을 파악하여 전체 공정계획을 수립할 수 있다. 수리물자를 확인 후 고객과 유지보수일정을 확정할 수 있다.		
	이력관리하기	3.1 네트워크 유지보수 이력관리를 위하여 유비보수의 요구사항을 요구사항 대장에 기록할 수 있다.		
		3.2 네트워크 유지보수 이력관리를 위하여 기록된 요구사항을 바탕으로 유지보수 계획을 수립하고 이력을 등록할 수 있다.		
		3.3 네트워크 유지보수 이력관리를 위하여 등록된 유지보수 이력을 근거로 유지보수 서비스의 품질을 유지하고, 개선한 사항에 대한 이력을 관리할 수 있다.		
		3.4 네트워크 유지보수 이력관리를 위하여 관리된 이력을 통해 서비스 사용자별 성향과 특성을 파악할 수 있다.		
		3.5 네트워크 유지보수 이력관리를 위하여 파악된 사용자별 성향과 특성에 따라 네트워크 장비별 개선사항을 관리할 수 있다.		

○ 수행준거

능력단위명 (NCS코드)	능력단위요소	수행준거 (교과내용 및 NCS의 수행준거를 기재)	평가척도 (수행정도)	
			Pass	Fail
네트워크 유지보수 (20210309_14v1)	유지보수 계획하기	1.1 네트워크 유지보수 계획수립을 위하여 유지보수의 범위를 정의하고 유지보수 항목을 확인할 수 있다.		
		1.2 확인된 유지보수 항목을 토대로 유지보수의 실질적인 운용지표를 세우고 관리할 수 있다.		
		1.3 관리할 유지보수 항목을 바탕으로 요구사항을 정리하고 유지보수 계획을 수립할 수 있다.		
		1.4 장비상태를 파악하여 유지보수 정책을 수립할 수 있다.		
		1.5 수립된 유지보수 정책에 따라 작업주기, 작업인력, 유지보수 비용을 추정하여 정책을 수립할 수 있다.		
	유지보수하기	2.1 네트워크 시스템의 로그분석, 작동현황을 분석하여 장애를 확인하여 정리할 수 있다.		
		2.2 네트워크 시스템, 장애를 분석하여 시스템의 고장 부분을 판단할 수 있다.		
		2.3 네트워크 시스템 장애 증상에 따라 수리에 필요한 수리부품, 공구, 측정 장비를 준비할 수 있다.		
		2.4 네트워크 시스템 유지보수 시 준비된 수리물자를 확인 후 고객과 유지보수일정을 확정할 수 있다.		
		2.5 네트워크 시스템 장애 시 매뉴얼을 활용하여 고장 부분을 수리할 수 있다.		
	이력관리하기	3.1 네트워크 유지보수 이력관리를 위하여 유비보수의 요구사항을 요구사항 대장에 기록할 수 있다		
		3.2 네트워크 유지보수 이력관리를 위하여 기록된 요구사항을 바탕으로 유지보수 계획을 수립하고 이력을 등록할 수 있다		
		3.3 네트워크 유지보수 이력관리를 위하여 등록된 유지보수 이력을 근거로 유지보수 서비스의 품질을 유지하고, 개선한 사항에 대한 이력을 관리할 수 있다		
		3.4 네트워크 유지보수 이력관리를 위하여 관리된 이력을 통해 서비스 사용자별 성향과 특성을 파악할 수 있다.		
		3.5 네트워크 유지보수 이력관리를 위하여 파악된 사용자별 성향과 특성에 따라 네트워크 장비별 개선사항을 관리할 수 있다.		

참고문헌

[1] ASETEC Co., DPS/DAS, http://www.asetec.co.kr/solution/dps.asp

[2] J. Ashayeri and M. Goetschalckx, "Classification and design of order picking", *Logistics World*, vol. 2, pp. 99-106, 1989.

[3] E. H. Frazelle, S. T. Hackman, U. Passy, and L. K. Platzman, "The Forward Reserve problem", *Optimization in industry*, vol. 2, pp. 43-61, 1994.

[4] M. L. Russel and R. D. Meller, "Cost and throughput modeling of manual and automated order fulfillment systems", *IIE Transactions*, vol. 35, pp. 589-603, 2003.

[5] 김동옥, "통신망 구축 시공", 상학당, 2014. 11.

[6] KICI, "표준공법 개발연구", 한국정보통신산업연구원, 2013.12.

[7] 한국정보통신기능대학, "정보통신 Network Infra 구축기술", 한국정보통신기능대학, 2011.

[8] 한국전산원, "구내통신망 광케이블 표준구축공법", 한국전산원, 2004, 12

[9] 컴퓨터인터넷IT용어대사전, 일진사, 2011. 1.

찾아보기

[영어]

|||| 저자약력 ||||

■ 김 동 옥

-한국항공대학교 정보통신과 공학박사
-MAXSON CO., LTD Wireless Engineering
-서울이동통신(주) 중앙연구소 책임연구원
-한국정보통신기능대학 산업연구소장
-한국정보통신기능대학 산학협력단장
-한국정보통신기능대학 기획처장
-한국정보통신기능대학 이동통신설비과 교수
-ICT폴리텍대학 이동통신설비과 교수

무선통신망 - 구축 및 시공실무 -

2015년 1월 10일 1판 1쇄 발행

저 자 김 동 옥
발행인 남 승 우

발행처 도서출판 상尙 학學 당堂
서울시 동작구 사당로9가길 6(사당동)
TEL : 02) 595-1692 ~ 4
FAX : 02) 595-1394
E-mail : namdoo6@unitel.co.kr
신고 : 2-155호 (1968. 11. 29)

정가 26,000원

ISBN 978-89-6587-115-6 93560

〈디자인〉 편집 이선경 / 표지 나아기획